世界技能大赛电子技术项目B 模块实战指导
——STM32F1 HAL 库实战开发

主　审　王为民

主　编　邱吉锋　曾伟业

副主编　宋光辉　匡载华

U0282723

電子工業出版社·

Publishing House of Electronics Industry

北京·BEIJING

内 容 简 介

本书是基于世界技能大赛电子技术竞赛训练平台设计的，从 STM32 基础知识出发，讲述 KEIL、STM32CubeMX 软件安装及应用，LED、按键等基础模块，OLED、LCD 等显示模块，DHT11 等扩展传感器模块，全方位带领零基础的学生学习基于 STM321052 和 STM32F103 芯片的各种嵌入式编程。

本书可作为世界技能大赛电子技术赛项的备赛指导用书，也可作为职业院校教学用书或相关专业技能大赛选手辅导用书。

图书在版编目（CIP）数据

世界技能大赛电子技术项目 B 模块实战指导：STM32F1 HAL 库实战开发 / 邱吉锋，曾伟业主编. —北京：电子工业出版社，2019.10
ISBN 978-7-121-36659-8

Ⅰ. ①世… Ⅱ. ①邱…②曾… Ⅲ. ①微控制器—系统开发—职业教育—教材 Ⅳ. ①TP332.3

中国版本图书馆 CIP 数据核字（2019）第 100461 号

责任编辑：白 楠 特约编辑：王 纲
印 刷：北京虎彩文化传播有限公司
装 订：北京虎彩文化传播有限公司
出版发行：电子工业出版社
　　　　　北京市海淀区万寿路 173 信箱 邮编 100036
开 本：787×1 092 1/16 印张：17.75 字数：454.4 千字
版 次：2019 年 10 月第 1 版
印 次：2024 年 1 月第 8 次印刷
定 价：49.00 元

凡所购买电子工业出版社图书有缺损问题，请向购买书店调换。若书店售缺，请与本社发行部联系，联系及邮购电话：（010）88254888，88258888。

质量投诉请发邮件至 zlts@phei.com.cn，盗版侵权举报请发邮件至 dbqq@phei.com.cn。

本书咨询联系方式：（010）88254592，bain@phei.com.cn。

前　言

随着物联网迅速发展，相关设备大量增加，给 STM32 带来了巨大的市场机会。从低功耗到更强的处理能力，把更多与外设相关的器件集成到 MCU 里面，提高集成度，模拟更多外设，实现更多的功能。从 2007 年到 2017 年这 10 年间，STM32 出货量累计 20 亿颗。在当今市场，嵌入式编程 STM32 可谓遍地开花。

正是面对 STM32 如火如荼的发展形势，世界技能大赛电子技术项目从第 44 届开始将 B 模块改成了嵌入式 STM32 编程，使用的是 STM32L052 系列。而市场上也充满了各种各样的开发板，如 STM32F1～STM32H7。大部分开发板针对的是某一款 ST 公司的芯片及其外设的应用。但是没有一本书非常适合世界技能大赛电子技术项目 B 模块嵌入式编程的训练比赛使用。在这种情况下，编者作为嵌入式编程课程的教师，针对世界技能大赛电子技术竞赛训练平台编写了本书，内容包括 STM32 基础知识，KEIL、STM32CubeMX 软件安装及应用，LED、按键等基础模块，OLED、LCD 等显示模块，DHT11 等扩展传感器模块，全方位地带领零基础的读者学习基于 STM32L052 和 STM32F103 芯片的嵌入式编程。

本书从实验案例出发，总共 288 学时，能充分激发读者的自学热情，也能够满足读者的日常学习需要。我们希望读者经过 1 学年的课程学习之后，能够在提供数据手册的情况下 3 小时之内完成基础外设综合功能代码编写任务。

本书由第 43、44 届世界技能大赛电子技术项目中国专家组组长王为民主审，由广东省技师学院邱吉锋和世界技能大赛电子技术项目中国教练广东省技师学院曾伟业担任主编，山东淄博市技师学院宋光辉和广州风标电子科技有限公司匡载华担任副主编。本书还得到了夏青、赵冬晚、谢志平、张国良及世界技能大赛电子技术项目中国集训团队的大力协助和支持，在此表示衷心的感谢。希望广大读者对本书提出宝贵意见和建议，以便下一次修订时完善。

编　者

目　　录

第 1 章　STM32 基础知识 ··· 1

1.1　KEIL 软件安装及使用 ··· 1

1.1.1　实验目的 ··· 1

1.1.2　实验环境 ··· 1

1.1.3　实验原理 ··· 1

1.1.4　实验步骤 ··· 1

1.2　初识 HAL 库 ··· 3

1.2.1　实验目的 ··· 3

1.2.2　实验环境 ··· 4

1.2.3　实验步骤 ··· 4

1.3　用 STM32CubeMX 创建工程模板 ··· 5

1.3.1　实验目的 ··· 5

1.3.2　实验环境 ··· 5

1.3.3　实验原理 ··· 5

1.3.4　实验步骤 ··· 5

1.4　C 语言基础复习 ··· 12

1.4.1　实验目的 ·· 12

1.4.2　实验环境 ·· 12

1.4.3　实验原理 ·· 12

1.4.4　实验步骤 ·· 12

1.5　STM32 系统时钟介绍 ··· 14

1.5.1　实验目的 ·· 14

1.5.2　实验环境 ·· 14

1.5.3　实验原理 ·· 15

1.6　NVIC ·· 17

1.6.1　实验目的 ·· 17

1.6.2　实验环境 ·· 17

1.6.3　实验原理 ·· 17

第 2 章　主板基础实验 ··· 25

2.1　LED 控制实验 ··· 25

2.1.1　实验目的 ·· 25

2.1.2　实验环境 ·· 25

2.1.3　实验原理 ·· 25

2.1.4　实验步骤 ·· 32

2.2　按键扫描实验 ··· 40

2.2.1　实验目的 ………………………………………………………………… 40

2.2.2　实验环境 ………………………………………………………………… 40

2.2.3　实验原理 ………………………………………………………………… 40

2.2.4　实验步骤 ………………………………………………………………… 44

2.3　矩阵按键扫描实验 ………………………………………………………………… 44

2.3.1　实验目的 ………………………………………………………………… 44

2.3.2　实验环境 ………………………………………………………………… 44

2.3.3　实验原理 ………………………………………………………………… 45

2.3.4　实验步骤 ………………………………………………………………… 47

2.4　蜂鸣器驱动实验 ………………………………………………………………… 48

2.4.1　实验目的 ………………………………………………………………… 48

2.4.2　实验环境 ………………………………………………………………… 48

2.4.3　实验原理 ………………………………………………………………… 48

2.4.4　实验步骤 ………………………………………………………………… 51

2.5　外部中断实验 ………………………………………………………………… 53

2.5.1　实验目的 ………………………………………………………………… 53

2.5.2　实验环境 ………………………………………………………………… 53

2.5.3　实验原理 ………………………………………………………………… 53

2.5.4　实验步骤 ………………………………………………………………… 60

2.6　SysTick 定时器和系统时钟 ………………………………………………………… 61

2.6.1　实验目的 ………………………………………………………………… 61

2.6.2　实验环境 ………………………………………………………………… 61

2.6.3　实验原理 ………………………………………………………………… 61

2.6.4　实验步骤 ………………………………………………………………… 64

2.7　定时器中断实验 ………………………………………………………………… 64

2.7.1　实验目的 ………………………………………………………………… 64

2.7.2　实验环境 ………………………………………………………………… 64

2.7.3　实验原理 ………………………………………………………………… 64

2.7.4　实验步骤 ………………………………………………………………… 76

2.8　定时器输出 PWM 实现呼吸灯现象实验 …………………………………………… 76

2.8.1　实验目的 ………………………………………………………………… 76

2.8.2　实验环境 ………………………………………………………………… 76

2.8.3　实验原理 ………………………………………………………………… 76

2.8.4　实验步骤 ………………………………………………………………… 86

2.9　串口通信实验 ………………………………………………………………… 86

2.9.1　实验目的 ………………………………………………………………… 86

2.9.2　实验环境 ………………………………………………………………… 86

2.9.3　实验原理 ………………………………………………………………… 86

2.9.4　实验步骤 ………………………………………………………………… 95

2.10　printf()重定向实验 ………………………………………………………………… 96

2.10.1　实验目的 ……………………………………………………………………… 96

2.10.2　实验环境 ……………………………………………………………………… 96

2.10.3　实验原理 ……………………………………………………………………… 96

2.10.4　实验步骤 ……………………………………………………………………… 98

2.11　Flash 通信实验 …………………………………………………………………… 98

2.11.1　实验目的 ……………………………………………………………………… 98

2.11.2　实验环境 ……………………………………………………………………… 99

2.11.3　实验原理 ……………………………………………………………………… 99

2.11.4　实验步骤 ……………………………………………………………………… 105

2.12　AD 采集实验 ……………………………………………………………………… 106

2.12.1　实验目的 ……………………………………………………………………… 106

2.12.2　实验环境 ……………………………………………………………………… 106

2.12.3　实验原理 ……………………………………………………………………… 106

2.12.4　实验步骤 ……………………………………………………………………… 112

2.13　DA 采集实验 ……………………………………………………………………… 113

2.13.1　实验目的 ……………………………………………………………………… 113

2.13.2　实验环境 ……………………………………………………………………… 113

2.13.3　实验原理 ……………………………………………………………………… 113

2.13.4　实验步骤 ……………………………………………………………………… 117

2.14　IIC 实验 …………………………………………………………………………… 118

2.14.1　实验目的 ……………………………………………………………………… 118

2.14.2　实验环境 ……………………………………………………………………… 118

2.14.3　实验原理 ……………………………………………………………………… 118

2.14.4　实验步骤 ……………………………………………………………………… 125

2.15　内部温度传感器实验 ……………………………………………………………… 126

2.15.1　实验目的 ……………………………………………………………………… 126

2.15.2　实验环境 ……………………………………………………………………… 126

2.15.3　实验原理 ……………………………………………………………………… 126

2.15.4　实验步骤 ……………………………………………………………………… 131

2.16　RTC 实时时钟实验 ………………………………………………………………… 131

2.16.1　实验目的 ……………………………………………………………………… 131

2.16.2　实验环境 ……………………………………………………………………… 131

2.16.3　实验原理 ……………………………………………………………………… 132

2.16.4　实验步骤 ……………………………………………………………………… 135

2.17　独立看门狗实验 …………………………………………………………………… 136

2.17.1　实验目的 ……………………………………………………………………… 136

2.17.2　实验环境 ……………………………………………………………………… 136

2.17.3　实验原理 ……………………………………………………………………… 137

2.17.4　实验步骤 ……………………………………………………………………… 140

2.18　窗口看门狗实验 …………………………………………………………………… 141

2.18.1   实验目的 ·· 141

      2.18.2   实验环境 ·· 141

      2.18.3   实验原理 ·· 141

      2.18.4   实验步骤 ·· 146

第 3 章   主板显示模块实验 ·· 148

  3.1   16×16 点阵 LED 扫描显示实验 ·· 148

      3.1.1   实验目的 ·· 148

      3.1.2   实验环境 ·· 148

      3.1.3   实验原理 ·· 148

      3.1.4   实验步骤 ·· 157

  3.2   数码管显示实验 ·· 157

      3.2.1   实验目的 ·· 157

      3.2.2   实验环境 ·· 157

      3.2.3   实验原理 ·· 158

      3.2.4   实验步骤 ·· 166

  3.3   OLED 显示实验 ·· 166

      3.3.1   实验目的 ·· 166

      3.3.2   实验环境 ·· 166

      3.3.3   实验原理 ·· 166

      3.3.4   实验步骤 ·· 173

  3.4   HMI 串口 LCD 显示实验 ·· 173

      3.4.1   实验目的 ·· 173

      3.4.2   实验环境 ·· 173

      3.4.3   实验原理 ·· 173

      3.4.4   实验步骤 ·· 178

  3.5   LCD12864 显示实验 ·· 178

      3.5.1   实验目的 ·· 178

      3.5.2   实验环境 ·· 178

      3.5.3   实验原理 ·· 179

      3.5.4   实验步骤 ·· 183

  3.6   LCD1602 显示实验 ·· 183

      3.6.1   实验目的 ·· 183

      3.6.2   实验环境 ·· 183

      3.6.3   实验原理 ·· 184

      3.6.4   实验步骤 ·· 189

  3.7   旋转编码器驱动实验 ·· 189

      3.7.1   实验目的 ·· 189

      3.7.2   实验环境 ·· 189

      3.7.3   实验原理 ·· 189

      3.7.4   实验步骤 ·· 192

3.8 电机测速实验 ······ 192

　　3.8.1 实验目的 ······ 192

　　3.8.2 实验环境 ······ 193

　　3.8.3 实验原理 ······ 193

　　3.8.4 实验步骤 ······ 199

第4章 扩展传感器实验 ······ 200

4.1 温度传感器实验 ······ 200

　　4.1.1 实验目的 ······ 200

　　4.1.2 实验环境 ······ 200

　　4.1.3 实验原理 ······ 200

　　4.1.4 实验步骤 ······ 207

4.2 温湿度传感器实验 ······ 208

　　4.2.1 实验目的 ······ 208

　　4.2.2 实验环境 ······ 208

　　4.2.3 实验原理 ······ 208

　　4.2.4 实验步骤 ······ 215

4.3 超声波测距实验 ······ 215

　　4.3.1 实验目的 ······ 215

　　4.3.2 实验环境 ······ 215

　　4.3.3 实验原理 ······ 216

　　4.3.4 实验步骤 ······ 218

4.4 24C02 实验 ······ 219

　　4.4.1 实验目的 ······ 219

　　4.4.2 实验环境 ······ 219

　　4.4.3 实验原理 ······ 219

　　4.4.4 实验步骤 ······ 228

4.5 光强度传感器实验 ······ 229

　　4.5.1 实验目的 ······ 229

　　4.5.2 实验环境 ······ 229

　　4.5.3 实验原理 ······ 229

　　4.5.4 实验步骤 ······ 238

4.6 MPU6050 实验 ······ 238

　　4.6.1 实验目的 ······ 238

　　4.6.2 实验环境 ······ 238

　　4.6.3 实验原理 ······ 238

　　4.6.4 实验步骤 ······ 248

第5章 扩展项目实验 ······ 250

5.1 模拟电梯实验 ······ 250

　　5.1.1 实验目的 ······ 250

　　5.1.2 实验环境 ······ 250

5.1.3　实验原理 ·· 250
　　　5.1.4　实验步骤 ·· 251
　5.2　多功能时钟实验 ··· 253
　　　5.2.1　实验目的 ·· 253
　　　5.2.2　实验环境 ·· 253
　　　5.2.3　实验原理 ·· 253
　　　5.2.4　实验步骤 ·· 255
　5.3　密码锁实验 ··· 257
　　　5.3.1　实验目的 ·· 257
　　　5.3.2　实验环境 ·· 257
　　　5.3.3　实验原理 ·· 257
　　　5.3.4　实验步骤 ·· 258
　5.4　迷宫游戏实验 ··· 259
　　　5.4.1　实验目的 ·· 259
　　　5.4.2　实验环境 ·· 259
　　　5.4.3　实验原理 ·· 259
　　　5.4.4　实验步骤 ·· 262
第6章　世赛真题实验——交通信号灯 ································ 267
　6.1　简介 ··· 267
　6.2　任务描述 ··· 267
　6.3　实验说明 ··· 267
　6.4　编程任务 ··· 269

第1章

STM32基础知识

1.1 KEIL 软件安装及使用

1.1.1 实验目的

掌握 STM32 单片机开发常用工具安装方法。

1.1.2 实验环境

硬件：计算机（主频 2GHz 以上，内存 1GB 以上），STM32 单片机开发套件。

软件：Windows 10/Windows 7/Windows XP。

学时：2 学时。

1.1.3 实验原理

基于 STM32 处理器的开发主要采用 KEIL 软件。

其他工具有：STM32F10x_StdPeriph_Lib_V3.5.0 固件库、HAL 库等。

1.1.4 实验步骤

1. KEIL 软件介绍

MDK 全称为 Microcontroller Development Kit（微控制器开发工具）。KEIL MDK-ARM 是美国 KEIL 软件公司（现已被 ARM 公司收购）出品的支持 ARM 微控制器的一款 IDE（集成开发环境）。MDK-ARM 包含了工业标准的 KEIL C 编译器、宏汇编器、调试器、实时内核等组件，具有业界领先的 ARM C/C++编译工具链，完美支持 Cortex-M、Cortex-R4、ARM7 和 ARM9 系列器件，以及 ST、Atmel、Freescale、NXP、TI 等公司的微控制器芯片。

2. 获取 KEIL5 安装包

要想获得 KEIL5 安装包，可以在百度搜索，或者到 KEIL 官方网站 http://www.keil.com/download/product 下载，需要注册。本书使用的是 MDK5.22，如图 1-1-1 所示，目前最新的版本是 5.26。

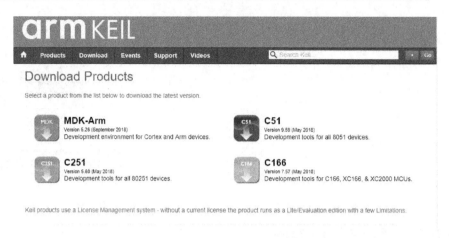

图 1-1-1　最新版本

3. 安装 KEIL5

（1）双击安装包，开始安装，单击 Next 按钮进入下一步。

（2）弹出许可证协议界面（图 1-1-2），选择同意协议，单击 Next 按钮进入下一步。

图 1-1-2　许可证协议界面

（3）弹出软件安装路径和芯片支持驱动包存放路径界面（图 1-1-3），一般选择默认设置，单击 Next 按钮进入下一步。

图 1-1-3　软件安装路径和芯片支持驱动包存放路径界面

（4）弹出 KEIL 软件使用者信息界面（图 1-1-4），一般选择默认设置，单击 Next 按钮进入下一步。

图 1-1-4　KEIL 软件使用者信息界面

（5）等待软件安装完成，单击 Finish 按钮，会自动弹出芯片驱动包安装界面（图 1-1-5），单击 OK 按钮。

图 1-1-5　芯片驱动包安装界面

1.2　初识 HAL 库

1.2.1　实验目的

掌握 HAL 库的使用方法。

1.2.2　实验环境

硬件：计算机（主频 2GHz 以上，内存 1GB 以上），STM32 单片机开发套件。

软件：Windows 10/Windows 7/Windows XP。

学时：2 学时。

1.2.3　实验步骤

1. 什么是 HAL 库

在讲 HAL 库之前，我们需要先认识 STM32Cube。STM32Cube 是 ST 公司提供的一套免费开发工具和嵌入式软件模块。在 ST 公司推出 STM32Cube 和 HAL 库之前，市面上 STMF1xx系列的学习开发板几乎都基于标准外设库（SPL），从 STM32F4xx 系列开始有部分公司提供基于 HAL 库的例程，而到 STM32F7xx 系列大家提供的都是基于 HAL 库的例程，从中可以看出使用 HAL 库和 STM32Cube 也是大势所趋。

使用 STM32Cube，开发者可以快速便捷地生成 STM32 微控制器的 C 语言工程框架，然后在工程中编写自己的应用代码。

2. HAL 库的使用

开发者使用 51 单片机进行开发时，一般直接操作寄存器。例如，我们要控制某个 IO 口的状态：

```
P0= 0x01;
```

而在 STM32 的开发中，我们同样可以使用寄存器：

```
GPIOA->BSRR =  0x00000001                    //GPIO 端口置位/复位寄存器
```

这种方法很明显是可以使用的，但是这种方法有一个很大的缺点，那就是需要开发者掌握每个寄存器的用法，而 STM32 有多达数百个寄存器。于是 ST 公司推出了官方固件库，将寄存器的底层操作统一封装，提供一整套接口（API）供开发者调用。开发者只需要知道调用哪些函数即可。

例如：HAL 库封装了控制 BSRRL 寄存器的函数来实现电平控制。

```
void HAL_GPIO_WritePin(GPIO_TypeDef* GPIOx, uint16_t GPIO_Pin, GPIO_PinState PinState)
{
  /* Check the parameters */
  assert_param(IS_GPIO_PIN_AVAILABLE(GPIOx,GPIO_Pin));
  assert_param(IS_GPIO_PIN_ACTION(PinState));

  if(PinState != GPIO_PIN_RESET)
  {
    GPIOx->BSRR = GPIO_Pin;
  }
  else
  {
    GPIOx->BRR = GPIO_Pin ;
  }
}
```

相对于操作寄存器，开发者对 STM32 及其外设的工作原理有一定了解后，再看 HAL 库封装函数，根据名称基本上就能知道函数的功能和使用方法，开发时会方便很多。

1.3　用 STM32CubeMX 创建工程模板

1.3.1　实验目的

掌握 STM32 单片机开发常用工具的安装方法。

1.3.2　实验环境

硬件：计算机（主频 2GHz 以上，内存 1GB 以上），STM32 单片机开发套件。

软件：Windows 10/Windows 7/Windows XP。

学时：2 学时。

1.3.3　实验原理

基于 STM32 处理器的开发主要采用 MDK。

主要的工具有：KEIL5、STM32CubeMX、STM32F10x_StdPeriph_Lib_V3.5.0 固件库、HAL 库。

1.3.4　实验步骤

STM32CubeMX 软件用于生成基于 HAL 库的工程代码，在实际应用中我们使用 KEIL 软件编写和调试 STM32 程序。前面我们已经讲过 KEIL 软件的安装及使用方法，本节介绍如何使用 STM32CubeMX 创建工程模板。

1.　下载 JRE

由于 STM32CubeMX 软件是基于 Java 环境运行的，所以需要安装 JRE 才能使用，2018年 9 月 31 日之前 JRE 最新版本是 jre-10.0.2。下载地址：http://www.oracle.com/technetwork/java/javase/downloads/。

接受许可后，根据自己的系统选择版本（以 Windows 版本为例），如图 1-3-1 所示。

图 1-3-1　选择版本

下载完成后双击安装包，按默认设置安装即可，安装完成界面如图 1-3-2 所示。

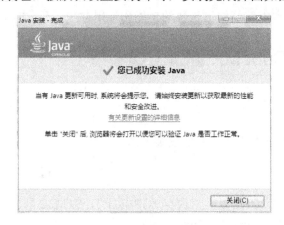

图 1-3-2　安装完成界面

2. 下载 STM32CubeMX

需要到 ST 的官网下载这个软件，在浏览器的地址栏输入 https://www.st.com/stm32cube。进入这个网址，将页面拉到底部（图 1-3-3）。

图 1-3-3　页面底部

单击 Get Software 按钮获取软件，这个过程需要填写邮箱并验证或者注册 ST 账号，按照提示操作即可。双击安装包开始安装，安装好之后打开软件。这个软件使用时需要对应型号的固件库，可以从之前下载 CubeMX 的网站下载，不过软件提供了一种便捷的下载方式：Alt+U 快捷键。我们首先来看一下 Updater Settings 选项（图 1-3-4）。

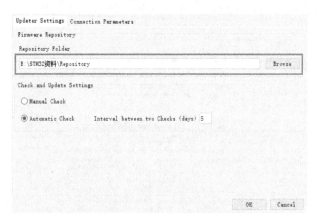

图 1-3-4　Updater Settings 选项

图 1-3-4 中框内为 STM32CubeMX 软件下载固件库保存的位置，这里设置的是 E:\STM32
资料\Repository。自定义这个路径可以方便我们将已有的固件库添加到 STM32CubeMX 中。

按 Alt+U 快捷键，下载我们需要的固件库（图 1-3-5）。

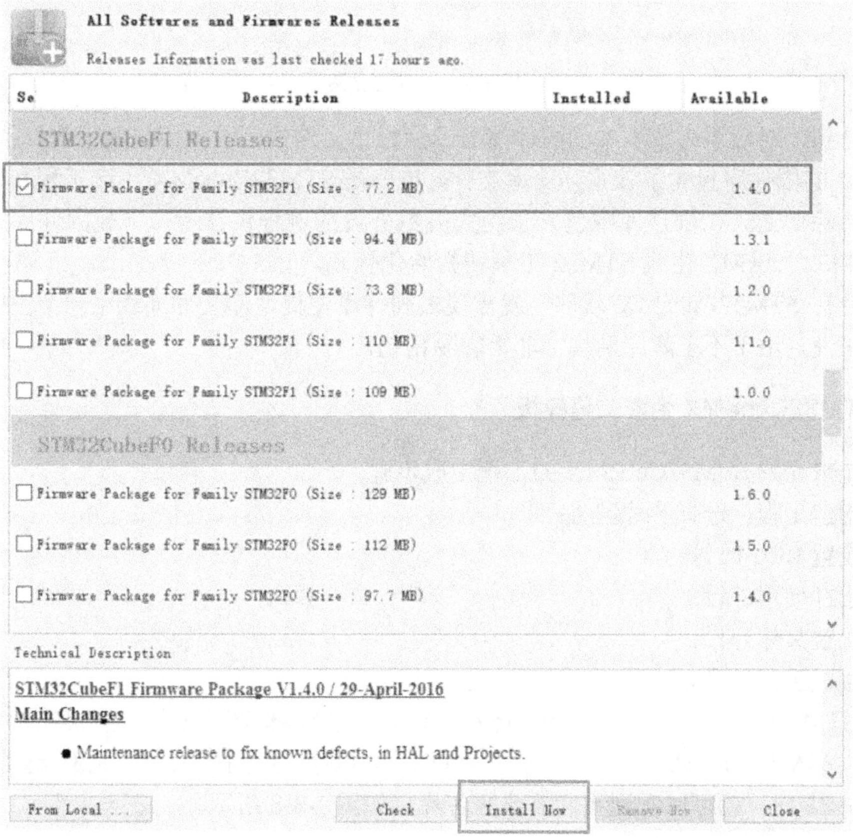

图 1-3-5 下载固件库

找到 F1 系列的固件库，勾选 F1 系列 1.4 版本和 L0 系列 1.7 版本的固件库，单击 Install Now
按钮，出现如图 1-3-6 所示下载进度界面。

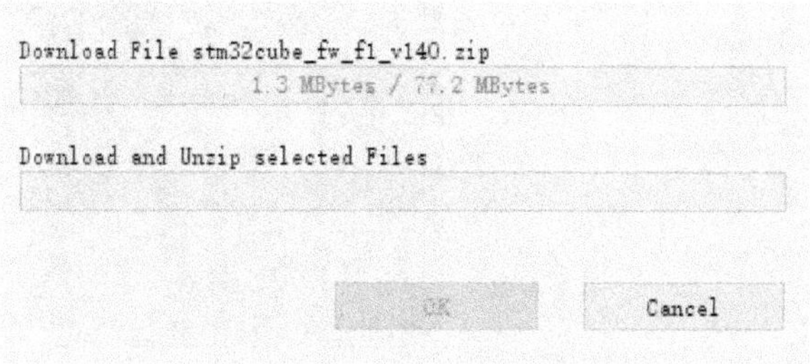

图 1-3-6 下载进度界面

STM32CubeMX 将会下载并解压缩上述固件库到我们指定的路径。下载完成，如图 1-3-7
所示。

Firmware Package for Family STM32F1	1.4.0	1.4.0
Firmware Package for Family STM32F1 (Size : 94.4 MB)		1.3.1
Firmware Package for Family STM32F1 (Size : 73.8 MB)		1.2.0
Firmware Package for Family STM32F1 (Size : 110 MB)		1.1.0
Firmware Package for Family STM32F1 (Size : 109 MB)		1.0.0

图 1-3-7　下载完成

可以看到，对应系列及版本的固件库显示为绿色，这说明固件库已经下载好了。

STM32 的固件库包含了该系列的库文件，也就是 STM32CubeMX 生产工程和初始化代码的代码源。除此之外，固件库中包含了绝大多数外设的例程供参考。下载固件库之后，就可以通过 STM32CubeMX 生成 STM32 工程和初始化代码。

如果没有 STM32CubeMX 软件，就需要去固件库中提取库文件加载至一个空的工程。对于初学者来说，由于不了解库结构，非常容易出错。

3. STM32CubeMX 生成工程模板

我们先来介绍 STM32CubeMX 的工程生成步骤：

（1）创建工程，选择芯片型号；

（2）设置 RCC 时钟；

（3）选择使用外设；

（4）配置具体外设；

（5）生成工程目录。

打开 STM32CubeMX，单击 New Project 选项，选择具体芯片型号。直接在搜索框（部分低版本的 STM32CubeMX 软件没有搜索框，可以手动选择 MCU 系列类型）中输入 STM32F103ZETx，就可以看到我们需要的芯片，如图 1-3-8 所示。

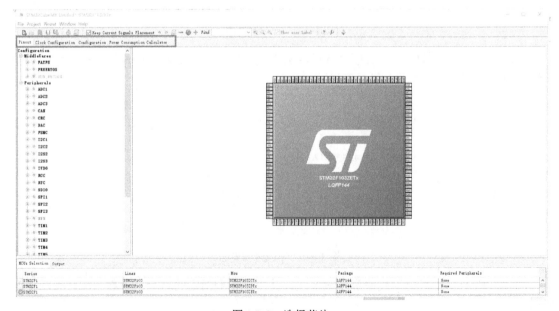

图 1-3-8　选择芯片

下面介绍软件界面。

Pinout：用于外设的基本配置。

Clock Configuration：用于时钟树的配置。

Configuration：用于外设的具体配置。

Power Consumption Calculator：用于功耗计算。

Pinout 界面就是创建工程之后见到的第一个界面，通常一个工程的建立是从这里开始的。Pinout 界面有两个窗口，右边为芯片 IO 口功能选择窗口，左边为外设的基本配置窗口。

我们在芯片上随便单击一个 IO 口（图 1-3-9）。

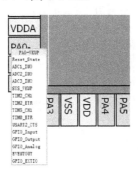

图 1-3-9 单击一个 IO 口

可以看到，该 IO 口的所有功能都显示出来，可以根据实际情况进行选择。

在左边的窗口中随便打开一个外设（图 1-3-10）。

一般来说，在 Pinout 界面的左边窗口可对外设进行一些基本配置。例如，使用这个外设的某些功能，然后通过 Configuration 界面配置这个功能的具体细节。

在我们的所有实验中，都会将 STM32 调到最高的主频，也就是 72MHz，这就需要用到外部时钟晶振，在外设中找到 RCC 并配置（图 1-3-11）。

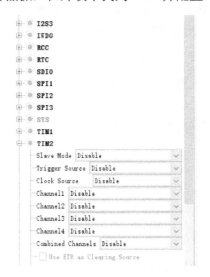

图 1-3-10 打开一个外设

图 1-3-11 配置 RCC

我们将 HSE 时钟设置为 Crystal/Ceramic Resonator。

进入 Clock Configuration 界面，在这里可以进行时钟树的配置（图 1-3-12）。

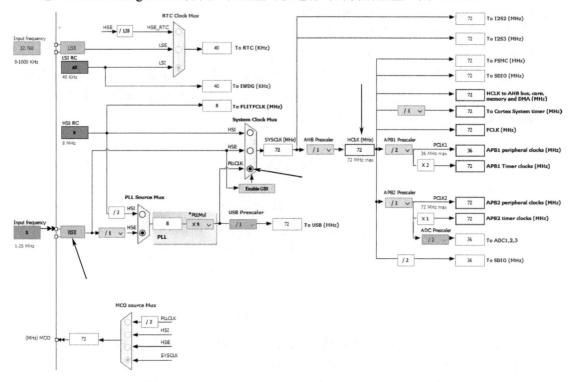

图 1-3-12　配置时钟树

我们主要配置图 1-3-12 中箭头指向的地方，绿色箭头指向的按钮用于选择 PLL 锁向环的输入时钟使用 HSI 或 HSE，这里选择 HSE。蓝色箭头用于选择系统时钟使用锁相环、HSE 或 HIS，这里选择锁相环。在红色箭头指向的输入框中输入 72 即可自动将系统时钟配置为最大的 72MHz，也可以手动选择各个分频和倍频的系数，使之达到 72MHz。

接下来看 Configuration 界面（图 1-3-13）。

图 1-3-13　Configuration 界面

该界面用于配置外设功能的具体细节，这里将可配置项分为 6 大类。

Middlewares：软件的中间件，如 Fatfs 文件系统、freeRTOS 操作系统。

Multimedia：多媒体外设，如 IIS 音频总线。

Connectivity：通信类外设，如 IIC、SPI、UART、SDIO 等。

Analog：模拟功能外设，如 ADC、DAC。

System：系统组件，如 DMA 控制器、中断控制器、时钟、GPIO。

Control：具有控制功能的外设，如定时器、RTC。

我们在 Pinout 界面中使能的外设，都将在这个界面中根据外设类型罗列出来。我们可以对外设的某个功能进行具体的细节配置。

将这个界面的配置都完成，对芯片的配置就结束了，接下来通过这些配置生成具体的工程目录。单击 Project→Settings 选项，进行工程设置，如图 1-3-14 所示。

图 1-3-14 工程设置

工程名和路径根据具体需要修改，生成工程之后会保留 STM32CubeMX 工具在工程的目录下，以便及时更改。

STM32CubeMX 支持 STM32 开发的绝大多数 IED，支持 V4 和 V5 版本的 MDK，我们使用的是 V5 版本的 MDK 集成开发环境。

关于堆空间和栈空间大小的设置，如果不在某个函数中声明一个大型的局部数组，则栈空间不需要设置；如果不使用动态内存管理模块，则堆空间也不需要设置。所以这两项一般采用默认设置（默认设置即建议最小值）。

MCU 类型在建立 STM32CubeMX 工程时就已经确定了，而固件版本是 STM32CubeMX 根据已下载固件自动选择的。

设置完成之后单击 Ok 按钮保存设置（注意，大部分参数或内容在第一次设置之后不可更改）。单击 Project→Generate Code 选项或者按 Ctrl+Shift+G 快捷键生成工程，可以在之前设置的目录下找到该工程。

至此，我们生成了一个完整的 STM32 工程，可以在此工程中编写自己的代码了。在接下来的章节中，我们将一步一步介绍如何通过 STM32CubeMX 生成外设初始化代码，以及如何使用 STM32CubeMX 生成的工程。

1.4 C 语言基础复习

1.4.1 实验目的

掌握 STM32 单片机开发常用 C 语言基础知识。

1.4.2 实验环境

硬件：计算机（主频 2GHz 以上，内存 1GB 以上），STM32 单片机开发套件。

软件：Windows 10/Windows 7/Windows XP。

学时：2 学时。

1.4.3 实验原理

学习 STM32F1 的开发，其中有一项能力非常重要，那就是 C 语言编程能力。在这里简单复习几个 C 语言基础知识点，以确保那些 C 语言基础知识不是很牢固的读者能够快速掌握 STM32 程序开发。

1.4.4 实验步骤

1. 位操作

表 1-4-1 中是 C 语言中常见的位操作符。在 STM32 开发中，有以下几种实用技巧。

表 1-4-1 位操作符

序　号	运　算　符	含　义	序　号	运　算　符	含　义
1	&	按位与	2	~	取反
3	|	按位或	4	<<	左移
5	^	按位异或	6	>>	右移

（1）在不改变其他位的值的情况下，对某几个位进行设置。

这个技巧在单片机开发中经常使用，方法就是先对需要设置的位用&操作符进行清零操作，然后用|操作符设置值。比如要改变 GPIOA 的状态，可以先对寄存器的值进行清零操作：

```
GPIOA->IDR&=0XFFFFFF0F;          //将第 4～7 位清零
```

再与需要设置的值进行或运算：

```
GPIOA->IDR|=0X00000040;          //设置相应位的值，不改变其他位的值
```

（2）利用移位操作提高代码的可读性。

移位操作在单片机开发中也非常重要，下面看看固件库的 GPIO 初始化函数中的一行代码：

```
GPIOx->IDR = 1<<5;
```

这个操作就是将 IDR 寄存器的第 5 位设置为 1，为什么要左移而不是直接设置一个固定的值呢？这是为了提高代码的可读性及可重用性。

（3）取反操作使用技巧。

IDR 寄存器的每一位都代表一个状态，某个时刻我们希望设置某一位的值为 0，而其他位的值都为 1，简单的做法是直接给寄存器设置一个值：

```
GPIO->IDR=0xFFF7;
```

上述代码设置第 3 位为 0，但是这样的代码可读性很差。看看库函数代码中是怎样操作的：

```
GPIO->IDR = (uint16_t)~(1<<3);
```

2. define 宏定义

define 是 C 语言中的预处理命令，用于宏定义，可以提高源代码的可读性，为编程提供方便。常见的格式：

```
#define 标识符 字符串
```

"标识符"为所定义的宏名，"字符串"可以是常数、表达式、格式串等。例如：

```
#define HSI_TIMEOUT_VALUE          (2U)      /* 2 ms (minimum Tick + 1) */
```

定义 HSI_TIMEOUT_VALUE，这样在代码中可直接使用标识符，而不是直接使用其数值，便于修改 HSI_TIMEOUT_VALUE 的数值。

3. ifdef 条件编译

在 STM32 程序开发过程中，经常会遇到一种情况：当满足某条件时对一组语句进行编译，而当该条件不满足时则编译另一组语句。条件编译命令最常见的形式为：

```
#ifdef 标识符
程序段1
#else
程序段2
#endif
```

它的作用是：如果标识符已经被定义过（一般用 define 命令定义），则对程序段 1 进行编译，否则编译程序段 2。其中#else 部分也可以没有，即：

```
#ifdef 标识符
程序段1
#endif
```

这个条件编译命令在 MDK 中用得很多，例如：

```
#ifndef LCD_USER_H_
#define LCD_USER_H_
#endif /*LCD_USER_H_ */  （判断LCD_USER_H_是否被定义，如果没有，则定义LCD_USER_H_）
```

4. extern 变量声明

C 语言中 extern 可以置于变量或函数前，以表示变量或函数的定义在别的文件中，提示编译器遇到此变量或函数时在其他模块中寻找其定义。这里要注意，extern 可以多次声明变量，但定义只有一次。例如：

```
extern u16 USART_RX_STA;
```

该语句声明 USART_RX_STA 变量在其他文件中已经定义了，在这里要用到。所以，肯定可以在某个地方找到定义变量的语句：

```
u16 USART_RX_STA;
```

下面通过一个例子来说明 extern 的使用方法。

在 main.c 中定义全局变量 id，id 的初始化是在 main.c 中进行的，代码如下：

```
u8 id;//定义只允许一次
main():
{
  id =1;
  printf("%d",id);//id=1;
  test();
  printf("%d",id);//id=2;
}
```

但是我们希望在 test.c 的 changeId(void)函数中使用变量 id，这个时候就需要在 test.c 中声明变量 id 是外部定义的，因为如果不声明，变量 id 的作用域就不包括 test.c 文件。test.c 中的代码如下：

```
extern u8 id;//声明变量id是在外部定义的，声明可以在多个文件中进行
void test(void)
{
   id=2;
}
```

1.5 STM32 系统时钟介绍

1.5.1 实验目的

掌握 STM32 系统时钟知识。

1.5.2 实验环境

硬件：计算机（主频 2GHz 以上，内存 1GB 以上），STM32 单片机开发套件。

软件：Windows 10/Windows 7/Windows XP。

学时：2 学时。

1.5.3 实验原理

众所周知，时钟系统是 CPU 的脉搏，就像人的心跳一样，所以时钟系统的重要性不言而喻。STM32F1 的时钟系统比较复杂，不像简单的 51 单片机一个系统时钟就可以解决一切问题。于是有人要问，采用一个系统时钟不是很简单吗？为什么 STM32 要有多个时钟源呢？因为STM32 本身非常复杂，外设非常多，但并不是所有外设都需要系统时钟这么高的频率，比如看门狗及 RTC 只需要几十 kHz 的时钟。同一个电路，时钟越快，功耗越大，同时抗电磁干扰能力也越弱，所以对于较为复杂的 MCU 一般采取多时钟源的方法来解决这些问题。

首先我们来看看 STM32F1 的时钟系统图（图 1-5-1）。

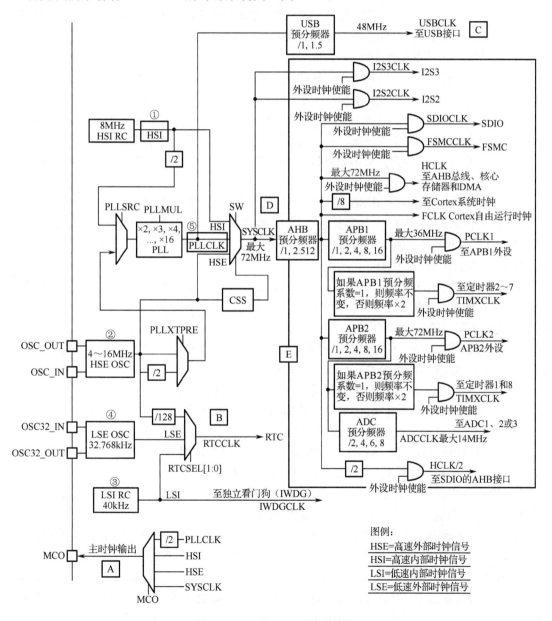

图 1-5-1 STM32F1 时钟系统图

在 STM32F1 中，有 5 个时钟源，分别是 HIS、HSE、LSI、LSE、PLL。按时钟频率可以分为高速时钟源和低速时钟源，HIS、HSE 及 PLL 是高速时钟源，LSI 和 LSE 是低速时钟源。按来源可分为外部时钟源和内部时钟源，外部时钟源通过接晶振的方式从外部获取时钟源，其中 HSE 和 LSE 是外部时钟源，其他的是内部时钟源。

（1）HSI 是高速内部时钟源，采用 RC 振荡器，频率为 8MHz。

（2）HSE 是高速外部时钟源，可接石英/陶瓷谐振器，或者接外部时钟源，频率为 4～16MHz。

（3）LSI 是低速内部时钟源，采用 RC 振荡器，频率为 40kHz。独立看门狗的时钟源只能是 LSI，LSI 还可以作为 RTC 的时钟源。

（4）LSE 是低速外部时钟源，接频率为 32.468kHz 的石英晶体，其主要是 RTC 的时钟源。

（5）PLL 为锁相环倍频输出，其时钟输入源可选择 HSI/2、HSE 或 HSE/2。倍频可选择 2～16 倍，但是其输出频率最大不得超过 72MHz。

上面我们简要概括了 SMT32F1 的时钟源，那么这 5 个时钟源是如何给各个外设及系统提供时钟的呢？下面将一一讲解，图 1-5-1 中用 A～E 标示了要讲解的地方。

A：MCO 是 STM32 的一个时钟输出 IO，它可以选择一个时钟信号输出，可以选择 PLL 输出的 2 分频、HSI、HSE 或系统时钟。这个时钟可以给外部其他系统提供时钟源。

B：这里是 RTC 时钟源，从图中可以看出，RTC 时钟源可以选择 LSI、LSE 及 HSE 的 128 分频。

C：从图中可以看出 C 处 USB 的时钟来自 PLL 时钟源。STM32 中有一个全速功能的 USB 模块，其串行接口引擎需要一个频率为 48MHz 的时钟源。该时钟源只能从 PLL 输出端获取，可以选择 1.1 分频或 1 分频。也就是说，当需要使用 USB 模块时，PLL 必须使能，并且时钟频率配置为 48MHz 或 72MHz。

D：STM32 的系统时钟 SYSCLK，是供 STM32 中绝大部分部件工作的时钟源。系统时钟可选择 PLL 输出、HSI 或 HSE 系统时钟最大频率（72MHz），当然也可以超频，不过一般情况下是没有必要冒险去超频的。

E：指其他所有外设。从时钟图上可以看出，其他所有外设的时钟最终来源都是 SYSCLK。SYSCLK 通过 AHB 分频器分频后送给各模块使用。

① AH 总线、内核、内存和 DMA 使用的 HCLK 时钟。

② 通过 8 分频后送给 Cortex 的系统定时器时钟，也就是 systick。

③ 直接送给 Cortex 的自由运行时钟 FCLK。

④ 送给 APB1 分频器，APB1 分频器输出一路供 APB1 外设使用（PCLK1，最大频率为 36MHz），另一路送给定时器（Timer）2、3、4 倍频器使用。

⑤ 送给 APB2 分频器，APB2 分频器输出一路供 APB2 外设使用（PCLK2，最大频率为 72MHz），另一路送给定时器（Timer）1 倍频器使用。

其中需要理解的是 APB1 和 APB2 的区别，APB1 上面连接的是低速外设，包括电源接口、备份接口、CAN、USB、I2C1、I2C2、UART2、UART3 等；APB2 上面连接的是高速外设，包括 UART1、SPI1、Timer1、ADC1、ADC2、所有普通 IO 口（PA～PE）、第二功能 IO 口等。

在以上时钟输出中，有很多都是带使能控制的，如 AHB 总线时钟、内核时钟、各种 APB1 外设、APB2 外设等。当需要使用某模块时，一定要先使能对应的时钟源。

1.6 NVIC

1.6.1 实验目的

掌握 STM32 单片机开发的 NVIC 中断知识。

1.6.2 实验环境

硬件：计算机（主频 2GHz 以上，内存 1GB 以上），STM32 单片机开发套件。

软件：Windows 10/Windows 7/Windows XP。

学时：2 学时。

1.6.3 实验原理

了解过 STM32 单片机的都知道，STM32F1 搭载 ARM Cortex M3 内核（简称 CM3 内核）。CM3 内核是由 ARM 公司设计的一款针对嵌入式行业的 CPU，普遍用于 32 位单片机（MCU），这款 CPU（如 STM32）比传统的 8 位或 16 位单片机的运行速度更快，处理能力更强，调试/使用更方便。本节将介绍 STM32 基于 CM3 内核的 NVIC（向量中断控制器）。

首先，什么是中断呢？

如图 1-6-1 所示，主程序正常执行时，如果在某一时刻发生了中断请求，CPU 将转而执行对应的中断服务程序，执行完中断服务程序，CPU 将进行中断返回，跳转到原来主程序被中断的地方继续执行，这就是中断。

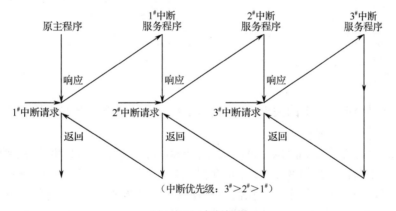

图 1-6-1 中断框图

比如你在吃饭时，厨房里的水开了，你必须先去关火，关完回来继续吃饭，而吃饭相当于上文中的主程序，厨房里的水开了就相当于中断请求，关火的动作就相当于中断服务程序，回来继续吃饭就相当于中断返回。中断其实就是一种打断程序正常执行流程，转而执行另一程序的动作。

如果发生了这样的情况，即在执行中断服务程序 1 的时候，中断请求 2 来了，CPU 转去执行中断服务程序 2，也就是说中断 1 被中断 2 中断了，则称为中断嵌套。那么，如何确定在执行中断 1 时，中断 2 能不能中断中断 1 呢？这就涉及中断优先级的概念。优先级高的中断可以中断优先级低的中断。

对于每一个中断，必然有一个优先级，那多个优先级怎么管理呢？对于 CM3 内核来说，CPU 是通过 NVIC 来管理每一个中断的。当然，NVIC 肩负的不只是管理优先级的任务，我们将通过本节介绍搭载 CM3 内核 STM32 单片机的 NVIC 系统。

关于中断，先介绍几个概念。

中断服务程序：当中断发生时，CPU 将中断当前任务，转而执行中断服务程序。

中断向量：内存中某个特殊的地址，是存放中断服务程序的入口地址。

中断向量表：中断向量的集合，CPU 可以通过这个表找到所有的中断服务程序。

中断请求：向 CPU 请求中断，一个中断可以有多个中断请求的源。

事件：发生一个事件（如定时器溢出）将置位一个标志位，如果使能相应中断，则将产生中断请求。

优先级：CM3 内核支持多个中断嵌套，这些中断嵌套通过优先级管理。

CM3 内核支持 256 个中断，其中包含 16 个系统异常和 240 个外部中断，并且具有 256 级可编程中断优先级。但 STM32 并没有用到 CM3 的全部中断，只用了其中一部分。

STM32 有 84 个中断，包括 16 个系统异常和 68 个可屏蔽中断，具有 16 级可编程中断优先级。我们常用的就是这 68 个可屏蔽中断，但是 STM32 的 68 个可屏蔽中断在 STM32F103 系列芯片上只有 60 个（在 107 系列芯片上有 68 个）。因为我们的开发板选择的芯片是 STM32F103 系列芯片，所以只针对 STM32F103 系列芯片上这 60 个可屏蔽中断进行介绍。

打开任何一个 HAL 库工程，在 core_cm3.h 中找到关于 NVIC 的寄存器定义：

```
383  typedef struct
384  {
385      __IOM uint32_t ISER[8U];              /*!< Offset: 0x000 (R/W)  Interrupt Set Enable Register */
386            uint32_t RESERVED0[24U];
387      __IOM uint32_t ICER[8U];              /*!< Offset: 0x080 (R/W)  Interrupt Clear Enable Register */
388            uint32_t RSERVED1[24U];
389      __IOM uint32_t ISPR[8U];              /*!< Offset: 0x100 (R/W)  Interrupt Set Pending Register */
390            uint32_t RESERVED2[24U];
391      __IOM uint32_t ICPR[8U];              /*!< Offset: 0x180 (R/W)  Interrupt Clear Pending Register */
392            uint32_t RESERVED3[24U];
393      __IOM uint32_t IABR[8U];              /*!< Offset: 0x200 (R/W)  Interrupt Active bit Register */
394            uint32_t RESERVED4[56U];
395      __IOM uint8_t  IP[240U];              /*!< Offset: 0x300 (R/W)  Interrupt Priority Register (8Bit wide) */
396            uint32_t RESERVED5[644U];
397      __OM  uint32_t STIR;                  /*!< Offset: 0xE00 ( /W)  Software Trigger Interrupt Register */
398  } NVIC_Type;
399
```

core_cm3.h 是 ARM 提供的关于 CM3 内核的头文件，包含了一些内核级别的宏、寄存器定义和可操作内核的内联函数。

ISER[8U]：全称是 Interrupt Set-Enable Registers，这是一个中断使能寄存器组。CM3 内核一共支持 256 个中断，这里的 8 个 32 位寄存器一共有 256 位，对应 CM3 内核的可屏蔽中断，设置相应的位可以使能相应的中断。我们的开发板上的 STM32F103 系列单片机只使用了其中的前 60 位。要使能某个中断，必须设置相应的 ISER 位为 1，使该中断被使能（这里仅仅是使能，还要配合中断分组、屏蔽、IO 口映射等设置才是一个完整的中断设置）。

ICER[8U]：全称是 Interrupt Clear-Enable Registers，是一个中断除能寄存器组。该寄存器组与 ISER 的作用恰好相反，是用来清除某个中断的使能的。其对应位的中断也和 ISER 一样。这里要专门设置一个 ICER 来清除中断位，而不是向 ISER 写 0 来清除，因为 NVIC 的这些寄存器都是写 1 有效的，写 0 是无效的。

ISPR[8U]：全称是 Interrupt Set-Pending Registers，是一个中断挂起控制寄存器组。每个位对应的中断和 ISER 是一样的。通过置 1，可以将正在进行的中断挂起，而执行同级或更高级别的中断，写 0 是无效的。

ICPR[8U]：全称是 Interrupt Clear-Pending Registers，是一个中断解挂控制寄存器组。其作用与 ISPR 相反，对应位的中断也和 ISER 是一样的。通过置 1，可以将挂起的中断解挂，写 0 无效。

IABR[8U]：全称是 Interrupt Active Bit Registers，是一个中断激活标志位寄存器组。对应位所代表的中断和 ISER 一样，如果为 1，则表示该位所对应的中断正在被执行。这是一个只读寄存器，通过它可以知道当前被执行的中断是哪一个。中断执行完了由硬件自动清零。

IP[240U]：全称是 Interrupt Priority Registers，是一个中断优先级控制寄存器组。这个寄存器组相当重要，STM32 的中断分组与这个寄存器组密切相关。IP 寄存器组由 240 个 8bit 的寄存器组成，每个可屏蔽中断占用 8bit，这样总共可以表示 240 个可屏蔽中断。而 STM32 只用到了其中的前 60 个。IP[59U]～IP[0U]分别对应中断 59～0。而每个可屏蔽中断占用的 8bit 并没有全部使用，而是只用了高 4 位。这 4 位又分为抢占优先级和响应优先级（又称子优先级）。抢占优先级在前，响应优先级在后。而这两个优先级各占几位又要根据 SCB→AIRCR 中的中断分组设置来决定，这将在后面具体讲解。

这些寄存器并没有被 STM32 完全使用，一部分只是占用了空间而已，我们来看看 STM32 关于中断向量的定义（表 1-6-1）。

表 1-6-1 中断向量定义

位 置	优 先 级	优先级类型	名 称	说 明	地 址
-	-	-	-	保留	0x0000_0000
	-3	固定	Reset	复位	0x0000_0004
	-2	固定	NMI	不可屏蔽中断，RCC 时钟安全系统（CSS）连接到 NMI 向量	0x0000_0008
	-1	固定	硬件错误（HardFault）	所有类型的错误	0x0000_000C
	0	可设置	存储管理（MemManage）	存储器管理	0x0000_0010
	1	可设置	总线错误（BusFault）	预取指令失败，存储器访问失败	0x0000_0014
	2	可设置	错误应用（UsageFault）	未定义的指令或非法状态	0x0000_0018
	-	-	-	保留	0x0000_001C ～0x0000_002B
	3	可设置	SVCall	通过 SWI 指令的系统服务调用	0x0000_002C
	4	可设置	调 试 监 控（DebugMonitor）	调试监控器	0x0000_0030
	-	-	-	保留	0x0000_0034
	5	可设置	PendSV	可挂起的系统服务	0x0000_0038
	6	可设置	SysTick	系统嘀嗒定时器	0x0000_003C
0	7	可设置	WWDG	窗口定时器中断	0x0000_0040
1	8	可设置	PVD	连到 EXTI 的电源电压检测（PVD）中断	0x0000_0044

位　置	优　先　级	优先级类型	名　　称	说　　明	地　　址
2	9	可设置	TAMPER	侵入检测中断	0x0000_0048
3	10	可设置	RTC	实时时钟（RTC）全局中断	0x0000_004C
4	11	可设置	FLASH	闪存全局中断	0x0000_0050
5	12	可设置	RCC	复位和时钟控制（RCC）中断	0x0000_0054
6	13	可设置	EXTI0	EXTI 线 0 中断	0x0000_0058
7	14	可设置	EXTI1	EXTI 线 1 中断	0x0000_005C
8	15	可设置	EXTI2	EXTI 线 2 中断	0x0000_0060
9	16	可设置	EXTI3	EXTI 线 3 中断	0x0000_0064
10	17	可设置	EXTI4	EXTI 线 4 中断	0x0000_0068
11	18	可设置	DMA1 通道 1	DMA1 通道 1 全局中断	0x0000_006C
12	19	可设置	DMA1 通道 2	DMA1 通道 2 全局中断	0x0000_0070
13	20	可设置	DMA1 通道 3	DMA1 通道 3 全局中断	0x0000_0074
14	21	可设置	DMA1 通道 4	DMA1 通道 4 全局中断	0x0000_0078
15	22	可设置	DMA1 通道 5	DMA1 通道 5 全局中断	0x0000_007C
16	23	可设置	DMA1 通道 6	DMA1 通道 6 全局中断	0x0000_0080
17	24	可设置	DMA1 通道 7	DMA1 通道 7 全局中断	0x0000_0084
18	25	可设置	ADC1_2	ADC1 和 ADC2 的全局中断	0x0000_0088
19	26	可设置	USB_HP_CAN_TX	USB 高优先级或 CAN 发送中断	0x0000_008C
20	27	可设置	USB_LP_CAN_RX0	USB 低优先级或 CAN 接收 D 中断	0x0000_0090
21	28	可设置	CNA_RX1	CAN 接收 1 中断	0x0000_0094
22	29	可设置	CNA_SCE	CAN SCE 中断	0x0000_0098
23	30	可设置	EXTI9_5	TXTI 线[9:5]中断	0x0000_009C
24	31	可设置	TIM1_BRK	TIM1 刹车中断	0x0000_00A0
25	32	可设置	TIM1_UP	TIM1 更新中断	0x0000_00A4
26	33	可设置	TIM1_TRG_COM	TIM1 触发和通信中断	0x0000_00A8
27	34	可设置	TIM1_CC	TIM1 捕获比较中断	0x0000_00AC
28	35	可设置	TIM2	TIM2 全局中断	0x0000_00B0
29	36	可设置	TIM3	TIM3 全局中断	0x0000_00B4
30	37	可设置	TIM4	TIM4 全局中断	0x0000_00B8
31	38	可设置	I2C1_EV	I^2C1 事件中断	0x0000_00BC
32	39	可设置	I2C1_ER	I^2C1 错误中断	0x0000_00C0
33	40	可设置	I2C2_EV	I2C2 事件中断	0x0000_00C4

位　置	优　先　级	优先级类型	名　　称	说　　明	地　　址
34	41	可设置	I2C2_ER	I2C2 错误中断	0x0000_00C8
35	42	可设置	SPI1	SPI1 全局中断	0x0000_00CC
36	43	可设置	SPI2	SPI2 全局中断	0x0000_00D0
37	44	可设置	USART1	USART1 全局中断	0x0000_00D4
38	45	可设置	USART2	USART2 全局中断	0x0000_00D8
39	46	可设置	USART3	USART3 全局中断	0x0000_00DC
40	47	可设置	EXTI15_10	EXTI 线[15:10]中断	0x0000_00E0
41	48	可设置	RTCAlarm	连到 EXTI 的 RTC 闹钟中断	0x0000_00E4
42	49	可设置	USB 唤醒	连到 EXTI 的从 USB 待机唤醒中断	0x0000_00E8
43	50	可设置	TIM8_BRK	TIM8 刹车中断	0x0000_00EC
44	51	可设置	TIM8_UP	TIM8 更新中断	0x0000_00F0
45	52	可设置	TIM8_TRG_COM	TIM8 触发和通信中断	0x0000_00F4
46	53	可设置	TIM8_CC	TIM8 捕获比较中断	0x0000_00F8
47	54	可设置	ADC3	ADC3 全局中断	0x0000_00FC
48	55	可设置	FSMC	FSMC 全局中断	0x0000_0100
49	56	可设置	SDIO	SDIO 全局中断	0x0000_0104
50	57	可设置	TIM5	TIM5 全局中断	0x0000_0108
51	58	可设置	SPI3	SPI3 全局中断	0x0000_010C
52	59	可设置	UART4	UART4 全局中断	0x0000_0110
53	60	可设置	UART5	UART5 全局中断	0x0000_0114
54	61	可设置	TIM6	TIM6 全局中断	0x0000_0118
55	62	可设置	TIM7	TIM7 全局中断	0x0000_011C
56	63	可设置	DMA2 通道 1	DMA2 通道 1 全局中断	0x0000_0120
57	64	可设置	DMA2 通道 2	DMA2 通道 2 全局中断	0x0000_0124
58	65	可设置	DMA2 通道 3	DMA2 通道 3 全局中断	0x0000_0128
59	66	可设置	DMA2 通道 4_5	DMA2 通道 4 和 DMA2 通道 5 全局中断	0x0000_012C

前 10 个（-3～6）为 CM3 系统异常，是 CM3 规定必须带有的组件。

Reset：复位，指系统复位服务程序（在启动文件中定义，有兴趣的读者可以查阅 STM32 启动文件）。

NMI：不可屏蔽中断，一般用于系统崩溃边缘的紧急处理。

HardFault：硬件错误。

MemManage：存储器管理错误，MPU访问犯规或对非法地址进行访问。

BusFault：总线错误，预取指令失败或存储器访问失败。

UsageFault：由于程序错误导致的异常，通常是使用了一条无效指令。

SVCall：执行系统服务调用指令引发的异常。

DebugMonitor：调试监控器（断点、数据观察点或外部调试请求）。

PendSV：为系统设备而设的（可悬挂请求），通常在OS中与SVC和SysTick配合使用。

SysTick：定时器，也就是周期性溢出的时基定时器。

以上资料仅供参考，不需要深入了解。

后面的60个是STM32定义的中断，连接了STM32的各个外设，后文将主要讲解这些中断。

这么多中断，NVIC怎么管理呢？

打开实验工程，再打开stm32f103xe.h文件，可以找到IRQn_Type这个枚举类型，它定义了-14～59的标识符和序号，这些用来表示STM32的所有异常和中断，其中一部分如下：

```
87    typedef enum
88    {
89    /****** Cortex-M3 Processor Exceptions Numbers *****************************************/
90      NonMaskableInt_IRQn         = -14,    /*!< 2 Non Maskable Interrupt                     */
91      HardFault_IRQn              = -13,    /*!< 3 Cortex-M3 Hard Fault Interrupt             */
92      MemoryManagement_IRQn       = -12,    /*!< 4 Cortex-M3 Memory Management Interrupt      */
93      BusFault_IRQn               = -11,    /*!< 5 Cortex-M3 Bus Fault Interrupt              */
94      UsageFault_IRQn             = -10,    /*!< 6 Cortex-M3 Usage Fault Interrupt            */
95      SVCall_IRQn                 = -5,     /*!< 11 Cortex-M3 SV Call Interrupt               */
96      DebugMonitor_IRQn           = -4,     /*!< 12 Cortex-M3 Debug Monitor Interrupt         */
97      PendSV_IRQn                 = -2,     /*!< 14 Cortex-M3 Pend SV Interrupt               */
98      SysTick_IRQn                = -1,     /*!< 15 Cortex-M3 System Tick Interrupt           */
99
100   /****** STM32 specific Interrupt Numbers **********************************************/
101     WWDG_IRQn                   = 0,      /*!< Window WatchDog Interrupt                    */
102     PVD_IRQn                    = 1,      /*!< PVD through EXTI Line detection Interrupt     */
103     TAMPER_IRQn                 = 2,      /*!< Tamper Interrupt                             */
104     RTC_IRQn                    = 3,      /*!< RTC global Interrupt                         */
105     FLASH_IRQn                  = 4,      /*!< FLASH global Interrupt                       */
106     RCC_IRQn                    = 5,      /*!< RCC global Interrupt                         */
107     EXTI0_IRQn                  = 6,      /*!< EXTI Line0 Interrupt                         */
108     EXTI1_IRQn                  = 7,      /*!< EXTI Line1 Interrupt                         */
109     EXTI2_IRQn                  = 8,      /*!< EXTI Line2 Interrupt                         */
110     EXTI3_IRQn                  = 9,      /*!< EXTI Line3 Interrupt                         */
111     EXTI4_IRQn                  = 10,     /*!< EXTI Line4 Interrupt                         */
112     DMA1_Channel1_IRQn          = 11,     /*!< DMA1 Channel 1 global Interrupt              */
113     DMA1_Channel2_IRQn          = 12,     /*!< DMA1 Channel 2 global Interrupt              */
114     DMA1_Channel3_IRQn          = 13,     /*!< DMA1 Channel 3 global Interrupt              */
115     DMA1_Channel4_IRQn          = 14,     /*!< DMA1 Channel 4 global Interrupt              */
116     DMA1_Channel5_IRQn          = 15,     /*!< DMA1 Channel 5 global Interrupt              */
117     DMA1_Channel6_IRQn          = 16,     /*!< DMA1 Channel 6 global Interrupt              */
118     DMA1_Channel7_IRQn          = 17,     /*!< DMA1 Channel 7 global Interrupt              */
119     ADC1_2_IRQn                 = 18,     /*!< ADC1 and ADC2 global Interrupt               */
120     USB_HP_CAN1_TX_IRQn         = 19,     /*!< USB Device High Priority or CAN1 TX Interrupts */
121     USB_LP_CAN1_RX0_IRQn        = 20,     /*!< USB Device Low Priority or CAN1 RX0 Interrupts */
122     CAN1_RX1_IRQn               = 21,     /*!< CAN1 RX1 Interrupt                           */
```

NVIC把中断的优先级分为两类：抢占优先级、响应优先级。它们的值越小，优先级越高。对于抢占优先级而言，高抢占优先级可以中断当前低抢占优先级。对于响应优先级而言，如果有两个抢占优先级相同的任务同时向CPU申请中断，CPU会先响应高响应优先级的任务。

NVIC通过中断分组决定抢占/响应优先级的具体级数（表1-6-2）。

表 1-6-2 NVIC 通过中断分组决定抢占/响应优先级的具体级数

组	AIRCR[10:8]	bit[7:4]分配情况	分 配 结 果
0	111	0:4	0 位抢占优先级,4 位响应优先级
1	110	1:3	1 位抢占优先级,3 位响应优先级
2	101	2:2	2 位抢占优先级,2 位响应优先级
3	100	3:1	3 位抢占优先级,1 位响应优先级
4	011	4:0	4 位抢占优先级,0 位响应优先级

例如组 3,AIRCR 寄存器(也就是 STM32 的 IP 寄存器组)的 3 位用于抢占优先级,有 0~7 八级;1 位用于响应优先级,有 0、1 两级。

接下来介绍 STM32 HAL 库 NVIC 相关的函数。打开一个实验工程(如 LED 实验),HAL 库将关于 CM3 内核的程序代码统一放在 stm32_hal_cortex.c 和 stm32_hal_cortex.h 文件中,打开 stm32_hal_cortex.h 文件,下拉可以看到如下代码:

```
280  void HAL_NVIC_SetPriorityGrouping(uint32_t PriorityGroup);                                      //设置中断优先级组
281  void HAL_NVIC_SetPriority(IRQn_Type IRQn, uint32_t PreemptPriority, uint32_t SubPriority);        //设置中断优先级
282  void HAL_NVIC_EnableIRQ(IRQn_Type IRQn);                                                         //使能中断
283  void HAL_NVIC_DisableIRQ(IRQn_Type IRQn);                                                        //失能中断
284  void HAL_NVIC_SystemReset(void);                                                                 //软件复位
285  uint32_t HAL_SYSTICK_Config(uint32_t TicksNumb);
```

以上是 NVIC 管理中断最主要的几个接口函数。第一个用于中断优先级组的设置,这个函数有一个参数,我们可以选择将 NVIC 配置在哪个优先级组下,这个函数在 HAL_Init()中被调用:

```
158  HAL_StatusTypeDef HAL_Init(void)
159  {
160      /* Configure Flash prefetch */
161  #if (PREFETCH_ENABLE != 0)                                                  //以下几行为使能预取指令缓存
162  #if defined(STM32F101x6) || defined(STM32F101xB) || defined(STM32F101xE) || defined(STM32F101xG) || \
163      defined(STM32F102x6) || defined(STM32F102xB) || \
164      defined(STM32F103x6) || defined(STM32F103xB) || defined(STM32F103xE) || defined(STM32F103xG) || \
165      defined(STM32F105xC) || defined(STM32F107xC)
166
167      /* Prefetch buffer is not available on value line devices */
168      __HAL_FLASH_PREFETCH_BUFFER_ENABLE();
169  #endif
170  #endif /* PREFETCH_ENABLE */
171
172      /* Set Interrupt Group Priority */
173      HAL_NVIC_SetPriorityGrouping(NVIC_PRIORITYGROUP_4);    ←                 //设置中断分组
174
175      /* Use systick as time base source and configure 1ms tick (default clock after Reset is MSI) */
176      HAL_InitTick(TICK_INT_PRIORITY);                                        //初始化SysTick定时器
177
178      /* Init the low level hardware */
179      HAL_MspInit();                                                          //调用HAL库专用回调函数
180
181      /* Return function status */
182      return HAL_OK;                                                          //返回成功标志
183  }
```

从传入 HAL_NVIC_SetPriorityGrouping()的参数 NVIC_PRIORITYGROUP_4 可以看出,此实验将中断分组配置成组 4,也就是 4 位抢占优先级,0 位响应优先级。我们查找 NVIC_PRIORITYGROUP_4 的定义:

```
108  #define NVIC_PRIORITYGROUP_0         0x00000007U /*!< 0 bits for pre-emption priority
109                                                        4 bits for subpriority */
110  #define NVIC_PRIORITYGROUP_1         0x00000006U /*!< 1 bits for pre-emption priority
111                                                        3 bits for subpriority */
112  #define NVIC_PRIORITYGROUP_2         0x00000005U /*!< 2 bits for pre-emption priority
113                                                        2 bits for subpriority */
114  #define NVIC_PRIORITYGROUP_3         0x00000004U /*!< 3 bits for pre-emption priority
115                                                        1 bits for subpriority */
116  #define NVIC_PRIORITYGROUP_4         0x00000003U /*!< 4 bits for pre-emption priority
117                                                        0 bits for subpriority */
```

HAL 库定义了 5 个这样的宏，用来标识 NVIC 的分组，这样就不必面对复杂的寄存器，从而简化编程。

一般来说，中断分组只需要配置一次，并且配置好以后不要更改，否则可能造成中断分组混乱，优先级不明朗，甚至使系统出现一些不可预知的错误。

我们再来看设置中断优先级的函数：

```
void HAL_NVIC_SetPriority(IRQn_Type IRQn, uint32_t PreemptPriority, uint32_t SubPriority);
```

这是一个设置中断优先级的函数，有三个入口参数。IRQn 为需要设置的中断编号，这个编号的值就是前面所说的 IRQn_Type 这个枚举类型。PreemptPriority 为抢占优先级，根据具体的优先级直接填入数字即可。SubPriority 为响应优先级，根据具体优先级填入数字即可。

下面这两个函数为中断使能/失能函数，从名字就可以分辨出来。入口参数 IRQn 为中断编号，填入 IRQn_Type 中定义的值即可。

```
void HAL_NVIC_EnableIRQ(IRQn_Type IRQn);
void HAL_NVIC_DisableIRQ(IRQn_Type IRQn);
```

下面这个函数很简单，功能为系统复位，无返回值，无入口参数，调用这个函数会立即复位 MCU。

```
void HAL_NVIC_SystemReset(void);
```

STM32CubeMX 软件中断分组配置如图 1-6-2 所示。

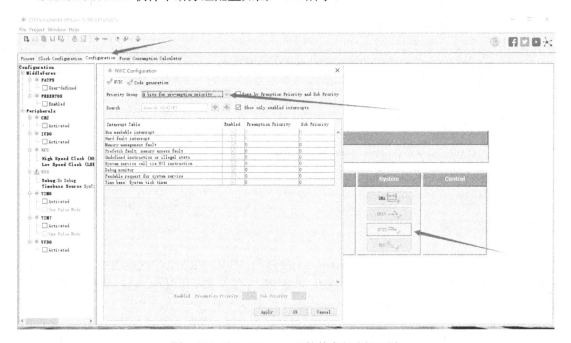

图 1-6-2　STM32CubeMX 软件中断分组配置

由图 1-6-2 可以看到，这里默认配置为组 4，正好对应 HAL_Init()中默认设置的组 4。

希望读者在使用 STM32CubeMX 软件的同时，多了解 HAL 库的结构和编程方法，这样才能学好 STM32 编程。

第2章

主板基础实验

2.1 LED 控制实验

2.1.1 实验目的

- 通过 IO 口控制小灯闪烁的过程。
- 在 STM32F103ZE 核心板上运行自己的程序。

2.1.2 实验环境

硬件：装有 STM32F103ZE 核心板的实验箱、PC、USB 线。

软件：Windows 10/Windows 7/Windows XP、KEIL5、STM32CubeMX、STM32F10x_StdPeriph_Lib_V3.5.0 固件库和 HAL 库。

学时：8 学时。

2.1.3 实验原理

STM32 最简单的外设就是 IO 口的高低电平控制，这也是 STM32 控制外围设备最小的单元，下面通过一个经典的 LED 闪烁程序带大家开始 STM32F1 开发之旅。在本节中，读者可以通过我们的开发板实验箱了解 STM32F1 GPIO 结构、输出使用方法和 HAL 库配置。通过驱动 STM32F103ZE 的 IO 引脚输出高低电平来控制 LED1、LED2、LED3、LED4 的亮与灭。

1. STM32F1 GPIO 简介

GPIO 框图如图 2-1-1 所示。

下方框内为 GPIO 输出结构，对应 GPIO 的 4 种输出模式。数据由用户写入位设置/清除寄存器或输出数据寄存器，输出驱动器根据输出数据寄存器中的数据输出相应的互补信号，驱动两个 MOS 管实现推挽输出。如果不激活内部的 P-MOS 管，就可以实现开漏输出。输出驱动器的数据源可以是输出数据寄存器，也可以是片上外设。如果输出控制寄存器从片上外设提取数据（而不是输出数据寄存器），就实现了复用开漏输出或复用推挽输出。

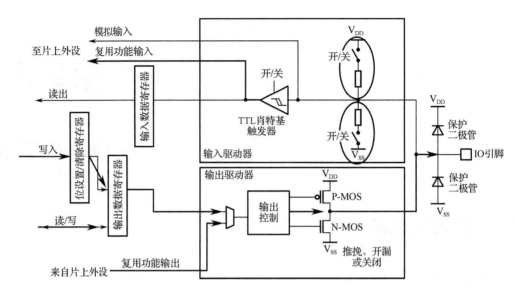

图 2-1-1 GPIO 框图

上方框内为 GPIO 输入结构，对应 GPIO 的 4 种输入模式。处于输入模式的 GPIO 会打开肖特基触发器，使得外部 IO 引脚的状态可以通过肖特基触发器被采集到输入数据寄存器，同时可以被片上外设采集，实现复用。STM32F1 的 GPIO 输入结构中有两个电阻，一个是上拉电阻，另一个是下拉电阻，可以由软件控制哪个电阻接入引脚，从而实现上拉或下拉输入。

至此，相信读者对 STM32 的 GPIO 有了一定的了解，对于 LED 闪烁这个实验已经有了一定的思路。下面介绍 GPIO 的寄存器，从而使读者进一步了解 GPIO 的配置。

STM32 的 GPIO 是通过组进行组织的，GPIO 组从 A 开始编号，命名为 PA、PB、PC 等，每组 IO 都有 16 个 IO 引脚。每组 IO 都有各自的寄存器，它们之间不共享任何资源。

STM32 的 IO 由 7 个寄存器进行控制，如图 2-1-2 所示。

8.2.1 端口配置低寄存器(GPIOx_CRL) (x=A..E)

8.2.2 端口配置高寄存器(GPIOx_CRH) (x=A..E)

8.2.3 端口输入数据寄存器(GPIOx_IDR) (x=A..E)

8.2.4 端口输出数据寄存器(GPIOx_ODR) (x=A..E)

8.2.5 端口位设置/清除寄存器(GPIOx_BSRR) (x=A..E)

8.2.6 端口位清除寄存器(GPIOx_BRR) (x=A..E)

8.2.7 端口配置锁定寄存器(GPIOx_LCKR) (x=A..E)

图 2-1-2 STM32 IO 控制寄存器

STM32 的每个 IO 都可以被独立配置。

1）端口配置低寄存器（图 2-1-3）

偏移地址：0x00

复位值：0x4444 4444

31	30	29	28	27	26	25	24	23	22	21	20	19	18	17	16
CNF7[1:0]		MODE7[1:0]		CNF6[1:0]		MODE6[1:0]		CNF5[1:0]		MODE5[1:0]		CNF4[1:0]		MODE4[1:0]	
rw	rw	rw	rw	rw	rw	rw	rw	rw	rw	rw	rw	rw	rw	rw	rw

15	14	13	12	11	10	9	8	7	6	5	4	3	2	1	0
CNF3[1:0]		MODE3[1:0]		CNF2[1:0]		MODE2[1:0]		CNF1[1:0]		MODE1[1:0]		CNF0[1:0]		MODE0[1:0]	
rw	rw	rw	rw	rw	rw	rw	rw	rw	rw	rw	rw	rw	rw	rw	rw

位 31:30 27:26 23:22 19:18 15:14 11:10 7:6 3:2	CNFy[1:0]：端口 x 配置位（y=0,…,7） 软件通过这些位配置相应的 IO 端口 在输入模式（MODE[1:0]=00）： 00：模拟输入模式 01：浮空输入模式（复位后的状态） 10：上拉/下拉输入模式 11：保留 在输出模式（MODE[1:0]>00）： 00：通用推挽输出模式 01：通用开漏输出模式 10：复用功能推挽输出模式 11：复用功能开漏输出模式
位 29:28 25:24 21:20 17:16 13:12 9:8，5:4 1:0	MODEy[1:0]：端口 x 的模式位（y=0,…,7） 软件通过这些位配置相应的 IO 端口 00：输入模式（复位后的状态） 01：输出模式，最大速率 10MHz 10：输出模式，最大速率 2MHz 11：输出模式，最大速率 50MHz

图 2-1-3 端口配置低寄存器

由图 2-1-3 可知，STM32 的每个 GPIO 都对应端口控制寄存器的 4 个位，两个 32 位寄存器（CRL 和 CRH）对应 16 位 IO，具体 IO 的配置可以参考图 2-1-4。

配 置 模 式		CNF1	CNF0	MODE1	MODE0	PxODR 寄存器
通用输出	推挽	0	0	01		0 或 1
	开漏		1	10		0 或 1
复用功能输出	推挽	1	0	11		不使用
	开漏		1	见输出模式位		不使用
输入	模拟输入	0	0	00		不使用
	浮空输入		1			不使用
	下拉输入	1	0			0
	上拉输入					1

图 2-1-4 端口配置控制寄存器配置模式

输出模式位

MODE[1:0]	意　义
00	保留
01	最大输出速率为10MHz
10	最大输出速率为2MHz
11	最大输出速率为50MHz

图2-1-4　端口配置控制寄存器配置模式（续）

例如，实验中配置PA0为推挽输出，应该配置GPIOA的CRL寄存器的MODE0位为1，MODE1位为0，CNF0位为0，CNF1位为0。

以上就是IO配置流程，将IO配置为相应模式可实现相应功能（注：如果需要实现与51单片机类似的双向IO，则需要把IO配置为开漏输出且外加上拉电阻）。

2）端口输入数据寄存器（图2-1-5）

地址偏移：0x08

复位值：0x0000 XXXX

31	30	29	28	27	26	25	24	23	22	21	20	19	18	17	16
保留															

15	14	13	12	11	10	9	8	7	6	5	4	3	2	1	0
IDR15	IDR14	IDR13	IDR12	IDR11	IDR10	IDR9	IDR8	IDR7	IDR6	IDR5	IDR4	IDR3	IDR2	IDR1	IDR0
r	r	r	r	r	r	r	r	r	r	r	r	r	r	r	r

位 31:16	保留，始终读为0
位 15:0	IDRy[15:0]：端口输入数据（y=0,…,15） 这些位为只读，并且只能以字（16位）的形式读出。读出的值为对应IO口的状态

图2-1-5　端口输入数据寄存器

此寄存器为端口输入数据寄存器（GPIOx_IDR），这是一个32位只读寄存器，只有低16位有效，对应每组IO的16个引脚。这个寄存器只能以半字（16位）的形式读出。

3）端口输出数据寄存器（图2-1-6）

地址偏移：0Ch

复位值：0x0000 0000

31	30	29	28	27	26	25	24	23	22	21	20	19	18	17	16
保留															

15	14	13	12	11	10	9	8	7	6	5	4	3	2	1	0
ODR15	ODR14	ODR13	ODR12	ODR11	ODR10	ODR9	ODR8	ODR7	ODR6	ODR5	ODR4	ODR3	ODR2	ODR1	ODR0
rw	rw	rw	rw	rw	rw	rw	rw	rw	rw	rw	rw	rw	rw	rw	rw

图2-1-6　端口输出数据寄存器

位 31:16	保留，始终读为 0
位 15:0	ODRy[15:0]：端口输出数据（y=0,…,15） 这些位为可读可写，并且只能以字（16 位）的形式操作 注：对于 GPIOx_BSRR（x=A,…,E），可以分别对各个 ODR 位进行独立的设置/清除

图 2-1-6　端口输出数据寄存器（续）

此寄存器为端口输出数据寄存器（GPIOx_ODR），这是一个 32 位寄存器，只有低 16 位有效，对应每组 IO 的 16 个引脚。对该寄存器的写操作决定了 IO 的状态，对该寄存器的读操作可以得到最后写入的值，它是 GPIO 一个比较重要的寄存器。

4）端口位设置/清除寄存器（图 2-1-7）

地址偏移：0x10

复位值：0x0000 0000

31	30	29	28	27	26	25	24	23	22	21	20	19	18	17	16
BR15	BR14	BR13	BR12	BR11	BR10	BR9	BR8	BR7	BR6	BR5	BR4	BR3	BR2	BR1	BR0
w	w	w	w	w	w	w	w	w	w	w	w	w	w	w	w

15	14	13	12	11	10	9	8	7	6	5	4	3	2	1	0
BS15	BS14	BS13	BS12	BS11	BS10	BS9	BS8	BS7	BS6	BS5	BS4	BS3	BS2	BS1	BS0
w	w	w	w	w	w	w	w	w	w	w	w	w	w	w	w

位 31:16	BRy：清除端口 x 的位 y（y=0,…,15） 这些位只能写入，并且只能以字（16 位）的形式操作 0：对对应的 ODRy 位不产生影响 1：清除对应的 ODRy 位 注：如果同时设置了 BSy 和 BRy 的对应位，则 BSy 位起作用
位 15:0	BSy：设置端口 x 的位 y（y=0,…,15） 这些位只能写入，并且只能以字（16 位）的形式操作 0：对对应的 ODRy 位不产生影响 1：设置对应的 ODRy 位为 1

图 2-1-7　端口位设置/清除寄存器

此寄存器为端口位设置/清除寄存器。该寄存器可以对 GPIO 进行设置/清除操作，对该寄存器的低 16 位置 1 会设置 ODR 寄存器的相应位为 1，置 0 则不产生任何影响；对该寄存器的高 16 位置 1 会清除 ODR 寄存器的相应位，置 0 则不会产生任何影响。

5）端口位清除寄存器（图 2-1-8）

地址偏移：0x14

复位值：0x0000 0000

31	30	29	28	27	26	25	24	23	22	21	20	19	18	17	16
保留															

15	14	13	12	11	10	9	8	7	6	5	4	3	2	1	0
BR15	BR14	BR13	BR12	BR11	BR10	BR9	BR8	BR7	BR6	BR5	BR4	BR3	BR2	BR1	BR0
w	w	w	w	w	w	w	w	w	w	w	w	w	w	w	w

图 2-1-8　端口位清除寄存器

位 31:16	保留
位 15:0	BRy：清除端口 x 的位 y（y=0,···,15） 这些位只能写入，并且只能以字（16 位）的形式操作 0：对对应的 ODRy 位不产生影响 1：清除对应的 ODRy 位

图 2-1-8   端口位清除寄存器（续）

此寄存器为端口位清除寄存器，该寄存器只用到低 16 位，功能与端口位设置/清除寄存器的高 16 位功能相同。

上述寄存器通常用于对某个或某几个 IO 的单独操作，极大地简化了关于 IO 口的编程，并且提高了开发效率。

2. 硬件设计

对于 IO 口有了一定的了解之后，下面看看我们的实验要求：点亮一盏灯（LED），并且使它闪烁。既然需要 LED 闪烁，那就来看看 LED 在我们的开发板上到底是怎么连接的，硬件是如何设计的。

打开"电路板原理图\电路原理图.pdf"，这个文档是我们所用开发板底板的原理图，按 Ctrl+F 快捷键，在搜索框中输入 LED2，直到找到图 2-1-9 为止。

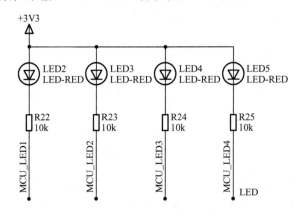

图 2-1-9   LED 电路图

可以看到，电路连接十分简单，LED2 的阳极接 3.3V 电源，也就是 STM32 芯片的 VDD；LED2 的阴极通过一个电阻连接到 MCU_LED1，从名字可以看出，它连接了 STM32 单片机的某个 IO 口。

这个电路很容易理解，我们分为两种状态来分析：当单片机输出高电平时，相当于 LED 两端都接了高电平，LED 阳极电压并不大于阴极电压，LED 中的 PN 结截止，LED 不亮；当单片机输出低电平时，LED 阳极电压大于阴极电压，使得 LED 中的 PN 结导通，LED 亮。这就完成了 LED 熄灭和点亮的过程，单片机只需要输出 1 或 0，就可以控制 LED 的亮灭。

因为 PN 结导通时，结电阻很小，所以需要在支路中串接电阻以限流，防止 LED 和 MCU 的 IO 口因电流过大而烧毁。

对于这种阳极接高电平，阴极接单片机 IO 口的 LED 接法，我们称之为灌电流，电流是从外部电源灌入 MCU 的，这种接法使得单片机的 IO 口不需要具有很强大的带负载能力，只要能承受电流即可。与之相对应的就是拉电流接法，这种接法与灌电流相反，阳极接 IO 口，阴极接低电平，电流从单片机中输出至外部负载，这要求单片机的 IO 口具有比较强的带负载能力。而单片机 IO 口承受电流的能力一般大于其带负载能力，所以对于大部分类似应用，我们一般选择灌电流接法。

接下来讲解如何通过原理图找到 LED 接在单片机的哪个 IO 口。搜索标号 MCU_LED1，直到找到图 2-1-10。

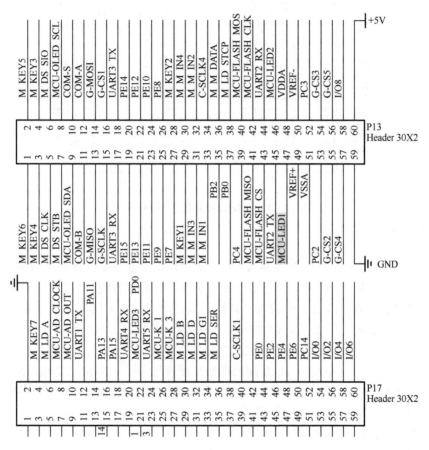

图 2-1-10　底板原理图中的插口

由于我们的开发板区分底板和核心板，并将 MCU 的外围电路全部放在底板上，而 MCU 最小系统则放在核心板上，所以，在底板原理图中找到的就是这样的两个插口。打开"STM 单片机核心板.pdf"，这个文档就是核心板的原理图，可以看到和图 2-1-10 对应的插口（图 2-1-11）。

值得一提的是，核心板原理图中间的 P1 插口对应底板原理图中的 P17 插口，而 P2 则对应 P13 插口。MCU_LED1 连接着 P13 插口的 47 号引脚，对应核心板则是 P2 插口的 47 号引脚，也就是 STM32 的 PA0 口。由此，我们就确定了开发板的 LED 与 STM32 之间的连接方式。

P1

+3V3	1	2	GND
PG7	3	4	PG6
PC6	5	6	PG8
PC8	7	8	PC7
PA8	9	10	PC9
PA10	11	12	PA9
PA12	13	14	PA11
PA14	15	16	PA13
PC10	17	18	PA15
PC12	19	20	PC11
PD1	21	22	PD0
PD3	23	24	PD2
PD5	25	26	PD4
PD7	27	28	PD6
PG10	29	30	PG9
PG12	31	32	PG11
PG14	33	34	PG13
PB3	35	36	PG15
PB5	37	38	PB4
PB7	39	40	PB6
PB9	41	42	PB8
PE1	43	44	PE0
PE3	45	46	PE2
PE5	47	48	PE4
PC13	49	50	PE6
PC15	51	52	PC14
PF1	53	54	PF0
PF3	55	56	PF2
PF5	57	58	PF4
PF7	59	60	PF6

Header 30X2

P2

PG5	1	2	PG4
PG3	3	4	PG2
PD15	5	6	PD14
PD13	7	8	PD12
PD11	9	10	PD10
PD9	11	12	PD8
PB15	13	14	PB14
PB13	15	16	PB12
PB11	17	18	PB10
PE15	19	20	PE14
PE13	21	22	PE12
PE11	23	24	PE10
PE9	25	26	PE8
PE7	27	28	PG1
PG0	29	30	PF15
PF14	31	32	PF13
PF12	33	34	PF11
PB2	35	36	PC5
PB0	37	38	PA7
PC4	39	40	PA5
PA6	41	42	PA3
PA4	43	44	PA1
PA2	45	46	VDDA
PA0	47	48	VREF-
VREF+	49	50	PC3
VSSA	51	52	PC1
PC2	53	54	PF10
PC0	55	56	PF8
PF9	57	58	+5V
GND	59	60	

Header 30X2

图 2-1-11　核心板原理图中对应的插口

2.1.4　实验步骤

前面介绍了 GPIO 的绝大多数寄存器，但在实际开发中直接操作寄存器的场合比较少，因为对于 STM32 这种 32 位 MCU，寄存器实在是太多了，而且都是 32 位的。在一些复杂的开发中要用到很多寄存器，成百上千的寄存器给开发造成了很大的困难。为了解决这一问题，ST 官方推出了 HAL 库，HAL 就是硬件抽象层的意思。HAL 库对底层硬件进行了封装，隐去了具体的实现细节，对用户提供统一的 API（编程接口），具有强大的可移植性。官方不仅推出了 HAL 库，还推出了一款针对 HAL 库的图形化配置工具——STM32CubeMX，该工具可以直接图形化配置 STM32，并且可以直接生成各种编译器的工程，极大地简化了编程。

STM32CubeMX 配置流程大致如下：

（1）创建工程，选择芯片型号；

（2）设置 RCC 时钟；

（3）选择使用外设；

（4）配置具体外设；

（5）生成工程目录。

首先打开 STM32CubeMX，单击 New Project 选项，选择具体芯片型号。直接在搜索框中输入 STM32F103ZETx，就可以看到我们需要的芯片，单击 Ok 按钮，就可以看到如图 2-1-12 所示界面。

在 Pinout 界面中，左边列表就是外设列表，在此列表中找到 RCC，设置如图 2-1-13 所示。

接下来切换到 Clock Configuration 界面，把 HCLK 设置为 72MHz，设置 MCU 系统时钟为 72MHz。至此，STM32 的 RCC 配置完成。在 Pinout 界面中的 Find 搜索框中输入 GPIO 编号，找

到对应 GPIO 并设置为 GPIO_Output，这里选择 PA0，切换到 Configuration 界面，如图 2-1-14 所示。

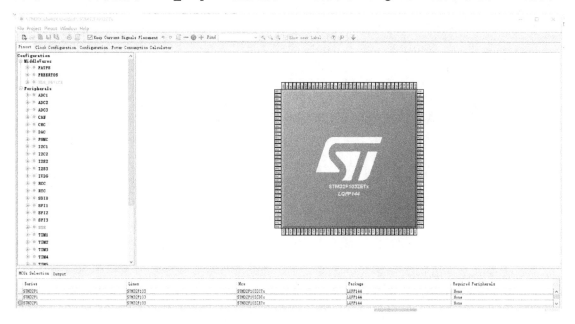

图 2-1-12 Pinout 界面

图 2-1-13 RCC 设置

图 2-1-14 Configuration 界面

打开 GPIO 选项卡，选择 PA0，如图 2-1-15 所示。

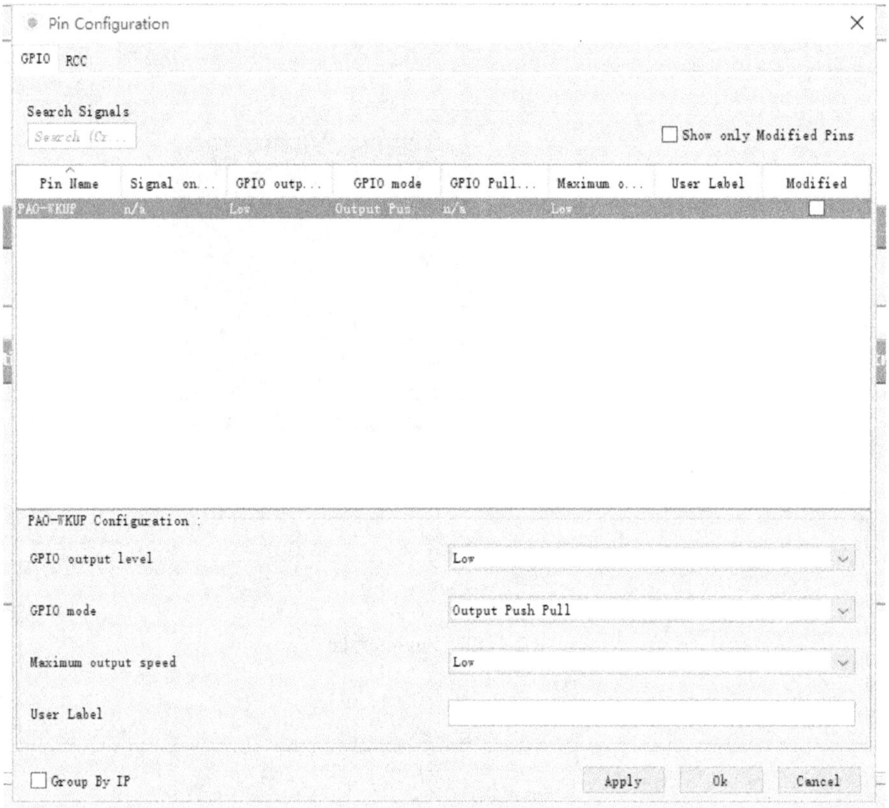

图 2-1-15　选择 PA0

其中，设置 GPIO output level 为 High（默认输出高电平），GPIO mode 设置为 Output Push Pull（推挽输出），Maximum output speed 设置为 High（IO 翻转速度为高速）。单击 Ok 按钮，GPIO 设置完毕。

在菜单栏单击 Project→Settings 选项（或者按 Alt+P 快捷键），设置工程名和工程路径，Toolchain/IDE 选项设置为 MDK-ARM V5（本书使用 MDK5），设置完成后单击 Ok 按钮退出。单击 Project→Generate Code 选项（或者按 Ctrl+Shift+G 快捷键），等待代码生成后单击 Open Project 选项打开 MDK 工程，就可以看到 STM32CubeMX 自动生成了基于 HAL 库的 STM32 工程。下面我们讲解 HAL 库源码。

打开刚刚创建的工程或打开实验工程（实验工程有注释），可以看到一系列的文件。

而在 HAL 库中关于 GPIO 的库都在 stm32f1xx_hal_gpio.c、stm32f1xx_hal_gpio.h、stm32f1xx_hal_gpio_ex.c 和 stm32f1xx_hal_gpio_ex.h 这 4 个文件中，带有 ex 的文件是外设拓展文件，稍后将分析 stm32f1xx_hal_gpio.c、stm32f1xx_hal_gpio.h 这两个文件。

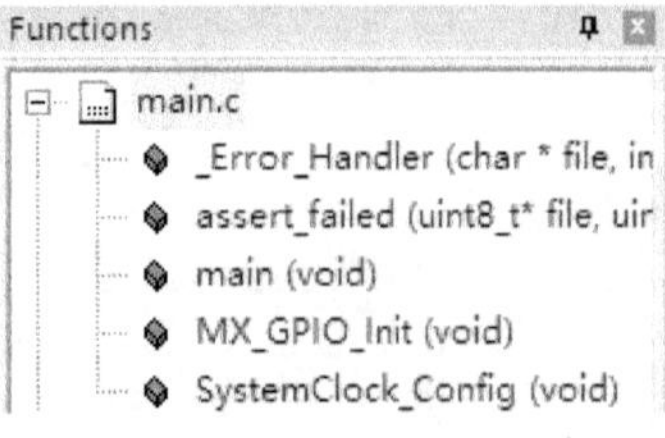

图 2-1-16　main.c

首先从 main.c 开始（图 2-1-16）。

可以看到 STM32CubeMX 在 main.c 中自动生成了 5 个函数，前两个是处理错误的公用函数。第三个是 main()函数，main()函数代码如下：

```
66   int main(void)                    //main函数
67  {
68
69     /* USER CODE BEGIN 1 */
70
71     /* USER CODE END 1 */
72
73     /* MCU Configuration--------------------------------------------------------*/
74
75     /* Reset of all peripherals, Initializes the Flash interface and the Systick. */
76     HAL_Init();                      //HAL库初始化
77
78     /* USER CODE BEGIN Init */
79
80     /* USER CODE END Init */
81
82     /* Configure the system clock */
83     SystemClock_Config();            //时钟配置函数，该函数实现了STM32CubeMX中对于时钟的配置
84
85     /* USER CODE BEGIN SysInit */
86
87     /* USER CODE END SysInit */
88
89     /* Initialize all configured peripherals */
90     MX_GPIO_Init();                  //GPIO初始化，该函数实现了STM32CubeMX中对于GPIO的配置
91
92     /* USER CODE BEGIN 2 */
93
94     /* USER CODE END 2 */
95
96     /* Infinite loop */
97     /* USER CODE BEGIN WHILE */
98     while (1)                        //死循环，绝大多数单片机应用系统最终都是在执行一个死循环
99     {
100    /* USER CODE END WHILE */
101
102      HAL_GPIO_TogglePin(GPIOA,GPIO_PIN_0);     //HAL库IO口电平翻转函数
103      HAL_Delay(1000);               //HAL库函数
104    /* USER CODE BEGIN 3 */
105
106    }
107    /* USER CODE END 3 */
108
109  }
```

可以看到 main()函数调用了三个函数，选中 HAL_Init()函数，查找定义，可以看到该函数原型如下：

```
HAL_StatusTypeDef HAL_Init(void)
```

该函数是 HAL 库的初始化函数，源码如下：

```
157  HAL_StatusTypeDef HAL_Init(void)
158  {
159     /* Configure Flash prefetch */
160  #if (PREFETCH_ENABLE != 0)                       //以下几行为使能预取指令缓存
161  #if defined(STM32F101x6) || defined(STM32F101xB) || defined(STM32F101xE) || defined(STM32F101xG) || \
162      defined(STM32F102x6) || defined(STM32F102xB) || \
163      defined(STM32F103x6) || defined(STM32F103xB) || defined(STM32F103xE) || defined(STM32F103xG) || \
164      defined(STM32F105xC) || defined(STM32F107xC)
165
166     /* Prefetch buffer is not available on value line devices */
167      __HAL_FLASH_PREFETCH_BUFFER_ENABLE();
168  #endif
169  #endif /* PREFETCH_ENABLE */
170
171     /* Set Interrupt Group Priority */
```

```
172    HAL_NVIC_SetPriorityGrouping(NVIC_PRIORITYGROUP_4);       //设置中断分组
173
174    /* Use systick as time base source and configure 1ms tick (default clock after Reset is MSI) */
175    HAL_InitTick(TICK_INT_PRIORITY);                          //初始化SysTick定时器
176
177    /* Init the low level hardware */
178    HAL_MspInit();                                            //调用HAL库专用回调函数
179
180    /* Return function status */
181    return HAL_OK;                                            //返回成功标志
182  }
```

第 160～170 行是 HAL 库根据不同芯片选择是否使能预取指令缓存；第 172 行设置中断分组，后文介绍中断时会讲解这部分内容；第 175 行初始化 SysTick 定时器；第 178 行调用 HAL 库专用回调函数（以后会讲到），可由用户编写。该函数始终返回成功标志。

第二个函数则是系统时钟设置函数，之前在 STM32CubeMX 软件里设置的 72MHz 时钟会在这个函数中实现。

第三个函数是重点函数，几乎每个 STM32CubeMX 生成的外设初始化函数都会添加一个 MX 的前缀，我们查找定义，找到这个函数的实现：

```
163    static void MX_GPIO_Init(void)
164  ┌ {
165
166       GPIO_InitTypeDef GPIO_InitStruct;                    //定义GPIO初始化结构体
167
168       /* GPIO Ports Clock Enable */
169       __HAL_RCC_GPIOC_CLK_ENABLE();                        //使能GPIOC时钟
170       __HAL_RCC_GPIOA_CLK_ENABLE();                        //使能GPIOA时钟
171
172       /*Configure GPIO pin Output Level */
173       HAL_GPIO_WritePin(GPIOA, GPIO_PIN_0, GPIO_PIN_SET);  //默认电平为高
174
175       /*Configure GPIO pin : PA0 */
176       GPIO_InitStruct.Pin = GPIO_PIN_0;                    //该结构体用于配置GPIO的0号引脚
177       GPIO_InitStruct.Mode = GPIO_MODE_OUTPUT_PP;          //推挽输出模式
178       GPIO_InitStruct.Speed = GPIO_SPEED_FREQ_HIGH;        //IO翻转速度为高
179       HAL_GPIO_Init(GPIOA, &GPIO_InitStruct);              //调用GPIO初始化函数，将此配置作用在GPIOA上
180
181  }
182
```

可以看到，这个函数的第 166 行定义了一个 GPIO_InitTypeDef 类型的变量，我们查找这个类型的定义，内容如下：

```
65   typedef struct
66  ┌ {                  //选择需要配置的IO
67  ┌  uint32_t Pin;      /*!< Specifies the GPIO pins to be configured.
68  └                         This parameter can be any value of @ref GPIO_pins_define */
69     //该IO的工作模式
70  ┌  uint32_t Mode;     /*!< Specifies the operating mode for the selected pins.
71  └                         This parameter can be a value of @ref GPIO_mode_define */
72     //是否需要上下拉
73  ┌  uint32_t Pull;     /*!< Specifies the Pull-up or Pull-Down activation for the selected pins.
74  └                         This parameter can be a value of @ref GPIO_pull_define */
75     //配置IO的翻转速度
76  ┌  uint32_t Speed;    /*!< Specifies the speed for the selected pins.
77  └                         This parameter can be a value of @ref GPIO_speed_define */
78  }GPIO_InitTypeDef;
```

可以看到，这是一个位于 stm32f1xx_hal_gpio.h 文件里的结构体类型，该结构有 4 个参数，代表 GPIO 的初始化参数，通过设置它们配置 GPIO。回到 MX_GPIO_Init()函数，第 170 行和第 174 行稍后再看，第 177～180 行对定义的这个结构体变量进行赋值。可以看到，赋值利用了一些标识符，我们逐个查找定义，看看这些标识符具体代表什么：

```
103    #define GPIO_PIN_0                    ((uint16_t)0x0001)    /* Pin 0 selected    */
104    #define GPIO_PIN_1                    ((uint16_t)0x0002)    /* Pin 1 selected    */
105    #define GPIO_PIN_2                    ((uint16_t)0x0004)    /* Pin 2 selected    */
106    #define GPIO_PIN_3                    ((uint16_t)0x0008)    /* Pin 3 selected    */
107    #define GPIO_PIN_4                    ((uint16_t)0x0010)    /* Pin 4 selected    */
108    #define GPIO_PIN_5                    ((uint16_t)0x0020)    /* Pin 5 selected    */
109    #define GPIO_PIN_6                    ((uint16_t)0x0040)    /* Pin 6 selected    */
110    #define GPIO_PIN_7                    ((uint16_t)0x0080)    /* Pin 7 selected    */
111    #define GPIO_PIN_8                    ((uint16_t)0x0100)    /* Pin 8 selected    */
112    #define GPIO_PIN_9                    ((uint16_t)0x0200)    /* Pin 9 selected    */
113    #define GPIO_PIN_10                   ((uint16_t)0x0400)    /* Pin 10 selected    */
114    #define GPIO_PIN_11                   ((uint16_t)0x0800)    /* Pin 11 selected    */
115    #define GPIO_PIN_12                   ((uint16_t)0x1000)    /* Pin 12 selected    */
116    #define GPIO_PIN_13                   ((uint16_t)0x2000)    /* Pin 13 selected    */
117    #define GPIO_PIN_14                   ((uint16_t)0x4000)    /* Pin 14 selected    */
118    #define GPIO_PIN_15                   ((uint16_t)0x8000)    /* Pin 15 selected    */
119    #define GPIO_PIN_All                  ((uint16_t)0xFFFF)    /* All pins selected */
120
121    #define GPIO_PIN_MASK                 ((uint32_t)0x0000FFFF) /* PIN mask for assert test */
137    #define  GPIO_MODE_INPUT              ((uint32_t)0x00000000)  /*!< Input Floating Mode                   */
138    #define  GPIO_MODE_OUTPUT_PP          ((uint32_t)0x00000001)  /*!< Output Push Pull Mode                 */
139    #define  GPIO_MODE_OUTPUT_OD          ((uint32_t)0x00000011)  /*!< Output Open Drain Mode                */
140    #define  GPIO_MODE_AF_PP              ((uint32_t)0x00000002)  /*!< Alternate Function Push Pull Mode     */
141    #define  GPIO_MODE_AF_OD              ((uint32_t)0x00000012)  /*!< Alternate Function Open Drain Mode    */
142    #define  GPIO_MODE_AF_INPUT           GPIO_MODE_INPUT         /*!< Alternate Function Input Mode         */
143
144    #define  GPIO_MODE_ANALOG             ((uint32_t)0x00000003)  /*!< Analog Mode  */
145
146    #define  GPIO_MODE_IT_RISING          ((uint32_t)0x10110000)  /*!< External Interrupt Mode with Rising edge trigger detection          */
147    #define  GPIO_MODE_IT_FALLING         ((uint32_t)0x10210000)  /*!< External Interrupt Mode with Falling edge trigger detection         */
148    #define  GPIO_MODE_IT_RISING_FALLING  ((uint32_t)0x10310000)  /*!< External Interrupt Mode with Rising/Falling edge trigger detection  */
149
150    #define  GPIO_MODE_EVT_RISING         ((uint32_t)0x10120000)  /*!< External Event Mode with Rising edge trigger detection              */
151    #define  GPIO_MODE_EVT_FALLING        ((uint32_t)0x10220000)  /*!< External Event Mode with Falling edge trigger detection             */
152    #define  GPIO_MODE_EVT_RISING_FALLING ((uint32_t)0x10320000)  /*!< External Event Mode with Rising/Falling edge trigger detection      */
163    #define  GPIO_SPEED_FREQ_LOW          (GPIO_CRL_MODE0_1)      /*!< Low speed */
164    #define  GPIO_SPEED_FREQ_MEDIUM       (GPIO_CRL_MODE0_0)      /*!< Medium speed */
165    #define  GPIO_SPEED_FREQ_HIGH         (GPIO_CRL_MODE0)        /*!< High speed */
```

可以看到，HAL 库用宏来封装一些数据，再利用这些宏来配置外设，这是 HAL 库编程的不同之处。从标识符可以看出，该结构体的 Pin 被赋值为 GPIO_PIN_0，Mode 被赋值为 GPIO_MODE_OUTPUT_PP，Speed 被赋值为 GPIO_SPEED_FREQ_HIGH，说明结构体 GPIO_InitStruct 被配置为 0 号引脚，高速推挽输出，调用 HAL 库的 GPIO 初始化函数 HAL_GPIO_Init()并传入 GPIOA 和该结构体变量的地址，将该结构体的配置生效在 GPIOA 上，完成 PA0 的配置。

__HAL_RCC_GPIOA_CLK_ENABLE()看起来是一个函数，我们通过查找定义发现，它其实是一个宏。这个宏主要用于打开 GPIOA 时钟，这一步是必需的，每一个外设在使用前都要打开对应的外设时钟，HAL 库里有大量类似的宏函数。第 150 行其实就是调用了一个写 IO 值的函数，其原型如下：

```
void HAL_GPIO_WritePin(GPIO_TypeDef* GPIOx, uint16_t GPIO_Pin, GPIO_PinState
PinState);
```

该函数可以对某个 IO 写 0 或写 1。它有三个入口参数，第一个参数指定哪一个 IO 组，这里为 GPIOA；第二个参数指定这个 IO 组的哪个引脚，这里为 GPIO_PIN_0；第三个参数是一个枚举类型，这个枚举类型有两个值：

```
83    typedef enum
84    {
85        GPIO_PIN_RESET = 0U,              //引脚为低电平
86        GPIO_PIN_SET                      //引脚为高电平
87    }GPIO_PinState;
88    /**
```

GPIO_PIN_RESET 标识 IO 口输出为低电平，GPIO_PIN_SET 标识 IO 口输出为高电平。

这里为 GPIO_PIN_SET，因为我们在 STM32CubeMX 中配置 GPIO 时设置其默认值为高电平。

细心的读者会发现 Pull 并没有被赋值，那是因为在 STM32F1 里，上下拉电阻仅仅对输入有效，而我们配置的是输出模式，自然不需要对 Pull 进行初始化。

至此，IO 初始化已经全部完成。现在开始编写用户逻辑代码。我们的实验目的是使 LED 闪烁，其实就是每隔一段时间做一次电平翻转，这里介绍两个函数：

```
void HAL_GPIO_TogglePin(GPIO_TypeDef* GPIOx, uint16_t GPIO_Pin);
void HAL_Delay(__IO uint32_t Delay);
```

第一个函数是电平翻转函数，它可以对某些 IO 进行电平翻转，有两个入口参数，和前面介绍的 HAL_GPIO_WritePin() 的前两个入口参数一样，这里不做过多讲解。第二个函数是 HAL 库提供的系统延时函数，该函数只有一个参数 uint32_t，这个参数的大小决定了延时的时间，以毫秒（ms）为单位。

回到 main() 函数，我们介绍剩余的部分：

```
66   int main(void)                     //main函数
67   {
68
69     /* USER CODE BEGIN 1 */
70
71     /* USER CODE END 1 */
72
73     /* MCU Configuration--------------------------------------------------------*/
74
75     /* Reset of all peripherals, Initializes the Flash interface and the Systick. */
76     HAL_Init();                      //HAL库初始化
77
78     /* USER CODE BEGIN Init */
79
80     /* USER CODE END Init */
81
82     /* Configure the system clock */
83     SystemClock_Config();            //时钟配置函数，该函数实现了STM32CubeMX中对于时钟的配置
84
85     /* USER CODE BEGIN SysInit */
86
87     /* USER CODE END SysInit */
88
89     /* Initialize all configured peripherals */
90     MX_GPIO_Init();                  //GPIO初始化，该函数实现了STM32CubeMX中对于GPIO的配置
91
92     /* USER CODE BEGIN 2 */
93
94     /* USER CODE END 2 */
95
96     /* Infinite loop */
97     /* USER CODE BEGIN WHILE */
98     while (1)                        //死循环，绝大多数单片机应用系统最终都是在执行一个死循环
99     {
100    /* USER CODE END WHILE */
101
102      HAL_GPIO_TogglePin(GPIOA,GPIO_PIN_0);      //HAL库IO口电平翻转函数
103      HAL_Delay(1000);                           //HAL库函数
104    /* USER CODE BEGIN 3 */
105
106    }
107    /* USER CODE END 3 */
108
109  }
```

这里分别调用了 HAL_GPIO_TogglePin() 和 HAL_Delay() 这两个函数，这几行代码其实就是在 while(1) 死循环里调用 IO 翻转和延时实现 LED 闪烁效果，相信掌握了 C 语言基础知识的读者都能看懂。

STM32CubeMX 规定用户必须把代码写在/* USER CODE BEGIN */和/* USER CODE END */之间，因为再次生成工程将会覆盖/* USER CODE BEGIN */和/* USER CODE END */

之外的内容。

我们单击 ▣ 编译工程（图2-1-17）。

```
Build Output
compiling stm32f1xx_hal_rcc.c...
compiling stm32f1xx_hal_gpio.c...
compiling stm32f1xx_hal_flash_ex.c...
compiling stm32f1xx_hal_dma.c...
compiling stm32f1xx_hal_pwr.c...
linking...
Program Size: Code=3336 RO-data=352 RW-data=8 ZI-data=1024
"led\led.axf" - 0 Error(s), 0 Warning(s).
Build Time Elapsed:  00:00:14
```

图 2-1-17　编译工程

由图 2-1-17 可见，我们的工程是没有任何问题的。

连接上 ST-Link，单击 Options for Target→Debug 选项卡（图 2-1-18）。

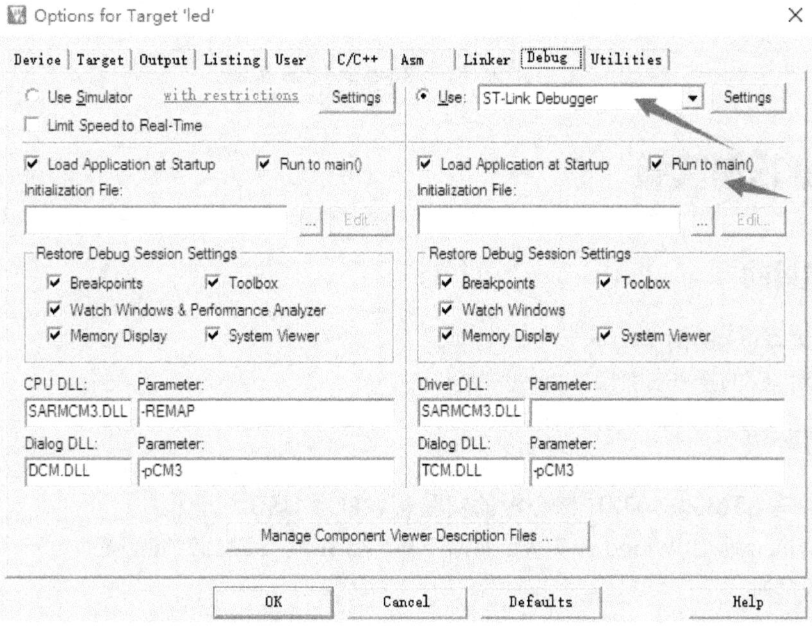

图 2-1-18　Debug 选项卡

Use 设置为 ST-Link Debugger，并勾选 Run to main()选项。单击 Settings 按钮，在 Flash Download 选项卡中勾选 Reset and Run 选项（下载完成自动复位 MCU），如图 2-1-19 所示。

单击确定按钮，ST-Link 配置完成。

单击 ▣ 将代码下载到开发板，可以看到开发板上的 LED2 以 1s 的时间间隔闪烁，和我们预期的实验效果一致，实验成功。

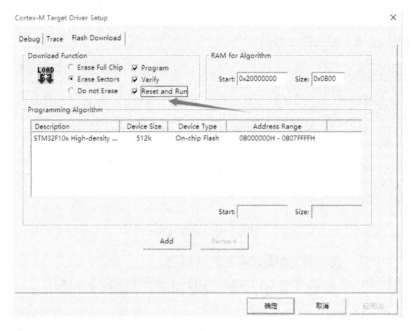

图 2-1-19　勾选 Reset and Run 选项

2.2　按键扫描实验

2.2.1　实验目的

- 掌握读写 IO 的简单用法。
- 练习对 IO 的操作控制。

2.2.2　实验环境

硬件：装有 STM32F103ZE 核心板的实验箱、PC、USB 线一根。

软件：Windows 10/Windows 7/Windows XP、KEIL5、STM32CubeMX。

学时：6 学时。

2.2.3　实验原理

前面几节我们介绍了 STM32 的时钟及 IO 输出模式的应用，使读者对于 STM32 的编程模式有了一定的了解，但 STM32 的 IO 口不仅可以被配置为输出模式，还可以被配置为输入模式。本节我们将介绍如何将 STM32 的 GPIO 配置为输入口使用，我们将利用板载的 K4 按键控制 LED2 亮灭。通过本节的学习，读者将了解 STM32 的 IO 口作为输入口使用的方法。

1.　STM32F1 GPIO 输入结构简介

前面介绍了如何使用 GPIO 的输出模式，对 IO 口的基本结构做了详细的讲解，这里不再重复讲解。STM32 的 IO 口作为输入口使用时，是通过调用 HAL 库提供的下述函数来读取 IO

口的状态的:

```
GPIO_PinState HAL_GPIO_ReadPin(GPIO_TypeDef* GPIOx, uint16_t GPIO_Pin);
```

了解这点后,就可以开始编写代码了。

通过开发板板载的 K4 按键控制 LED2 亮灭,按下按键,LED2 亮;松开按键,LED2 灭。

2. 硬件设计

上一节我们已经讲解了 LED 的硬件连接与原理,这里不再赘述。下面将讲解开发板上按键的连接。

打开"电路板原理图\电路原理图.pdf",找到按键模块原理图(图 2-2-1)。

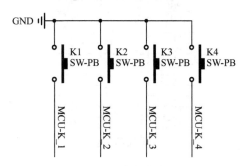

图 2-2-1　按键模块原理图

这个电路连接也十分简单,按键的一端连接 GND,也就是低电平;另一端连接单片机的 IO 口,每当按键被按下的时候,单片机的 IO 口将会被按键连接的 GND 拉低,这时读取单片机 IO 口的电平为 0。这样的连接有一个缺点:未按下按键时,单片机 IO 口浮空,是一个不确定的电平,可能受到静电干扰而误动作。要使这个 IO 口常态为高或低电平,一般有两种方法:一是将 IO 口设置为高电平,这样 IO 口就固定为高电平了;二是在软件中设置这个 IO 口为上拉输入模式,在接下来的软件编程中就可以看到这样的设置。

本实验需要用到 K4 按键,找到与 K4 按键连接的 IO 口,查找 MCU-K_4 网络标号(图 2-2-2)。

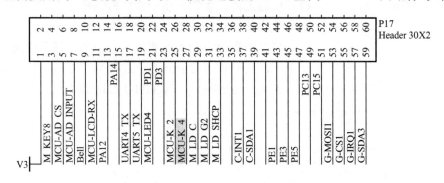

图 2-2-2　查找 MCU-K_4 网络标号

可以看到,K4 连接到插口 P17 的 27 号引脚,找到核心板上对应的引脚(图 2-2-3)。

可以看到,与 P17 对应的 P1 插口的 27 号引脚连接到 MCU 的 PD7 口。

P1

+3V3	1	2	GND
PG7	3	4	PG6
PC6	5	6	PG8
PC8	7	8	PC7
PA8	9	10	PC9
PA10	11	12	PA9
PA12	13	14	PA11
PA14	15	16	PA13
PC10	17	18	PA15
PC12	19	20	PC11
PD1	21	22	PD0
PD3	23	24	PD2
PD5	25	26	PD4
PD7	27	28	PD6
PG10	29	30	PG9
PG12	31	32	PG11
PG14	33	34	PG13
PB3	35	36	PG15
PB5	37	38	PB4
PB7	39	40	PB6
PB9	41	42	PB8
PE1	43	44	PE0
PE3	45	46	PE2
PE5	47	48	PE4
PC13	49	50	PE6
PC15	51	52	PC14
PF1	53	54	PF0
PF3	55	56	PF2
PF5	57	58	PF4
PF7	59	60	PF6

Header 30X2

图 2-2-3　核心板上对应的引脚

3. 软件设计

打开实验工程，在 STM32CubeMX 软件里设置如下项目。

（1）SYSCLK/HCLK 配置为 72MHz；

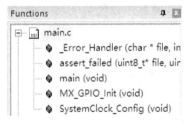

图 2-2-4　main.c

（2）PA0 配置为高速推挽输出模式（LED1）；

（3）PD7 配置为上拉输入模式（KEY4）。

如无特殊情况，一般 HCLK 和 SYSCLK 都设置为 72MHz。打开实验工程，我们一步一步分析源码。

我们从 main.c 开始（图 2-2-4）。

第二个和第五个函数相对于上一节无任何改变，这里不过多讲解，我们重点看 main()函数和 MX_GPIO_Init()函数。

首先，我们找到 MX_GPIO_Init()函数，代码如下：

```
177    static void MX_GPIO_Init(void)
178    {
179
180        GPIO_InitTypeDef GPIO_InitStruct;
181
182        /* GPIO Ports Clock Enable */
183        __HAL_RCC_GPIOC_CLK_ENABLE();                    //时钟初始化
184        __HAL_RCC_GPIOA_CLK_ENABLE();
185        __HAL_RCC_GPIOD_CLK_ENABLE();                    //
186
187        /*Configure GPIO pin Output Level */
188        HAL_GPIO_WritePin(GPIOA, GPIO_PIN_0, GPIO_PIN_SET);      //PA0默认输出为高电平
189
```

```
190      /*Configure GPIO pin : PA0 */
191      GPIO_InitStruct.Pin = GPIO_PIN_0;                      //配置PA0为高速推挽输出
192      GPIO_InitStruct.Mode = GPIO_MODE_OUTPUT_PP;
193      GPIO_InitStruct.Speed = GPIO_SPEED_FREQ_HIGH;
194      HAL_GPIO_Init(GPIOA, &GPIO_InitStruct);
195
196      /*Configure GPIO pin : PD7 */
197      GPIO_InitStruct.Pin = GPIO_PIN_7;                      //配置PD7为上拉输入
198      GPIO_InitStruct.Mode = GPIO_MODE_INPUT;                //GPIO输入模式
199      GPIO_InitStruct.Pull = GPIO_PULLUP;                    //GPIO上拉模式
200      HAL_GPIO_Init(GPIOD, &GPIO_InitStruct);
201
202  }
203
```

我们简单地看一下这个函数，和上一节相比只是多了一些对于 PD7 的配置。可以看到，STM32CubeMX 将所有的 GPIO 配置都放在 MX_GPIO_Init()函数里，相信读者配合代码注释是能看懂这段代码的。

接下来，我们找到 main()函数，代码如下：

```
66   int main(void)
67  {
68
69     /* USER CODE BEGIN 1 */
70
71     /* USER CODE END 1 */
72
73     /* MCU Configuration--------------------------------------------------------*/
74
75     /* Reset of all peripherals, Initializes the Flash interface and the Systick. */
76     HAL_Init();                                            //HAL库初始化
77
78     /* USER CODE BEGIN Init */
79
80     /* USER CODE END Init */
81
82     /* Configure the system clock */
83     SystemClock_Config();                                  //配置时钟
84
85     /* USER CODE BEGIN SysInit */
86
87     /* USER CODE END SysInit */
88
89     /* Initialize all configured peripherals */
90     MX_GPIO_Init();                                        //GPIO初始化
91
92     /* USER CODE BEGIN 2 */
93
94     /* USER CODE END 2 */
95
96     /* Infinite loop */
97     /* USER CODE BEGIN WHILE */
98     while (1)
99     {
100    /* USER CODE END WHILE */
101
102    /* USER CODE BEGIN 3 */
103    if(HAL_GPIO_ReadPin(GPIOD,GPIO_PIN_7) == 0)      //调用HAL库读取IO状态的函数    //判断按键是否按下
104    {
105       HAL_Delay(10);                                //调用HAL库提供的延时函数，按键消抖
106       if(HAL_GPIO_ReadPin(GPIOD,GPIO_PIN_7) == 0)   //调用HAL库读取IO状态的函数    //判断按键是否按下
107       {
108          HAL_GPIO_WritePin(GPIOA,GPIO_PIN_0,GPIO_PIN_RESET);   //调用HAL库提供的写IO函数    //点亮LED
109       }
110       while(HAL_GPIO_ReadPin(GPIOD,GPIO_PIN_7) == 0);  //调用HAL库读取IO状态的函数    //判断按键是否松开
111    }
112    else
113    {
114       HAL_GPIO_WritePin(GPIOA,GPIO_PIN_0,GPIO_PIN_SET);  //调用HAL库提供的写IO函数    //熄灭LED
115    }
116
117    }
118    /* USER CODE END 3 */
119
120  }
121  }
```

在分析 main()函数之前先介绍下面这个函数：

```
GPIO_PinState HAL_GPIO_ReadPin(GPIO_TypeDef* GPIOx, uint16_t GPIO_Pin);
```

HAL_GPIO_ReadPin()函数是一个读取 IO 口当前状态的函数，位于 stm32f1xx_hal_gpio.c 中。该函数有两个入口参数，一个是 GPIO 组，另一个是该 GPIO 组的具体引脚标号，返回类型为 GPIO_PinState。在上一节里，我们已经介绍了这个类型，它标识了 IO 口状态。调用这个函数可以获取某个 IO 口的当前状态。

回到 main()函数，在 while(1)中，程序首先判断 PD7 是否按下（为 0），如果按下则延时 10ms 再次判断，如果两次判断都为 0（按下）则点亮 LED，然后在第 110 行循环读取 PD7 的值，直到 PD7 的值为 1（按键松开）才跳出循环。如果第一次判断为未按下，则熄灭 LED。

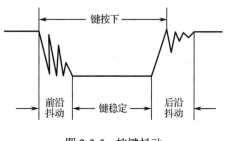

图 2-2-5　按键抖动

由于机械点的弹性作用，一个按键开关在闭合时不会马上稳定地接通，在断开时也不会一下子断开，而是在闭合及断开的瞬间均伴随一连串的抖动（图 2-2-5）。抖动时间的长短由按键的机械特性决定，一般为 5～10ms。按键稳定闭合时间的长短则由操作人员的按键动作决定，一般为零点几秒至数秒。按键抖动会引起按键被误读多次。为了确保 CPU 对按键的一次闭合仅做一次处理，必须去除按键抖动。一般来说，简单的按键消抖就是先读取一次按键的状态，如果得到按键按下状态，则延时 10ms，再次读取按键的状态，如果按键还是按下状态，那么说明按键已经按下。

2.2.4　实验步骤

（1）正确连接主板和 PC，用 USB 线连接 Jlink。

（2）编译工程，可以发现没有任何语法错误。单击下载，将程序烧录进开发板，或者在文件夹"\实验例程\基础模块实验 KEY\Project"下双击打开工程，单击 ⚒ 重新编译工程。

（3）将连接好的硬件平台上电，然后单击 ⚒，将程序下载到芯片中。

（4）下载完后可以单击 ⚐，进入仿真模式，再单击 ▣，程序就会全速运行。也可以将主板重新上电，使刚才下载的程序重新运行。

（5）程序运行后，按下 K4 键，可以看到 LED2 点亮；松开 K4 键，可以看到 LED2 熄灭。

2.3　矩阵按键扫描实验

2.3.1　实验目的

● 掌握 IO 口的读写方法。
● 熟悉 IO 口扫描方法。

2.3.2　实验环境

硬件：装有 STM32F103ZE 核心板的实验箱、USB 线。

软件：Windows 10/Windows 7/Windows XP、KEIL5 集成开发环境、STM32CubeMX、STM32F10x_StdPeriph_Lib_V3.5.0 固件库和 HAL 库。

学时：8 学时。

2.3.3 实验原理

矩阵按键在很多场合得到了很广泛的应用，如密码锁上的键盘、座机的拨号盘、早期的键盘等。

1. 矩阵按键介绍

独立按键的控制主要在于 IO 口的操作，矩阵按键也不例外。独立按键的优点很明显，每个按键独立控制，互不影响；缺点就是占用 IO 口，由于现在按键的数量越来越多，独立按键的这一缺点使得其应用范围越来越小。

在需要大量应用按键的场合，一般会选择矩阵按键。矩阵按键一般会做成按键面板的形式（图 2-3-1）。

2. 硬件设计

虽然矩阵按键被封装成了各种形式，但其最原始的形态如图 2-3-2 所示。

图 2-3-1 矩阵按键做成按键面板的形式

图 2-3-2 矩阵按键最原始的形态

可以看到，我们的开发板上也有这样一套原始的矩阵按键，其内部连接如图 2-3-3 所示。

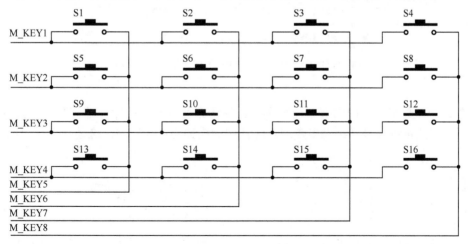

图 2-3-3 矩阵按键内部连接

这个电路不难分析，矩阵按键的控制方法一般是逐行扫描或逐列扫描，它们本质上是一样的，只是在形式和实现上略有区别。

通过查找电路图可以得知，PG0～PG7 分别连接到矩阵按键的 M_KEY1～M_KEY8，并且序号一致。我们来分析刚才提到的逐行扫描，顾名思义，就是逐行扫描按键，当我们扫描某一行的时候，需要将 M_KEY1～M_KEY4 置 1，然后逐个检测 M_KEY5～M_KEY8，以此来分析具体是哪个按键被按下。矩阵按键的检测就是这样一个过程，也就是说矩阵按键完整地扫描一组按键需要 4 次扫描。所以，矩阵按键并不是不增加任何开销即可节省 IO 口，只是相对于软件资源，硬件资源显得更加稀有。

3. 软件设计

在讲解源码前，我们先介绍各个按键的功能定义。

事实上，软件源码中使用了十六进制代码的 e 和 f 代替*和#，然后将按下的键值在数码管上显示出来。

我们打开实验工程，观察工程结构。由于需要用到数码管，所以我们的工程里添加了 TM1638 的驱动。下面的代码定义了一些需要使用的数组和变量。

```
45   unsigned char num[8];    //各个数码管显示的值
46   extern uint8_t const tab[]; //数码管断码
47
48   uint16_t key_val=0;       //保存键值
```

下面这个函数用来实现前面提到的给某一个 IO 口置 1 的操作。

```
70   void Key_gpio_out(uint8_t data)
71  {
72     HAL_GPIO_WritePin(GPIOG,GPIO_PIN_0,GPIO_PIN_RESET);    //全部置0
73     HAL_GPIO_WritePin(GPIOG,GPIO_PIN_1,GPIO_PIN_RESET);
74     HAL_GPIO_WritePin(GPIOG,GPIO_PIN_2,GPIO_PIN_RESET);
75     HAL_GPIO_WritePin(GPIOG,GPIO_PIN_3,GPIO_PIN_RESET);
76     if(data & 0x01)                                        //逐个分析是否需要置1
77       HAL_GPIO_WritePin(GPIOG,GPIO_PIN_0,GPIO_PIN_SET);
78     if(data & 0x02)
79       HAL_GPIO_WritePin(GPIOG,GPIO_PIN_1,GPIO_PIN_SET);
80     if(data & 0x04)
81       HAL_GPIO_WritePin(GPIOG,GPIO_PIN_2,GPIO_PIN_SET);
82     if(data & 0x08)
83       HAL_GPIO_WritePin(GPIOG,GPIO_PIN_3,GPIO_PIN_SET);
84  }
85
```

下面这个函数很长，但大部分内容重复。该函数针对不同的行，都有独立扫描的代码，以匹配不规则的按键标号。绝大多数的矩阵按键扫描都是这么做的，这是一种通用的做法。

```
86   void key_can(void)
87  {
88     uint8_t Input_dat  = 0;       //定义IO扫描结果变量
89     uint8_t  Output_dat = 0x01;   //定义IO输出变量
90     uint16_t i=0;                 //定义循环变量
91
92     Key_gpio_out(Output_dat);     //将第一个IO口置1，开始检测输入
93     for(i=0;i<100;i++)
94       Input_dat = ((GPIOG->IDR)>>4&0x0f);  //连续取100次值，消抖
95     if((Input_dat&0x0f) != 0)     //判断是否有按键按下
```

```
 96      {
 97        switch(Input_dat)                //分析按键按下标号，并标记退出
 98        {
 99          case 0x01:    key_val = 1; break;
100          case 0x02:    key_val = 2; break;
101          case 0x04:    key_val = 3; break;
102          case 0x08:    key_val = 10; break;
103        }
104      }
105
106      Key_gpio_out(Output_dat<<1);      //依次类推
107      for(i=0;i<100;i++)
108        Input_dat = ((GPIOG->IDR)>>4&0x0f);
109      if((Input_dat&0x0f)  != 0)
110      {
111        switch(Input_dat)
112        {
```

我们看 main()函数：

```
187      while (1)
188      {
189      /* USER CODE END WHILE */
190        key_can();
191
192        for(j=0;j<8;j++)
193        {
194          num[j] = key_val;
195          Write_DATA(j*2,tab[num[j]]);
196        }
197
198      /* USER CODE BEGIN 3 */
199
200      }
201      /* USER CODE END 3 */
202
```

我们忽略初始化的部分，看 while(1)的内容，逻辑的实现其实很简单，扫描按键，将按键的值写入 TM1638 并通过数码管显示出来。

2.3.4　实验步骤

（1）正确连接主板，打开实验箱电源，用 USB 线连接 Jlink。

（2）将代码下载到我们的实验板上，按下矩阵中的某一个按键，数码管上将显示对应的键值。

或者打开实验例程：在文件夹 "\实验例程\基础模块实验\Matrix_Key\Project" 下双击打开工程，单击 🔨 重新编译工程。

（3）将连接好的硬件平台上电(务必按下开关上电)，然后单击 📥 将程序下载到STM32F103单片机里。

（4）下载完后可以单击 🔍 → 📄，使程序全速运行；也可以将机箱重新上电，使刚才下载的程序重新运行。

（5）程序运行后，按下矩阵按键，可以看到数码管上显示出对应的键值。

2.4 蜂鸣器驱动实验

2.4.1 实验目的

- 了解蜂鸣器的原理。
- 学习驱动蜂鸣器。

2.4.2 实验环境

硬件：装有 STM32F103ZE 核心板的实验箱、PC、USB 线。

软件：Windows 10/Windows 7/Windows XP、KEIL5、STM32CubeMX、STM32F10x_StdPeriph_Lib_V3.5.0 固件库和 HAL 库。

学时：4 学时。

2.4.3 实验原理

本节我们将通过一个例子讲述 STM32F1 的 IO 口作为输出口的使用方法，利用一个 IO 口来控制板载的有源蜂鸣器。

1. 蜂鸣器简介

蜂鸣器是一种一体化结构的电子讯响器，采用直流电压供电，广泛应用于计算机、打印机、复印机、报警器、电子玩具、汽车电子设备、电话机、定时器等电子产品中。蜂鸣器主要分为压电式蜂鸣器和电磁式蜂鸣器两种类型。开发板板载的蜂鸣器是电磁式有源蜂鸣器，如图 2-4-1 所示。

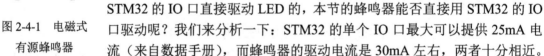

这里有源的"源"不是指电源，而是指振荡电路，有源蜂鸣器自带振荡电路，一通电就会发声；无源蜂鸣器则没有自带振荡电路，必须外部提供 2～5kHz 的方波驱动，才能发声。

前面我们已经对 STM32 的 IO 口做了简单介绍，上一节就是利用 STM32 的 IO 口直接驱动 LED 的，本节的蜂鸣器能否直接用 STM32 的 IO 口驱动呢？我们来分析一下：STM32 的单个 IO 口最大可以提供 25mA 电流（来自数据手册），而蜂鸣器的驱动电流是 30mA 左右，两者十分相近。

图 2-4-1　电磁式
有源蜂鸣器

但是，STM32 整个芯片的最大电流为 150mA，如果用 IO 口直接驱动蜂鸣器，其他地方用电就得省着点了。所以，我们不用 STM32 的 IO 口直接驱动蜂鸣器，而是通过三极管扩流后再驱动蜂鸣器，这样 STM32 的 IO 口只需要提供不到 1mA 的电流。IO 口使用虽然简单，但是和外部电路的匹配设计还是十分讲究的，考虑得越多，设计就越可靠，可能出现的问题也就越少。

2. 硬件设计

对于 IO 口有了一定的了解之后，再看实验要求：当 PA8 输出高电平的时候，蜂鸣器发声；当 PA8 输出低电平的时候，蜂鸣器停止发声。首先打开开发板底板的原理图，按 Ctrl+F 快捷键并在搜索框中输入 Bell，直到找到图 2-4-2 为止。

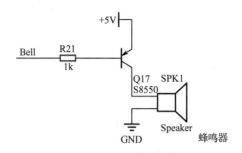

图 2-4-2　蜂鸣器原理图

3. 软件设计

我们通过 STM32CubeMX 生成 STM32 工程，或者打开实验工程。

STM32CubeMX 配置流程如下：

（1）创建工程，选择芯片型号；

（2）设置 RCC 时钟；

（3）选择使用外设；

（4）配置具体外设；

（5）生成工程目录。

首先打开 STM32CubeMX，单击 New Project 选项，选择具体芯片型号。直接在搜索框中输入 STM32F103ZETx，就可以看到我们需要的芯片，单击 Ok 按钮，就可以看到如图 2-4-3 所示界面。

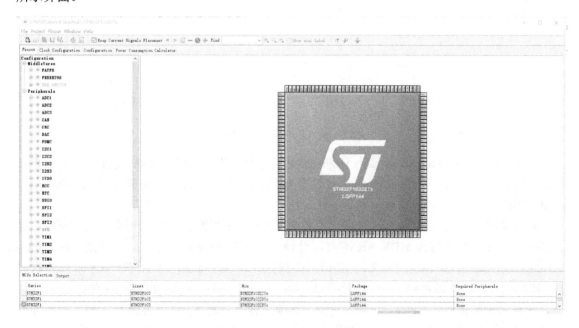

图 2-4-3　Pinout 界面

在 Pinout 界面中，左边列表就是外设列表，在此列表中找到 RCC，设置如图 2-4-4 所示。

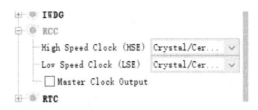

图 2-4-4　RCC 设置

接下来切换到 Clock Configuration 界面，把 HCLK 设置为 72MHz，单击确定按钮，设置 MCU 系统时钟为 72MHz。至此，STM32 的 RCC 配置完成。下一步在 Pinout 界面下的 Find 搜索框中输入 GPIO 编号，找到对应的 GPIO 并设置为 GPIO_Output，切换到 Configuration 界面，点开 GPIO 选项框，选择 PA8，如图 2-4-5 所示。

图 2-4-5　Configuration 界面

其中，设置 GPIO output level 为 High（默认输出高电平），GPIO mode 设置为 Output Push Pull（推挽输出），Maximum output speed 设置为 High（IO 翻转速度为高速），单击 Ok 按钮，GPIO 设置完毕。

选择菜单栏 Project→Settings 选项（或者按 Alt＋P 快捷键），设置工程名和工程路径，将 Toolchain/IDE 选项设置为 MDK-ARM V5，设置完成后单击 Ok 按钮退出。选择菜单栏 Project →Generate Code 选项（或者按 Ctrl＋Shift＋G 快捷键），等待代码生成后单击 Open Project 打开 MDK 工程，就可以看到 STM32CubeMX 自动生成基于 HAL 库的 STM32 工程。

打开刚刚创建的工程或打开实验工程（实验工程有注释），可以看到一系列文件，而在 HAL 库中关于 GPIO 的库都在 stm32f1xx_hal_gpio.c、stm32f1xx_hal_gpio.h、stm32f1xx_hal_gpio_ex.c 和 stm32f1xx_hal_gpio_ex.h 这四个文件中，带有 ex 的文件是外设拓展文件，关于此类文件及需要调用的函数我们已经在 LED 实验中介绍过，在这里就不再重复。

至此，IO 初始化已经全部完成，现在开始编写用户逻辑代码。我们的实验目的是实现蜂鸣器间隔发声功能，跟 LED 实验是同一类型，需要每隔一段时间做一次电平翻转，调用以下函数：

```
void HAL_GPIO_TogglePin(GPIO_TypeDef* GPIOx, uint16_t GPIO_Pin);
void HAL_Delay(__IO uint32_t Delay);
```

上述两个函数也已在 LED 实验中介绍过。回到 main()函数，我们介绍剩余的部分：

```
66   int main(void)          //main函数
67  {
68
69     /* USER CODE BEGIN 1 */
70
71     /* USER CODE END 1 */
72
73     /* MCU Configuration--------------------------------------------------------*/
74
75     /* Reset of all peripherals, Initializes the Flash interface and the Systick. */
76     HAL_Init();             //HAL库初始化
77
78     /* USER CODE BEGIN Init */
79
80     /* USER CODE END Init */
81
82     /* Configure the system clock */
83     SystemClock_Config();   //时钟配置函数，该函数实现了STM32CubeMX中对于时钟的配置
84
85     /* USER CODE BEGIN SysInit */
86
87     /* USER CODE END SysInit */
88
89     /* Initialize all configured peripherals */
90     MX_GPIO_Init();         //GPIO初始化，该函数实现了STM32CubeMX中对于GPIO的配置
91
92     /* USER CODE BEGIN 2 */
93
94     /* USER CODE END 2 */
95
96     /* Infinite loop */
97     /* USER CODE BEGIN WHILE */
98     while (1)               //绝大多数的单片机应用系统为了不从main函数返回，都将程序写在一个死循环中
99     {
100    /* USER CODE END WHILE */
101
102      HAL_GPIO_TogglePin(GPIOA,GPIO_PIN_8);  //HAL库IO口电平翻转函数
103      HAL_Delay(300);                        //HAL库提供的延时函数
104    /* USER CODE BEGIN 3 */
105
```

上述代码调用了 HAL_GPIO_TogglePin()和 HAL_Delay()这两个函数，这几行代码其实就是在 while(1)死循环里调用 IO 翻转和延时实现蜂鸣器间隔发声的效果，相信有 C 语言基础的读者都能看懂。

2.4.4　实验步骤

（1）正确连接主机箱，打开主板电源，用 USB 线连接 Jlink。
（2）单击 编译工程（图 2-4-6）。
由图 2-4-6 可见，我们的工程是没有任何问题的。
连接上 ST-Link，单击 Options for Target →Debug 选项卡，设置如图 2-4-7 所示。

```
Build Output
compiling stm32f1xx_hal_rcc.c...
compiling stm32f1xx_hal_gpio.c...
compiling stm32f1xx_hal_flash_ex.c...
compiling stm32f1xx_hal_dma.c...
compiling stm32f1xx_hal_pwr.c...
linking...
Program Size: Code=3336 RO-data=352 RW-data=8 ZI-data=1024
"led\led.axf" - 0 Error(s), 0 Warning(s).
Build Time Elapsed:  00:00:14
```

图 2-4-6　编译工程

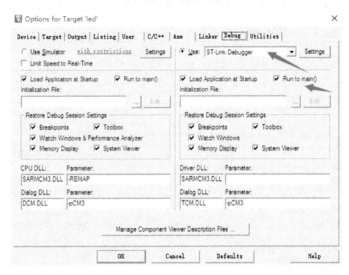

图 2-4-7　Debug 选项卡设置

单击 Settings 按钮，在 Flash Download 选项卡中勾选 Reset and Run 选项（下载完成自动复位 MCU），如图 2-4-8 所示。

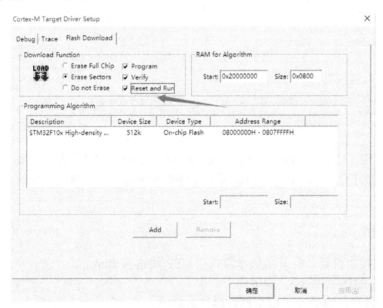

图 2-4-8　勾选 Reset and Run 选项

单击确定按钮，ST-Link 配置完成。

单击 ▦ 将代码下载到开发板，可以看到开发板上的蜂鸣器以 1s 的时间间隔发出声音，和我们预期的实验效果一致，实验成功。

（3）或打开实验例程：在文件夹"\实验例程\基础模块实验\Buzzer\Project"下双击打开工程，单击 ▦ 重新编译工程。

（4）将连接好的硬件平台上电（务必按下开关上电），然后单击 ▦ 将程序下载到 STM32F103 单片机里。

（5）下载完后可以单击 @ → ▤ 使程序全速运行；也可以将机箱重新上电，使刚才下载的程序重新运行。

（6）程序运行后，蜂鸣器隔一段时间就会发出响声。

2.5 外部中断实验

2.5.1 实验目的

- 熟悉外部中断的原理。
- 掌握外部中断使用方法。

2.5.2 实验环境

硬件：装有 STM32F103ZE 核心板的实验箱、USB 线。

软件：Windows 10/Windows 7/Windows XP、KEIL5 集成开发环境、STM32CubeMX、STM32F10x_StdPeriph_Lib_V3.5.0 固件库和 HAL 库。

学时：6 学时。

2.5.3 实验原理

本节通过外部中断实验来进一步讲解 STM32 的 NVIC 中断系统。

我们将一个 IO 口配置为外部中断模式，实现按下按键翻转 LED 显示状态的功能。通过本节的学习，读者将了解 STM32 外部中断的用法。

1. STM32 外部中断简介

之前我们介绍了 STM32 的 GPIO 在输入和输出状态下的使用方法，STM32 的 GPIO 功能很多，下面介绍 STM32 GPIO 的外部中断功能，通过这个外部中断功能，达到按键控制 LED 翻转显示状态的效果，即第一次按下按键，LED 点亮；第二次按下按键，LED 熄灭，如此循环。

我们首先介绍 STM32 IO 口外部中断的一些基础概念。

对于 STM32 外部中断而言，其中断请求源是外部 IO 信号，可以由外部 IO 口的电平变化产生中断，我们就通过这一特性来读取按键键值，使 LED 翻转。

STM32 的每个 IO 口都可以作为外部中断的输入口，这是 STM32 单片机的强大之处。

STM32F103 的外部中断控制器支持 19 个外部中断/事件请求。每个中断设有状态位，每个中断/事件都有独立的触发和屏蔽设置。

线 0～15：对应外部 IO 口的输入中断。

线 16：连接到 PVD 输出。

线 17：连接到 RTC 闹钟事件。

线 18：连接到 USB 唤醒事件。

从上述内容可以看出，STM32 供 IO 口使用的中断线只有 16 根，但 STM32 的 IO 口远远不止 16 个。很明显，肯定有 IO 口是共用一根中断线的。那么中断线是怎样与 IO 口对应的呢？我们看图 2-5-1。

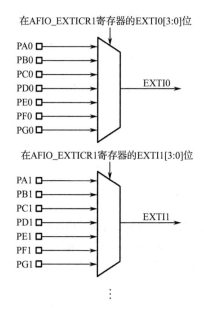

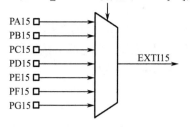

图 2-5-1　GPIO 和中断线的映射关系图

可以看出，每一个 GPIO 组的编号相同的 IO 口被分配在同一根中断线上，而中断线每次只能连接一个 IO 口。这样，我们就需要通过配置来决定某根中断线具体连接在哪个 IO 口上。

有了中断线（也就是中断请求），还需要有对应的中断向量。我们打开任意工程的 startup_stm32f103ex.s 启动文件，这个文件里存放着 STM32 启动的一段初始化代码，其中就包括定义中断向量表，因此可以在这段代码中找到我们需要的中断向量：

101	DCD	EXTI0_IRQHandler	; EXTI Line 0
102	DCD	EXTI1_IRQHandler	; EXTI Line 1
103	DCD	EXTI2_IRQHandler	; EXTI Line 2
104	DCD	EXTI3_IRQHandler	; EXTI Line 3
105	DCD	EXTI4_IRQHandler	; EXTI Line 4
118	DCD	EXTI9_5_IRQHandler	; EXTI Line 9..5
135	DCD	EXTI15_10_IRQHandler	; EXTI Line 15..10

以上代码中，方框框住的部分就是我们需要的中断向量，也是中断服务程序的名称（STM32 规定中断服务程序的名称必须是启动文件对应中断向量表表项名称）。细心的读者可能会发现，IO 的外部中断线有 16 根，中断向量只有 7 个。其实，除了中断线 0～4 有独立的中断向量，5～9 和 10～15 这两组中断线都共用同一个中断向量。

下面来讲解 IO 口电平需要如何变化才能触发外部中断。

1）上升沿触发选择寄存器（EXTI_RTSR）

EXTI_RTSR 说明如图 2-5-2 所示。

偏移地址：0x08

复位值：0x0000 0000

31	30	29	18	27	26	25	24	23	22	21	20	19	18	17	16
保留												TR19	TR18	TR17	RR16
												rw	rw	rw	rw

15	14	13	12	11	10	9	8	7	6	5	4	3	2	1	0
TR15	TR14	TR13	TR12	TR11	TR10	TR9	TR8	TR7	TR6	TR5	TR4	TR3	TR2	TR1	TR0
rw	rw	rw	rw	rw	rw	rw	rw	rw	rw	rw	rw	rw	rw	rw	rw

位 31:16	保留，必须始终保持为复位状态（0）
位 18:0	TRx：线 x 上的上升沿触发事件配置位 0：禁止输入线 x 上的上升沿触发（中断和事件） 1：允许输入线 x 上的上升沿触发（中断和事件） 注：位 19 只适用于互联型产品，对于其他产品为保留位

注意：外部唤醒线是边沿触发的，这些线上不能出现毛刺信号。

在写 EXTI_RTSR 寄存器时，在外部中断线上的上升沿信号不能被识别，挂起位也不会被置位。

在同一中断线上，可以同时设置上升沿和下降沿触发，即任一边沿都可触发中断。

图 2-5-2　EXTI_RTSR 说明

2）下降沿触发选择寄存器（EXTI_FTSR）

EXTI_FTSR 说明如图 2-5-3 所示。

根据寄存器的描述，我们可以看出，STM32 的外部中断触发方式是上升沿、下降沿或两者都有的触发方式，通过使能 RTSR 和 FTSR 寄存器的相应位即可。配置好之后，一旦 IO 口电平变化达到外部触发条件，就会马上产生外部中断触发事件并产生中断请求，可能会引起中断（如要产生中断，还需要使能中断，并且其优先级高于当前任务）。

偏移地址：0x0C

复位值：0x0000 0000

31	30	29	18	27	26	25	24	23	22	21	20	19	18	17	16
保留												TR19	TR18	TR17	RR16
												rw	rw	rw	rw

15	14	13	12	11	10	9	8	7	6	5	4	3	2	1	0
TR15	TR14	TR13	TR12	TR11	TR10	TR9	TR8	TR7	TR6	TR5	TR4	TR3	TR2	TR1	TR0
rw	rw	rw	rw	rw	rw	rw	rw	rw	rw	rw	rw	rw	rw	rw	rw

位 31:19	保留，必须始终保持为复位状态（0）
位 18:0	TRx：线 x 上的下降沿触发事件配置位 0：禁止输入线 x 上的下降沿触发（中断和事件） 1：允许输入线 x 上的下降沿触发（中断和事件） 注：位 19 只适用于互联型产品，对于其他产品为保留位

注意：外部唤醒线是边沿触发的，这些线上不能出现毛刺信号。

图 2-5-3 EXTI_FTSR 说明

电平从 0 变化到 1 的瞬间称为上升沿。同理，电平从 1 变化到 0 时的瞬间称为下降沿。

2. 硬件设计

硬件设计请参考按键实验。

3. 软件设计

前面介绍了 STM32 外部中断的基础知识，下面介绍怎么使用它。
STM32CubeMX 中的配置项如下。

（1）SYSCLK/HCLK 配置为 72MHz。

（2）PA0 为高速推挽输出模式（LED1）。

（3）PD7 配置为外部中断上拉模式（KEY4、EXTI）。

我们打开实验工程，首先编译这个工程。实验工程是已经通过 STM32CubeMX 配置好的工程，通过这个工程了解 HAL 库对于中断的处理机制。

由以下代码可以看到 main() 函数基本没做什么，这是因为我们的代码逻辑基本上是在中断里实现的，所以为了不使 MCU 从 main() 返回，设置一个死循环使主程序什么也不干。

```
74    int main(void)
75  □ {
76
77      /* USER CODE BEGIN 1 */
78
79      /* USER CODE END 1 */
80
81      /* MCU Configuration--------------------------------------------------------*/
82
83      /* Reset of all peripherals, Initializes the Flash interface and the Systick. */
```

```
84      HAL_Init();
85
86      /* USER CODE BEGIN Init */
87
88      /* USER CODE END Init */
89
90      /* Configure the system clock */
91      SystemClock_Config();
92
93      /* USER CODE BEGIN SysInit */
94
95      /* USER CODE END SysInit */
96
97      /* Initialize all configured peripherals */
98      MX_GPIO_Init();
99
100     /* USER CODE BEGIN 2 */
101
102     /* USER CODE END 2 */
103
104     /* Infinite loop */
105     /* USER CODE BEGIN WHILE */
106     while (1)
107     {
108       /* USER CODE END WHILE */
109
110       /* USER CODE BEGIN 3 */
111
112     }
113     /* USER CODE END 3 */
114
115   }
```

下面介绍几个文件。

1）stm32f1xx_it.c

这个文件定义了所有已使能中断的中断服务函数，我们打开实验工程的 stm32f1xx_it.c 文件：

```
189   void EXTI9_5_IRQHandler(void)
190   {
191     /* USER CODE BEGIN EXTI9_5_IRQn 0 */
192
193     /* USER CODE END EXTI9_5_IRQn 0 */
194     HAL_GPIO_EXTI_IRQHandler(GPIO_PIN_7);     //调用HAL库对于EXTI的公共中断处理程序
195     /* USER CODE BEGIN EXTI9_5_IRQn 1 */
196
197     /* USER CODE END EXTI9_5_IRQn 1 */
198   }
```

可以看到，这个外部中断的中断服务函数就定义在这里，它的名字正好就是中断向量的名字。这个中断服务函数只做了一件事，那就是调用 HAL 库对于 EXTI 的公共中断处理程序，为什么不放中断逻辑呢？这涉及 HAL 库对中断处理的封装。

我们先介绍一个关键字"__weak"。我们打开 stm32f1xx_hal_gpio.c 文件可以看到这样几行代码：

```
570   __weak void HAL_GPIO_EXTI_Callback(uint16_t GPIO_Pin)
571   {
572     /* Prevent unused argument(s) compilation warning */
573     UNUSED(GPIO_Pin);
574     /* NOTE : This function Should not be modified, when the callback is needed,
575              the HAL_GPIO_EXTI_Callback could be implemented in the user file
576     */
577   }
578
```

用__weak 修饰了一个函数，名为 HAL_GPIO_EXTI_Callback()。在 KEIL MDK 编译器中
__weak 指示该函数为弱函数，类似其他语言的函数重写。通俗地讲就是定义一个具有替补功
能的函数，如果用户不定义这个函数，这个__weak 函数就会被编译；而如果用户定义了一个
同名、同返回值、同参数表的函数，就可以覆盖这个__weak 函数，使编译器不去编译__weak
函数，而编译用户定义的那个函数。Callback 是回调的意思，这个函数是回调函数，回调函数
就是用户自己定义一个函数，HAL 库会在特定的时候调用它。这样的函数需要在 HAL 库中先
定义，并且用户可以重写它，这就体现了__weak 关键字的作用。

2）stm32f1xx_hal_msp.c

这个文件包含 HAL 库的另外一些回调函数，这些函数一般都在初始化程序中被调用，用
于初始化一些芯片级的配置。msp 的英文全称为 MCU Support Package，中文名称为单片机支
持包，我们常称之为芯片级支持包。这是 HAL 库对代码可移植性做的一个改进。有 msp 后缀
的函数通常在一些外设初始化中被调用，它们主要负责外设具体 IO 口、中断的配置和时钟的
使能。这些函数在各个外设 C 文件中被定义为__weak 函数，在实际使用时需要由用户根据具
体情况编写。HAL 库要求用户将这些实际使用的 msp 函数定义在 stm32f1xx_hal_msp.c 文件中，
方便代码移植，但也可以不遵守。我们打开 stm32f1xx_hal_msp.c 文件：

```
40   #include "stm32f1xx_hal.h"                              //HAL库顶层头文件
41
42   extern void _Error_Handler(char *, int);                //错误处理函数声明
43   /* USER CODE BEGIN 0 */
44
45   /* USER CODE END 0 */
46 /**
47    * Initializes the Global MSP.
48    */
49   void HAL_MspInit(void)                                  //HAL库初始化回调函数
50 {
51    /* USER CODE BEGIN MspInit 0 */
52
53    /* USER CODE END MspInit 0 */
54
55    __HAL_RCC_AFIO_CLK_ENABLE();                           //IO复用时钟使能
56
57    HAL_NVIC_SetPriorityGrouping(NVIC_PRIORITYGROUP_4);    //中断分组4
58
59    /* System interrupt init*/
60    /* MemoryManagement_IRQn interrupt configuration */
61    HAL_NVIC_SetPriority(MemoryManagement_IRQn, 0, 0);     //各个CM3异常的中断服务程序
62    /* BusFault_IRQn interrupt configuration */
63    HAL_NVIC_SetPriority(BusFault_IRQn, 0, 0);
64    /* UsageFault_IRQn interrupt configuration */
65    HAL_NVIC_SetPriority(UsageFault_IRQn, 0, 0);
66    /* SVCall_IRQn interrupt configuration */
67    HAL_NVIC_SetPriority(SVCall_IRQn, 0, 0);
68    /* DebugMonitor_IRQn interrupt configuration */
69    HAL_NVIC_SetPriority(DebugMonitor_IRQn, 0, 0);
70    /* PendSV_IRQn interrupt configuration */
71    HAL_NVIC_SetPriority(PendSV_IRQn, 0, 0);
72    /* SysTick_IRQn interrupt configuration */
73    HAL_NVIC_SetPriority(SysTick_IRQn, 0, 0);
74
75    /* USER CODE BEGIN MspInit 1 */
76
77    /* USER CODE END MspInit 1 */
78 }
```

这里只有一个函数——HAL_MspInit()，它在 HAL_Init()中被调用，相关内容可以参考前
面的 LED 实验。

这个函数做了几件事，第一件就是使能 IO 复用功能的时钟，如果需要将 IO 口作为某个外设的引脚，则需要使能这个时钟；第二件事就是设置中断分组，质量好的 STM32 代码在整个工程中只会设置一次中断分组，如果设置多次，很容易导致中断系统紊乱；第三件事就是设置 CM3 系统异常的优先级。在 STM32CubeMX 配置中，这些都是默认配置，读者了解即可。

下面我们讲解代码。

从 main()函数中找到 MX_GPIO_Init()函数并查找定义，找到这个函数的实现：

```
172   static void MX_GPIO_Init(void)                        //IO初始化函数
173 ┌ {
174
175       GPIO_InitTypeDef GPIO_InitStruct;
176
177       /* GPIO Ports Clock Enable */
178       __HAL_RCC_GPIOC_CLK_ENABLE();                     //时钟使能
179       __HAL_RCC_GPIOA_CLK_ENABLE();
180       __HAL_RCC_GPIOD_CLK_ENABLE();
181
182       /*Configure GPIO pin Output Level */
183       HAL_GPIO_WritePin(GPIOA, GPIO_PIN_0, GPIO_PIN_SET);  //PA0默认为高电平
184
185       /*Configure GPIO pin : PA0 */
186       GPIO_InitStruct.Pin = GPIO_PIN_0;                 //配置PA0口为高速推挽输出
187       GPIO_InitStruct.Mode = GPIO_MODE_OUTPUT_PP;
188       GPIO_InitStruct.Speed = GPIO_SPEED_FREQ_HIGH;
189       HAL_GPIO_Init(GPIOA, &GPIO_InitStruct);
190
191       /*Configure GPIO pin : PD7 */
192       GPIO_InitStruct.Pin = GPIO_PIN_7;                 //配置PD7为上拉，上升沿触发外部中断模式
193       GPIO_InitStruct.Mode = GPIO_MODE_IT_RISING;
194       GPIO_InitStruct.Pull = GPIO_PULLUP;
195       HAL_GPIO_Init(GPIOD, &GPIO_InitStruct);
196
197       /* EXTI interrupt init*/
198       HAL_NVIC_SetPriority(EXTI9_5_IRQn, 0, 0);         //设置外部中断优先级
199       HAL_NVIC_EnableIRQ(EXTI9_5_IRQn);                 //使能外部中断
200
201   }
```

上述代码和之前 LED 按键实验没太大区别，需要注意的是 PD7 模式为 GPIO_MODE_IT_RISING，而不是之前的 GPIO_MODE_INPUT。

既然使用外部中断，就必须使能它，PD7 属于 5~9 的中断线。stm32f103xe.h 文件中定义了 IRQn_Type 枚举类型，这个枚举的每一个值都代表一个中断，我们在这个枚举中找到 EXTI9_5_IRQn，可以看到第 198 行设置优先级的函数，我们查看函数原型：

```
void HAL_NVIC_SetPriority(IRQn_Type IRQn, uint32_t PreemptPriority, uint32_t
SubPriority)
```

第一个入口参数就是 IRQn_Type 类型，我们需要把 EXTI9_5_IRQn 传进去；第二个是抢占优先级，我们根据实际需求传入具体的数值就行了；第三个是响应优先级。

第 199 行使能中断的函数的原型如下：

```
void HAL_NVIC_EnableIRQ(IRQn_Type IRQn)
```

这个函数只有一个入口参数，用来使能相应中断。调用该函数，中断就有了发生的前提。

接下来，我们讲解 HAL 库对于中断的处理流程。

基本上每一个外设都有一个中断公共处理程序，用户需要在中断服务程序中调用它。这个中断公共处理程序会根据外设寄存器中的各个标志位分析产生中断的原因，并调用合适的中断回调函数，就是带有 Callback 后缀的函数。

我们以外部中断为例，在实验工程的 stm32f1xx_it.c 文件中找到 EXTI9_5_IRQHandler() 函数：

```
189   void EXTI9_5_IRQHandler(void)
190  ⊟{
191      /* USER CODE BEGIN EXTI9_5_IRQn 0 */
192
193      /* USER CODE END EXTI9_5_IRQn 0 */
194      HAL_GPIO_EXTI_IRQHandler(GPIO_PIN_7);      //调用HAL库对于EXTI的中断公共处理程序
195      /* USER CODE BEGIN EXTI9_5_IRQn 1 */
196
197      /* USER CODE END EXTI9_5_IRQn 1 */
198   }
```

HAL_GPIO_EXTI_IRQHandler()就是外部中断的中断公共处理程序，我们查看这个函数的代码：

```
555   void HAL_GPIO_EXTI_IRQHandler(uint16_t GPIO_Pin)      //中断公共处理函数
556  ⊟{
557      /* EXTI line interrupt detected */
558      if(__HAL_GPIO_EXTI_GET_IT(GPIO_Pin) != RESET)      //判断是否因为GPIO_Pin引发中断
559  ⊟   {
560        HAL_GPIO_EXTI_CLEAR_IT(GPIO_Pin);       //清除中断标志位
561        HAL_GPIO_EXTI_Callback(GPIO_Pin);       //调用外部中断公用中断回调函数
562      }
563   }
```

__HAL_GPIO_EXTI_GET_IT()这个宏函数可以获取相应 IO 口的某个状态。

这个函数在一系列判断之后，会调用 HAL_GPIO_EXTI_Callback()回调函数，并把结果作为参数传入回调函数中。每一次有外部中断被触发，并经过 HAL_GPIO_EXTI_IRQHandler()确认之后，就调用回调函数，中断逻辑代码全写在回调函数里，可以通过查找定义找到实验中的 HAL_GPIO_EXTI_Callback()回调函数：

```
64   void HAL_GPIO_EXTI_Callback(uint16_t GPIO_Pin)
65  ⊟{
66      if(GPIO_Pin == GPIO_PIN_7)        //如果7号端口（PD7）引起中断，执行7号端口的部分程序
67  ⊟   {
68        HAL_GPIO_TogglePin(GPIOA,GPIO_PIN_0); //翻转LED
69      }
70   }
```

这个函数根据 HAL_GPIO_EXTI_IRQHandler()函数处理的结果执行不同的中断程序。

以上就是 HAL 库的中断处理过程，外部中断的处理过程最简单，也最具有代表性。其他外设的中断处理大同小异，无非是分析中断部分复杂一些。

我们总结一下 HAL 库对于中断的完整处理过程：

中断请求源（如本实验中的 GPIO）请求中断→中断被触发，跳转至中断服务程序→中断服

务程序调用中断公共处理函数→中断公共处理函数分析处理中断→$\begin{cases}公共中断回调函数1\\公共中断回调函数2\\公共中断回调函数3\end{cases}$

2.5.4 实验步骤

（1）正确连接主板和 PC，用 USB 线连接 Jlink。

（2）编译工程，可以发现没有任何语法错误。将程序烧录进开发板，或者打开实验工程，在文件夹"\实验例程\基础模块实验\EXTI\Project"下双击打开工程，单击 ▦ 重新编译工程。

（3）将连接好的硬件平台上电，然后单击 ，将程序下载到芯片里。

（4）下载完成后可以单击 进入仿真模式，再单击 使程序全速运行。也可以将主板重新上电，使刚才下载的程序重新运行。

（5）程序运行后，按下 K1 键，松开时，可以看到 LED2 点亮了，重复刚才的动作，LED2 熄灭，达到实验效果。

2.6 SysTick 定时器和系统时钟

2.6.1 实验目的

● 了解 SysTick 定时器的原理。

● 利用 SysTick 定时器进行 LED 延时翻转。

2.6.2 实验环境

硬件：装有 STM32F103ZE 核心板的实验箱、PC、两根 USB 线。

软件：Windows 10/Windows 7/Windows XP、KEIL5、STM32CubeMX、STM32F10x_StdPeriph_Lib_V3.5.0 固件库和 HAL 库、串口调试助手。

学时：4 学时。

2.6.3 实验原理

ARM 公司在设计内核时考虑到在很多方面都能用到的一个概念：系统节拍。在大型软件结构中，这个概念非常常见，可能以各种名称出现。例如在操作系统中，普通的前后台程序都需要一个单一功能的定时器周期性地处理一些任务，这个定时器不需要什么特别的功能，只需要定时计数，并产生中断即可。SysTick 定时器就是为这种目的创建出来的。

本实验将使用 SysTick 定时器进行延时，这也是大多数小型 ARM 程序对于延时功能的解决方案。

1. SysTick 定时器介绍

SysTick 是一个 24 位的倒计数定时器，它是 ARM 为 CM（Cortex-M）内核设计的外设，被捆绑在 CM 内核的 NVIC 中，与内核紧密相连。每款使用 CM 系列内核的芯片内部必然有一个 SysTick 定时器，STM32 也一样，本实验将用这个定时器实现μs 级和 ms 级延时。

我们在 CM3 内核的权威指南中，找到 NVIC 与中断控制章节里的 SysTick 定时器小节，再找到寄存器介绍。我们通过介绍其寄存器来了解它。

1）SysTick 控制及状态寄存器（表 2-6-1）

表 2-6-1 SysTick 控制及状态寄存器

位 段	名 称	类 型	复 位 值	描 述
16	COUNTFLAG	R	0	如果在上次读取本寄存器后，SysTick 已经倒数到 0，则该位为 1。如果读取该位，该位将自动清零

位　段	名　　称	类　型	复 位 值	描　　述
2	CLKSOURCE	R/W	0	0=外部时钟源（STCLK） 1=内核时钟（FCLK）
1	TICKINT	R/W	0	1=SysTick 倒数到 0 时产生 SysTick 异常请求 0=倒数到 0 时无动作
0	ENABLE	R/W	0	SysTick 定时器的使能位

这个寄存器是 SysTick 控制及状态寄存器，它只用到了 32 位中的 4 位，配置、启动、查询状态都使用这个寄存器。

2）SysTick 重装载数值寄存器（表 2-6-2）

表 2-6-2　SysTick 重装载数值寄存器

位　段	名　　称	类　型	复 位 值	描　　述
23:0	RELOAD	R/W	0	当倒数至 0 时，将重装载数值

这个寄存器是 SysTick 重装载数值寄存器，只用到了低 24 位。SysTick 在计数到 0 时会从这个寄存器重新装载数值。

3）SysTick 当前数值寄存器（表 2-6-3）

表 2-6-3　SysTick 当前数值寄存器

位　段	名　　称	类　型	复 位 值	描　　述
23:0	CURRENT	R/Wc	0	读取时返回当前倒计数的值，写它则使之清零，同时还会清除 SysTick 控制及状态寄存器中的 COUNTFLAG 标志

这个寄存器为当前值寄存器，低 24 位有效，写这个寄存器会清零和清除控制及状态寄存器中的 COUNTFLAG 标志。

2. 硬件设计

本实验硬件部分和 LED 实验相同，请参考 LED 实验。

3. 软件设计

打开实验工程的 STM32CubeMX 文件，可以看到，配置基本没有区别，时钟树如图 2-6-1 所示。

图 2-6-1　时钟树

这是用于设置 SysTick 定时器的时钟频率的，为了得到更长的延时时间，我们将其设置为最大的 8 分频。这样，SysTick 的时钟源就是系统时钟 8 分频。

我们打开实验工程，可以看到，延时函数都被放到了一个模块之中，通过头文件将其接口提供给其他文件，这种方法以后会经常用到。

我们打开 delay.c 文件，大致浏览一遍，发现其结构很简单，实际上就是两个全局变量和三个函数，我们先来看看 delay_us()这个函数：

```
54  //延时nus
55  //nus为要延时的μs数
56  void delay_us(uint32_t nus)
57  {
58      uint32_t temp;
59      SysTick->LOAD=nus*fac_us; //时间加载
60      SysTick->VAL=0x00;        //清空计数器
61      SysTick->CTRL=0x01 ;      //开始倒数
62      do
63      {
64          temp=SysTick->CTRL;
65      }
66      while(temp&0x01&&!(temp&(1<<16)));//等待时间到达
67      SysTick->CTRL=0x00;       //关闭计数器
68      SysTick->VAL =0X00;       //清空计数器
69  }
```

这个函数很简单，把需要延时的微秒数乘上一个变量赋给 SysTick 的重装载寄存器。显而易见，fas_us 代表 1μs 需要延时的次数。下一步清空寄存器，然后配置并启动这个定时器，查询等待，直到计数满为止，关闭定时器并退出，这是很简单的延时算法。其实 delay_ms()也采用这样的延时算法。

其中，fac_us 为什么会等于 1μs 的计数次数？我们看 delay_init()函数：

```
24  //初始化延时函数
25  //SysTick的时钟固定为HCLK时钟的1/8
26  //SYSCLK:系统时钟
27  void delay_init(uint8_t SYSCLK)
28  {
29  //  SysTick->CTRL&=0xfffffffb;//bit2清空,选择外部时钟HCLK/8
30      //SysTick_CLKSourceConfig(SysTick_CLKSource_HCLK_Div8); //选择外部时钟HCLK/8
31      fac_us=SYSCLK/8;
32      fac_ms=(uint16_t)fac_us*1000;
33  }
```

我们可以看到,初始化的内容就是根据入口参数 SYSCLK 的值设置 fac_us 和 fac_ms 的值,以确认 1μs 和 1ms 所需要的计数值。显而易见，SYSCLK 的值应该是以 MHz 为单位的系统时钟。我们看 main()函数：

```
91      MX_GPIO_Init();
92
93      /* USER CODE BEGIN 2 */
94      delay_init(72);
95      /* USER CODE END 2 */
96
97      /* Infinite loop */
98      /* USER CODE BEGIN WHILE */
99      while (1)
100     {
101     /* USER CODE END WHILE */
102         HAL_GPIO_TogglePin(GPIOA,GPIO_PIN_0);
```

```
103        delay_ms(100);
104      /* USER CODE BEGIN 3 */
105
106  ⊢    }
```

这是 main()函数的主要部分，调用 delay_init()函数时传入的入口参数就是系统时钟，只不过以 MHz 为单位。

while(1)的内容就很简单了，只是以 100ms 的间隔不停地翻转 IO 口。

2.6.4 实验步骤

（1）正确连接主板和 PC，用 USB 线连接 Jlink。

（2）编译工程，可以发现没有任何语法错误。将程序烧录进开发板，或者打开实验工程，在文件夹"\实验例程\基础模块实验\SysTick\Project"下双击打开工程，单击 🔨 重新编译工程。

（3）将连接好的硬件平台上电，然后单击 🔛，将程序下载到芯片里。

（4）下载完后可以单击 @ 进入仿真模式，再单击 🔃 使程序全速运行。也可以将主板重新上电，使刚才下载的程序重新运行。

（5）程序运行后，可以看到 LED2 不停闪烁，试试改成不同的延时时间，看这个时间的误差大不大。

2.7 定时器中断实验

2.7.1 实验目的

● 了解定时器中断原理。
● 利用定时器中断进行 LED 翻转。

2.7.2 实验环境

硬件：装有 STM32F103ZE 核心板的实验箱、PC、两根 USB 线。

软件：Windows 10/Windows 7/Windows XP、KEIL5、STM32CubeMX、STM32F10x_StdPeriph_Lib_V3.5.0 固件库和 HAL 库、串口调试助手。

学时：6 学时。

2.7.3 实验原理

基本上每一款 MCU 都有定时器这个外设，STM32F1 的定时器功能十分强大，包括 TIM1 和 TIM8 两个高级定时器、TIM2～TIM5 四个通用定时器，以及 TIM6 和 TIM7 两个基本定时器。在 STM32 参考手册中，定时器的介绍占了 1/5 的篇幅，足见其重要性。

本节，我们将利用基本定时器中断以 1Hz 的频率翻转 LED，通过难度较小的基本定时器 TIM6 了解 STM32F1 定时器的基本结构。

1. STM32F1 基本定时器简介

STM32F1 的定时器之间不共享任何资源，功能很强大，但也很复杂。我们先从 STM32F1

最简单的基本定时器开始，基本定时器没有通用/高级定时器那么复杂的捕获/比较通道，只有一个计数器，非常适合 STM32 新手入门。

基本定时器 TIM6、TIM7 的主要特性如下：

- 16 位自动重装载累加计数器；
- 16 位可编程可实时修改预分频器，用于对输入的时钟按系数为 1～65536 的任意数值分频。
- 触发 DAC 的同步电路；
- 可以由更新事件请求中断。

对于 STM32F1 的基本定时器而言，最主要的功能就是利用定时器计数周期性地产生一个事件，这个事件可以触发 DAC 转换或更新中断等。基本定时器的主体是一个计数器，计数器的计数脉冲来自内部时钟（通用/高级定时器的计数脉冲可以来自多个途径）。基本计数器可以向上、向下、向上/向下计数，一般使用向上计数模式。

接下来介绍几个外设寄存器。

1）TIM6 和 TIM7 控制寄存器 1（TIMx_CR1）（图 2-7-1）

偏移地址：0x00

复位值：0x0000

15	14	13	12	11	10	9	8	7	6	5	4	3	2	1	0
保留								ARPE	保留			OPM	URS	UDIS	CEN
res								rw	res			rw	rw	rw	rw

位 15:8	保留，始终读为 0
位 7	ARPE：自动重装载预装载使能 0：TIMx_ARR 寄存器没有缓冲 1：TIMx_ARR 寄存器具有缓冲
位 6:4	保留，始终读为 0
位 3	OPM：单脉冲模式 0：在发生更新事件时，计数器不停止计数 1：在发生下次更新事件时，计数器停止计数（清除 CEN 位）
位 2	URS：更新请求源 该位由软件设置和清除，以选择 UEV 事件的请求源 0：如果使能了中断或 DMA，以下任一事件可以产生一个更新中断或 DMA 请求： -计数器上溢或下溢 -设置 UG 位 -通过从模式控制器产生的更新 1：如果使能了中断或 DMA，只有计数器上溢或下溢可以产生更新中断或 DMA 请求
位 1	UDIS：禁止更新 该位由软件设置和清除，以使能或禁止 UEV 事件的产生 0：UEV 使能。更新事件可以由下列事件产生：

图 2-7-1 TIM6 和 TIM7 控制寄存器 1（TIMx_CR1）说明

位 1	-计数器上溢或下溢 -设置 UG 位 -通过从模式控制器产生的更新 产生更新事件后，带缓冲的寄存器被加载为预加载数值 1：禁止 UEV。不产生更新事件，影子寄存器保持它的内容（ARR、PSC）。但是如果设置了 UG 位或从模式控制器产生了一个硬件复位，则计数器和预分频器将被重新初始化
位 0	CEN：计数器使能 0：关闭计数器 1：使能计数器 注：门控模式只能在软件已经设置了 CEN 位时有效，而触发模式可以自动地由硬件设置 CEN 位。 在单脉冲模式下，当产生更新事件时 CEN 被自动清除

图 2-7-1   TIM6 和 TIM7 控制寄存器 1（TIMx_CR1）说明（续）

这个寄存器是 STM32F1 定时器的控制寄存器 1（TIMx_CR1），大部分的位并没有用到。这个寄存器用来配置定时器一些相对普通和基本的功能。

位 0 用来使能计数器，只有在位 0 为 1 时计数器才开始计数；位 1 用来使能更新事件，只有这个位为 0，计数器上溢/下溢才会触发更新事件；位 2 可以选择除计数器上溢/下溢之外的事件触发更新中断；位 3 决定了计数器是否循环计数；关于位 7，涉及一个影子寄存器，有兴趣的读者可以看看 STM32 中文参考手册，这里不做详细讲解。

2）TIM6 和 TIM7 中断使能寄存器 1（TIMx_DIER）（图 2-7-2）

偏移地址：0x0C

复位值：0x0000

15	14	13	12	11	10	9	8	7	6	5	4	3	2	1	0
保留							UDE	保留							UIE
res							rw	res							rw

位 15:9	保留，始终读为 0
位 8	UDE：更新 DMA 请求使能 0：禁止更新 DMA 请求 1：使能更新 DMA 请求
位 7:1	保留，始终读为 0
位 0	UIE：更新中断使能 0：禁止更新中断 1：使能更新中断

图 2-7-2   TIM6 和 TIM7 中断使能寄存器 1（TIMx_DIER）说明

这个寄存器为定时器的中断使能寄存器（TIMx_DIER），只有两个位被用到。位 0 决定了更新事件是否可以产生中断，位 8 决定了更新事件是否可以产生 DMA 请求。

3）TIM6 和 TIM7 状态寄存器（TIMx_SR）（图 2-7-3）

偏移地址：0x10

复位值：0x0000

15	14	13	12	11	10	9	8	7	6	5	4	3	2	1	0
保留															UIF
res															Rc w0

位 15:1	保留，始终读为 0
位 0	UIF：更新中断标志 硬件在更新中断时设置该位，它由软件清除 0：没有产生更新 1：产生了更新中断。下述情况下由硬件设置该位： -计数器产生上溢或下溢，并且 TIMx_CR1 中的 UDIS=0 -如果 TIMx_CR1 中的 URS=0 且 UDIS=0，当使用 TIMx_EGR 寄存器的 UG 位重新初始化计数器 CNT 时

图 2-7-3　TIM6 和 TIM7 状态寄存器（TIMx_SR）说明

这个寄存器是定时器的状态寄存器（TIMx_SR），基本上所有外设都有一个 SR 寄存器用来表示当前外设的运行状态。在基本定时器中，如果发生了更新中断，位 0 将会由硬件置 1，用来标识此时更新中断被触发，一般需要用户以软件的方式主动清除此位。

4）TIM6 和 TIM7 事件产生寄存器（TIMx_EGR）（图 2-7-4）

偏移地址：0x14

复位值：0x0000

15	14	13	12	11	10	9	8	7	6	5	4	3	2	1	0
保留															UG
res															w

位 15:1	保留，始终读为 0
位 0	UG：产生更新事件 该位由软件设置，由硬件自动清除 0：无作用 1：重新初始化定时器的计数器并产生对寄存器的更新。注意：预分频器也被清除（但预分频系数不变）

图 2-7-4　TIM6 和 TIM7 事件产生寄存器（TIMx_EGR）说明

这个寄存器是定时器的事件产生寄存器（TIMx_EGR），这个寄存器可以手动产生一些事件。对于基本定时器来说，对这个寄存器的位 0 写 1 将产生一个更新事件，并且初始化一些寄存器。

5）TIM6 和 TIM7 计数器（TIMx_CNT）（图 2-7-5）

偏移地址：0x24

复位值：0x0000

15	14	13	12	11	10	9	8	7	6	5	4	3	2	1	0
						CNT[15:0]									
						rw									

位 15:0	CNT[15:0]：计数器数值

图 2-7-5　TIM6 和 TIM7 计数器（TIMx_CNT）说明

这个寄存器是基本定时器的计数器，使能计数器之后该寄存器会以(内部时钟/(TIMx_PSC+1))的频率自加/自减，该寄存器的值就是当前计数器的值。

6）TIM6 和 TIM7 预分频器（TIMx_PSC）（图 2-7-6）

偏移地址：0x28

复位值：0x0000

15	14	13	12	11	10	9	8	7	6	5	4	3	2	1	0
						PSC[15:0]									
						rw									

位 15:0	PSC[15:0]：预分频器数值 计数器的时钟频率 CK_CNT 等于 f_{CK_PSC}/(PSC[15:0]+1) 在每一次更新事件时，PSC 的数值被传送到实际的预分频寄存器中

图 2-7-6　TIM6 和 TIM7 预分频器（TIMx_PSC）说明

这个寄存器是基本定时器的预分频器（TIMx_PSC），这个寄存器决定了内部时钟经过多少分频之后被送入计数器。该寄存器有效位为 16 个，可以为任意值，为 0 时分频系数为 1，也就是不分频；为 65535 时，分频系数为 65536。分频系数始终为分频寄存器的值加 1。

7）TIM6 和 TIM7 自动重装载寄存器（TIMx_ARR）（图 2-7-7）

偏移地址：0x2C

复位值：0x0000

15	14	13	12	11	10	9	8	7	6	5	4	3	2	1	0
						ARR[15:0]									
						rw									

位 15:0	ARR[15:0]：自动重装载数值 ARR 的数值将被传送到实际的自动重装载寄存器中 如果自动重装载数值为 0，则计数器停止计数

图 2-7-7　TIM6 和 TIM7 自动重装载寄存器（TIMx_ARR）说明

这个寄存器是基本定时器的自动重装载寄存器（TIMx_ARR），这个寄存器规定了定时器的计数上限值。当我们需要实现定时的时候，通常都是通过 TIMx_PSC 和 TIMx_ARR 实现的。本实验定时器配置为向上计数，当 CNT 寄存器数值达到 ARR 时，清零并产生更新中断。

2. 硬件设计

硬件设计请参考 LED 实验。

3. 软件设计

回顾我们的实验目的：要求一个定时器定时产生一个更新中断，在更新中断中翻转 LED，最终达到的效果就是 LED 以 1Hz 的频率闪烁，其中亮 0.5s，灭 0.5s。

我们需要在 STM32CubeMX 中配置如下项目。

（1）SYSCLK/HCLK 配置为 72MHz。

（2）PA0 配置为高速推挽输出模式。

（3）TIM6 配置如图 2-7-8 所示。

图 2-7-8　TIM6 配置

配置预分频系数（分频系数为 7200，计数脉冲为 72MHz/7200=10kHz），采用向上计数模式，自动重装载值为 4999（每 500ms 产生一个更新中断），使能中断（图 2-7-9）。

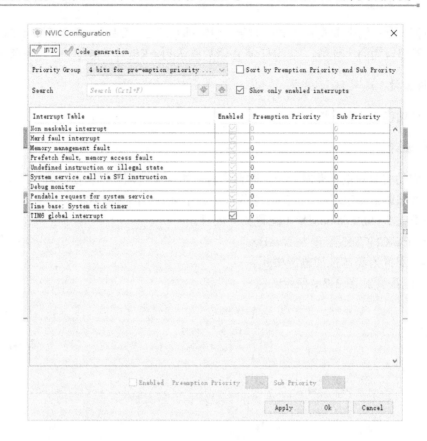

图 2-7-9　使能中断

至此，就完成了 STM32CubeMX 的配置。读者可以参考教程配置自己的工程。下面我们讲解实验工程。

打开我们的实验工程，找到 main()函数：

```
47    TIM HandleTypeDef htim6;
76    int main(void)
77 ⊟ {
78
79      /* USER CODE BEGIN 1 */
80
81      /* USER CODE END 1 */
82
83      /* MCU Configuration--------------------------------------------
84
85      /* Reset of all peripherals, Initializes the Flash interface and
86      HAL_Init();
87
88      /* USER CODE BEGIN Init */
89
90      /* USER CODE END Init */
91
92      /* Configure the system clock */
93      SystemClock_Config();
94
```

```
 95    /* USER CODE BEGIN SysInit */
 96
 97    /* USER CODE END SysInit */
 98
 99    /* Initialize all configured peripherals */
100    MX_GPIO_Init();
101    MX_TIM6_Init();
102
103    /* USER CODE BEGIN 2 */
104
105    /* USER CODE END 2 */
106
107    /* Infinite loop */
108    /* USER CODE BEGIN WHILE */
109    while (1)
110    {
111    /* USER CODE END WHILE */
112
113    /* USER CODE BEGIN 3 */
114
115    }
116    /* USER CODE END 3 */
117
118  }
```

可以看到，除第 47 行多出一个变量定义和第 101 行多出一条定时器 TIM6 初始化的代码之外，其他和以前的实验并没有区别。main()函数除了初始化代码，没有任何用户逻辑，所有的用户逻辑都是在中断服务程序里实现的。

下面我们来看看第 47 行：

```
47   TIM_HandleTypeDef htim6;
```

这个 TIM_HandleTypeDef 显然是一个 HAL 库定义的类型，我们查找这个类型的定义，可以看到如下代码：

```
286  /*           定时器结构           */
287  typedef struct
288  {
289    TIM_TypeDef              *Instance;    //外设寄存器基地址
290    TIM_Base_InitTypeDef     Init;         //初始化结构体
291    HAL_TIM_ActiveChannel    Channel;      //激活的通道
292    DMA_HandleTypeDef        *hdma[7];      //DMA相关  /*!< D
293    HAL_LockTypeDef          Lock;         //锁   /*!< Lockin
294    __IO HAL_TIM_StateTypeDef  State;     //当前状态       /*
295  }TIM_HandleTypeDef;
```

这个结构体非常重要，STM32 的每一个外设都有一个类似的结构体，这种结构体都有一个后缀 HandleTypeDef。几乎针对这个外设的每一个 HAL 库操作都需要用到这个结构体，它包含了这个外设的几乎所有信息。

我们来看看参数的意义。对于用户来说，了解这个结构体的前两个参数即可，后面几个都是由 HAL 库调配管理的，与用户无关。第一个是 TIM_TypeDef 类型的指针，它的值即寄存器基地址，HAL 库通过这个基地址访问此外设几乎所有的寄存器。第二个是与用户密切相关的类型，名为 TIM_Base_InitTypeDef。从名字可看出，这是一个定时器基本初始化结构体，我们查找定义：

```
64   typedef struct
65   {
66     uint32_t Prescaler;         //预分频系数        /*!< Specifies
67                                 //        This parameter can
68
69     uint32_t CounterMode;       //计数模式          /*!< Specifies th
70                                 //This parameter can
71
72     uint32_t Period;            //自动重装载值       /*!< Specifie
73                                 //    Auto-Reload Register
74                                 //    This parameter can
75
76     uint32_t ClockDivision;     //时钟分频因子       /*!< Specifi
77                                 //    This parameter can
78
79     uint32_t RepetitionCounter;  /*!< Specifies the repeti
80                                      reaches zero, an upd
81                                      from the RCR value (
82                                      This means in PWM mo
83                                      - the number of
84                                      - the number of
85                                      This parameter must
86                                      @note This paramete
87   } TIM_Base_InitTypeDef;
```

对于这个结构体，我们只了解前 4 项即可，最后一项只在高级定时器中使用，对于基本定时器只需要前 3 项。这个结构体的第一项为预分频系数，在初始化时应该配置为(预分配系数-1)，在调用初始化函数之后，它最终会被应用到对应定时器的 PSC 寄存器上。第二项为计数模式，它的值决定初始化之后定时器的计数模式。第三项为自动重装载值，初始化之后它的值会被应用在 ARR 寄存器中（自动重装载值-1）。第四项为时钟分频因子，部分定时器可以首先对时钟进行分频，再送入预分频器，我们并不需要使用这个功能。

了解了这个最重要的结构体，我们来看看 main()函数第 101 行调用的 MX_TIM6_Init()函数，查找定义，我们可以看到如下代码：

```
169   static void MX_TIM6_Init(void)                      //定时器初始化
170   {
171     htim6.Instance = TIM6;                           //寄存器基地址为TIM6
172     htim6.Init.Prescaler = 7199;                     //预分频系数为7199（7200-1），对应10kHz
173     htim6.Init.CounterMode = TIM_COUNTERMODE_UP;     //向上计数模式
174     htim6.Init.Period = 4999;                        //自动重装载值为4999（5000），对应500ms
175     if (HAL_TIM_Base_Init(&htim6) != HAL_OK)         //调用基本初始化函数，并判断是否成功
176     {
177       _Error_Handler(__FILE__, __LINE__);
178     }
179
180     HAL_TIM_Base_Start_IT(&htim6);                   //启动定时器
181   }
```

这个函数其实设置了上述的三个参数，并调用了基本初始化函数，最后启动这个定时器。

值得一提的是，带有 HandleTypeDef 后缀的结构体（如 TIM_HandleTypeDef）一般一个外设只需要定义一个，且定义为全局变量，因为这个结构体几乎在所有外设相关的 HAL 库函数

中都能用到。

我们分析这个函数里调用的基本初始化函数，其原型如下：

```
HAL_StatusTypeDef HAL_TIM_Base_Init(TIM_HandleTypeDef *htim);
```

它只有一个入口参数，这个参数就是前面提到的结构体的指针类型，所以我们只需要将其以取地址的方式赋给这个函数即可，第二个函数也是如此。

```
206   HAL_StatusTypeDef HAL_TIM_Base_Init(TIM_HandleTypeDef *htim)
207   {
208     /* Check the TIM handle allocation */
209     if(htim == NULL)
210     {
211       return HAL_ERROR;
212     }
213
214     /* Check the parameters */
215     assert_param(IS_TIM_INSTANCE(htim->Instance));
216     assert_param(IS_TIM_COUNTER_MODE(htim->Init.CounterMode));
217     assert_param(IS_TIM_CLOCKDIVISION_DIV(htim->Init.ClockDivision));
218
219     if(htim->State == HAL_TIM_STATE_RESET)
220     {
221       /* Allocate lock resource and initialize it */
222       htim->Lock = HAL_UNLOCKED;
223
224       /* Init the low level hardware : GPIO, CLOCK, NVIC */
225       HAL_TIM_Base_MspInit(htim);
226     }
227
228     /* Set the TIM state */
229     htim->State= HAL_TIM_STATE_BUSY;
230
231     /* Set the Time Base configuration */
232     TIM_Base_SetConfig(htim->Instance, &htim->Init);
233
234     /* Initialize the TIM state*/
235     htim->State= HAL_TIM_STATE_READY;
236
237     return HAL_OK;
238   }
```

我们可以看到这个函数最先调用了 HAL_TIM_Base_MspInit()回调函数，这个函数在读者建立工程时需要自己编写（注意，STM32CubeMX 会生成这个函数，这里说的自己建立工程指不用 STM32CubeMX）。上方的三个箭头指向 HAL 库的提示，HAL 库要求 HAL_TIM_Base_MspInit()回调函数初始化 IO、时钟、中断等配置。

在实验工程中已经有了这个函数，我们查找定义并分析这个函数：

```
80   void HAL_TIM_Base_MspInit(TIM_HandleTypeDef* htim_base)
81   {
82
83     if(htim_base->Instance==TIM6)     //通过寄存器基地址来判断进入这个回调的是不是定时器6
84     {
85     /* USER CODE BEGIN TIM6_MspInit 0 */
86
```

```
87      /* USER CODE END TIM6_MspInit 0 */
88      /* Peripheral clock enable */
89      __HAL_RCC_TIM6_CLK_ENABLE();    //定时器6使能时钟
90      /* TIM6 interrupt Init */
91      HAL_NVIC_SetPriority(TIM6_IRQn, 0, 0);      //设置定时器6中断优先级
92      HAL_NVIC_EnableIRQ(TIM6_IRQn);              //使能定时器6中断
93    /* USER CODE BEGIN TIM6_MspInit 1 */
94
95      /* USER CODE END TIM6_MspInit 1 */
96    }
97
98  }
```

我们看到，所有定时器都使用同一个回调，所以需要在回调中加以判断，对相应的定时器做相应的操作。判断确实是定时器 6 初始化进入了回调函数，对回调函数进行时钟使能、设置中断优先级、使能中断等操作（本实验中定时器不涉及 IO 口，所以没有 IO 部分）。相信有了之前的基础，读者很容易理解这些代码。至此，定时器的初始化过程就讲完了，我们总结一下。

首先定义 TIM_HandleTypeDef 结构体，在这个结构体中设置寄存器基地址，初始化参数，调用 HAL_TIM_Base_Init()函数使这些设置生效。HAL_TIM_Base_Init()函数在执行之初会首先调用 HAL_TIM_Base_MspInit()函数，在 HAL_TIM_Base_MspInit()函数中使能时钟初始化中断，使得中断可以产生。

回过头来看 MX_TIM6_Init()这个函数，这个函数在最后调用了 HAL_TIM_Base_Start_IT()函数，这个函数用来启动定时器的基本功能并打开中断，其原型如下：

```
HAL_StatusTypeDef HAL_TIM_Base_Start_IT(TIM_HandleTypeDef *htim)
```

这个函数仅需要一个入口参数，将定时器的结构体地址作为参数传入这个函数，就可以启动定时器，使其开始计数。

通过刚才的配置，定时器已经以 2Hz 的频率产生中断，我们来看看中断服务程序，在stm32f1xx_it.h 文件中找到定时器中断服务函数：

```
190   void TIM6_IRQHandler(void)
191  {
192     /* USER CODE BEGIN TIM6_IRQn 0 */
193
194     /* USER CODE END TIM6_IRQn 0 */
195     HAL_TIM_IRQHandler(&htim6);          //调用定时器中断公共处理程序
196     /* USER CODE BEGIN TIM6_IRQn 1 */
197
198     /* USER CODE END TIM6_IRQn 1 */
199  }
200
```

可以看到，定时器中断服务函数和外部中断服务函数有类似的结构，定时器也有一个中断公共处理程序，查找这个函数的定义：

```
2752   void HAL_TIM_IRQHandler(TIM_HandleTypeDef *htim)
2753  {
2754     /* Capture compare 1 event */
2755     if(__HAL_TIM_GET_FLAG(htim, TIM_FLAG_CC1) != RESET)
2756     {
2757       if(__HAL_TIM_GET_IT_SOURCE(htim, TIM_IT_CC1) !=RESET)
2758       {
```

```
2759          {
2760              __HAL_TIM_CLEAR_IT(htim, TIM_IT_CC1);
```

这个函数很长，但是基本的结构不变，这个函数分析中断产生的原因，然后调用相应的回调函数。对于我们这个实验而言，发生定时器更新中断，那么这个函数最终必然调用更新中断的回调函数，可以从两个地方找到这个回调函数。

（1）在 HAL_TIM_IRQHandler()函数中查找这个函数调用的位置：

```
2841      /* TIM Update event */
2842      if(__HAL_TIM_GET_FLAG(htim, TIM_FLAG_UPDATE) != RESET)
2843      {
2844        if(__HAL_TIM_GET_IT_SOURCE(htim, TIM_IT_UPDATE) !=RESET)
2845        {
2846          __HAL_TIM_CLEAR_IT(htim, TIM_IT_UPDATE);
2847          HAL_TIM_PeriodElapsedCallback(htim);
2848        }
2849      }
```

可以看到，HAL_TIM_IRQHandler()函数在第 2847 行调用了一个回调函数。上方的箭头指向 HAL 库的提示，而下方箭头指向的函数从名字可以看出是一个回调函数，并且在 if 语句之下，所以更新中断的回调函数就是这个函数。

（2）打开 stm32f1xx_hal_tim.h 文件可以看到 TIM_Exported_Functions_Group9 这个注释，这也是 HAL 库的一些小提示。HAL 库把定时器相关的函数以组来管理，定时器函数组 9 中是各种回调函数：

```
1720  /** @addtogroup TIM_Exported_Functions_Group9
1721   * @{
1722   */
1723  /* Callback in non blocking modes (Interrupt and DMA) ************************/
1724  void HAL_TIM_PeriodElapsedCallback(TIM_HandleTypeDef *htim);        //更新中断回调函数
1725  void HAL_TIM_OC_DelayElapsedCallback(TIM_HandleTypeDef *htim);      //输出比较回调函数
1726  void HAL_TIM_IC_CaptureCallback(TIM_HandleTypeDef *htim);           //输入捕获回调函数
1727  void HAL_TIM_PWM_PulseFinishedCallback(TIM_HandleTypeDef *htim);    //PWM脉冲完成回调函数
1728  void HAL_TIM_TriggerCallback(TIM_HandleTypeDef *htim);              //定时器触发回调函数
1729  void HAL_TIM_ErrorCallback(TIM_HandleTypeDef *htim);                //定时器错误回调函数
```

可以看到，第一个就是我们需要的更新中断回调函数。其实这个函数在 HAL 库中定义了__weak 函数，我们只需要定义一个同名、同返回值、同参数表的函数覆盖即可。

在实验工程 main.c 中找到这个回调函数的定义：

```
66  void HAL_TIM_PeriodElapsedCallback(TIM_HandleTypeDef *htim) //更新中断回调函数
67  {
68    if(htim->Instance == TIM6)                                //如果发生更新中断的是定时器6
69    {
70      HAL_GPIO_TogglePin(GPIOA,GPIO_PIN_0);                   //翻转LED
71    }
72  }
73
```

这个函数非常简单，首先判断发生更新中断的是不是定时器 6，然后调用 IO 翻转的库函数，使 LED 翻转。

定时器每 500ms 进入一次中断服务函数，中断服务函数调用中断回调函数，在回调函数里写用户逻辑，这就是定时器更新中断的通用方法。

2.7.4 实验步骤

（1）正确连接主板和 PC，用 USB 线连接 Jlink。

（2）编译工程，可以发现没有任何语法错误。将程序烧录进开发板，或者打开实验工程，在文件夹"\实验例程\基础模块实验\TIMER\Project"下双击打开工程，单击 🖿 重新编译工程。

（3）将连接好的硬件平台上电，然后单击 🔀，将程序下载到芯片里。

（4）下载完后可以单击 🔍 进入仿真模式，再单击 📑 使程序全速运行。也可以将主板重新上电，使刚才下载的程序重新运行。

（5）程序运行后，发现开发板上的 LED2 每 500ms 翻转一次，看起来就是 LED2 以 1Hz 的频率闪烁，达到了实验目的。

2.8 定时器输出 PWM 实现呼吸灯现象实验

2.8.1 实验目的

- 了解 PWM 工作原理。
- 熟悉 PWM 控制流程。

2.8.2 实验环境

硬件：装有 STM32F103ZE 核心板的实验箱、PC、USB 线。

软件：Windows 10/Windows 7/Windows XP、KEIL5、STM32CubeMX、STM32F10x_StdPeriph_Lib_V3.5.0 固件库和 HAL 库。

学时：6 学时。

2.8.3 实验原理

所有通用定时器和高级定时器不仅可以作为中断使用，还可以用于输入捕获和输出比较。本节介绍 STM32 定时器输出比较的一种特殊模式——PWM 模式，这个模式可以通过定时器产生 PWM 信号。我们将利用 PWM 信号来实现呼吸灯的效果。

1. STM32 通用定时器简介

STM32 的通用定时器为 TIM2～TIM5，具有 STM32 的一般功能。下面来看看通用定时器与基本定时器有什么区别。

首先，通用定时器具有基本定时器最基础的功能，比如向上、向下、向上/向下计数器，可编程的预分频器。通用定时器有而基本定时器没有的功能如下。

（1）4 个独立通道。

- 输入捕获。
- 输出比较。
- PWM 生成（边缘或中间对齐模式）。
- 单脉冲模式输出。

（2）如下事件发生时产生中断/DMA。

- 更新：计数器向上溢出/向下溢出，计数器初始化（通过软件或内部/外部触发）。
- 触发事件（计数器启动、停止、初始化或由内部/外部触发计数）。
- 输入捕获。
- 输出比较。
- 支持针对定位的增量（正交）编码器和霍尔传感器电路。
- 触发输入作为外部时钟或按周期进行电流管理。

本节着重介绍 PWM 功能。

什么是 PWM 信号呢？PWM 信号是一种脉宽调制信号，广泛用于 LED 和电机控制等场合。PWM 信号其实类似于方波，只有 1 和 0 两种状态。PWM 信号可以调节占空比。不同占空比可以使 LED 产生不同的亮度。本实验就是利用 PWM 信号这一特性控制 LED 产生不同亮度，从而实现呼吸灯的效果。

PWM 信号有几个比较重要的参数，其中一个就是 PWM 信号的频率。一般来说，一种 PWM 信号的频率是固定的。另一个参数就是 PWM 信号的占空比，一般用百分比的形式表示，是 PWM 信号的脉宽占整个信号的百分比。STM32 可以通过设置寄存器确定 PWM 信号的频率、占空比和极性等参数。

STM32 的大部分 IO 口具有一些特殊的功能，它们通常连接到 STM32 的某些外设上。这样的 IO 口具有复用功能，它们可以作为某些外设的功能引脚。例如，本实验中的 PA0 口可以连接到定时器 2 的通道 1，然后就可以利用定时器的 PWM 输出功能在 IO 口上输出 PWM 信号。

STM32 的定时器除了 TIM6 和 TIM7，其他的定时器都可以用来产生 PWM 输出。其中，高级定时器 TIM1 和 TIM8 可以同时产生多达 7 路的 PWM 输出。而通用定时器能同时产生多达 4 路的 PWM 输出。这样，STM32 最多可以同时产生 30 路 PWM 输出。这里我们仅利用 TIM2 的 CH1 产生一路 PWM 输出。

要使 STM32 的通用定时器产生 PWM 输出，需要设置相应的寄存器。除了上一节讲解的寄存器（基本定时器和通用定时器的寄存器代码是兼容的），我们还需要了解以下寄存器。

1）捕获/比较模式寄存器（图 2-8-1）

偏移地址：0x18

复位值：0x0000

通道可用于输入（捕获模式）或输出（比较模式），通道的方向由相应的 CCxS 定义。该寄存器其他位的作用在输入和输出模式下不同。OCxx 描述了通道在输出模式下的功能，ICxx 描述了通道在输入模式下的功能。因此必须注意，同一个位在输出模式和输入模式下的功能是不同的。

15	14	13	12	11	10	9	8	7	6	5	4	3	2	1	0
0C2CE	0C2M[2:0]			0C2PE	0C2FE	CC2S[1:0]		0C1CE	0C1M[2:0]			0C1PE	0C1FE	CC1S[1:0]	
	IC2F[3:0]			IC2PSC[1:0]					IC1F[3:0]			IC1PSC[1:0]			
rw	rw	rw	rw	rw	rw	rw	rw	rw	rw	rw	rw	rw	rw	rw	rw

图 2-8-1 捕获/比较模式寄存器说明

这类寄存器一共有两个，分别是 TIMx_CCMR1 和 TIMx_CCMR2，TIMx_CCMR1 控制捕获/比较通道 1 和 2，而 TIMx_CCMR2 则控制捕获/比较通道 3 和 4。这些通道都是完全一样的，这里以通道 1 为例，通道 1 是由 1～8 位控制的。

CC1S 这两位决定了通道 1 工作在输入还是输出模式，对于本实验，将其设置为 00（输出模式）即可。2～8 位分为上下两排，如果 CC1S 被设置为输出模式（输出比较），则 2～8 位使用上面一排功能；如果被设置为输入模式（输入捕获），则 2～8 位使用下面一排功能。

整个定时器寄存器系统太过复杂，有兴趣的读者可以自行查阅 STM32 中文参考手册。这里主要介绍 OC1M（图 2-8-2），它是用来设置输出比较模式的，本实验采用 PWM 模式 1。

位 6:4	OC1M[2:0]：输出比较 1 模式 该 3 位定义了输出参考信号 OC1REF 的动作，而 OC1REF 决定了 OC1 的值。OC1REF 是高电平有效，而 OC1 的有效电平取决于 CC1P 位 000：冻结。输出比较寄存器 TIMx_CCR1 与计数器 TIMx_CNT 间的比较对 OC1REF 不起作用 001：匹配时设置通道 1 为有效电平。当计数器 TIMx_CNT 的值与捕获/比较寄存器 1（TIMx_CCR1）相同时，强制 OC1REF 为高 010：匹配时设置通道 1 为无效电平。当计数器 TIMx_CNT 的值与捕获/比较寄存器 1（TIMx_CCR1）相同时，强制 OC1REF 为低 011：翻转。当 TIMx_CCR1=TIMx_CNT 时，翻转 OC1REF 的电平 100：强制为无效电平。强制 OC1REF 为低 101：强制为有效电平。强制 OC1REF 为高 110：PWM 模式 1—在向上计数时，一旦 TIMx_CNT<TIMx_CCR1 则通道 1 为有效电平，否则为无效电平；在向下计数时，一旦 TIMx_CNT>TIMx_CCR1 则通道 1 为无效电平（OC1REF=0），否则为有效电平（OC1REF=1） 111：PWM 模式 2—在向上计数时，一旦 TIMx_CNT<TIMx_CCR1 则通道 1 为无效电平，否则为有效电平；在向下计数时，一旦 TIMx_CNT>TIMx_CCR1 则通道 1 为有效电平，否则为无效电平 注 1：一旦 LOCK 级别设为 3（TIMx_BDTR 寄存器中的 LOCK 位），并且 CC1S=00（该通道配置成输出），则该位不能被修改 注 2：在 PWM 模式 1 或 PWM 模式 2 中，只有当比较结果改变或在输出比较模式中从冻结模式切换到 PWM 模式时，OC1REF 电平才改变

图 2-8-2　OC1M 说明

2）捕获/比较使能寄存器（TIMx_CCER）（图 2-8-3）

偏移地址：0x20

复位值：0x0000

15	14	13	12	11	10	9	8	7	6	5	4	3	2	1	0
保留		CC4P	CC4E	保留		CC3P	CC3E	保留		CC2P	CC2E	保留		CC1P	CC1E
		rw	rw			rw	rw			rw	rw			rw	rw

图 2-8-3　捕获/比较使能寄存器说明

这个寄存器为捕获/比较使能寄存器（TIMx_CCER），从名字可以看出，这个寄存器用于使能通道。此寄存器用到了 8 位，分为 4 组，每一组对应一个通道。下面我们以一组为例，具体分析这个寄存器（图2-8-4）。

位1	CC1P：捕获/比较1输出极性 CC1 通道配置为输出： 0：OC1 高电平有效 1：OC1 低电平有效 CC1 通道配置为输入： 该位选择是 IC1 还是 IC1 的反相信号作为触发或捕获信号 0：不反相，捕获发生在 IC1 的上升沿，当用作外部触发器时，IC1 不反相 1：反相，捕获发生在 IC1 的下降沿，当用作外部触发器时，IC1 反相
位0	CC1E：捕获/比较1输出使能 CC1 通道配置为输出： 0：关闭—OC1 禁止输出 1：开启—OC1 信号输出到对应的输出引脚 CC1 通道配置为输入： 该位决定了计数器的值是否能被捕获入 TIMx_CCR1 寄存器 0：捕获禁止 0：捕获使能

图 2-8-4　捕获/比较使能位说明

从名字可以看出，这两位是用来使能通道1的。先看位0，当通道被配置为输出比较时，位0设置为1即可将通道的信号输出到具体引脚。再看位1，当通道被配置为输出比较时，位1的值决定输出比较的有效电平。对于本实验，这两位和上述 PWM 的两个模式组合，就可实现配置 PWM 极性的效果。

3）捕获/比较寄存器（图2-8-5）

偏移地址：0x34

复位值：0x0000

15	14	13	12	11	10	9	8	7	6	5	4	3	2	1	0
						CCR1[15:0]									
rw	rw	rw	rw	rw	rw	rw	rw	rw	rw	rw	rw	rw	rw	rw	rw

位15:0	CCR1[15:0]：捕获/比较1的值 若 CC1 通道配置为输出： CCR1 包含了装入当前捕获/比较1寄存器的值（预装载值） 如果在 TIMx_CCMR1 寄存器（OC1PE 位）中未选择预装载特性，写入的数值会被立即传输至当前寄存器中。否则，只有当更新事件发生时，此预装载值才传输至当前捕获/比较1寄存器中 当前捕获/比较寄存器参与同计数器 TIMx_CNT 的比较，并在 OC1 端口上产生输出信号 若 CC1 通道配置为输入： CCR1 包含了由上一次输入捕获1事件（IC1）传输的计数器值

图 2-8-5　捕获/比较寄存器说明

捕获/比较寄存器（TIMx_CCR）共有4个，对应4个通道 CH1～4。因为这4个寄存器都差不多，所以仅以 TIMx_CCR1 为例介绍。在输出模式下，该寄存器的值与 CNT 的值比较，根据比较结果产生相应动作。利用这点，我们通过修改这个寄存器的值，就可以控制 PWM 的输出脉宽。

接下来我们讲解 IO 口的复用。如何将 PA0 IO 口复用到 TIM2 的通道 1 上？首先，我们看表 2-8-1。

表 2-8-1 通用定时器 TIM2/3/4/5

TIM2/3/4/5 引脚	配　　置	GPIO 配置
TIM2/3/4/5_CHx	输入捕获通道 x	浮空输入
	输出比较通道 x	推挽复用输出
TIM2/3/4/5_ETR	外部触发时钟输入	浮空输入

从表 2-8-1 可以看出，如果需要将 IO 口复用到定时器的输出比较通道上，首先应该将 IO 口配置为推挽复用输出。

表 2-8-2 为 TIM2 复用功能重映射的功能表。可以看到，如果 TIM2_REMAP 设置为 00，则定时器 2 复用如下：

TIM2_CH1 配置为 PA0；

TIM2_CH2 配置为 PA1；

TIM2_CH3 配置为 PA2；

TIM2_CH4 配置为 PA3。

这满足我们的要求。虽然一次设置了 4 个 IO 口的复用，但实际上只有 PA0 设置了复用功能模式。

表 2-8-2 TIM2 复用功能重映射的功能表

复 用 功 能	TIM2_REMAP[1:0]=00 （没有重映射）	TIM2_REMAP[1:0]=01 （部分重映射）	TIM2_REMAP[1:0]=10 （部分重映射）[1]	TIM2_REMAP[1:0]=11 （完全重映射）[1]
TIM2_CH1_ETR[2]	PA0	PA15	PA0	PA15
TIM2_CH2	PA1	PB3	PA1	PB3
TIM2_CH3	PA2		PB10	
TIM2_CH4	PA3		PB11	

1. 重映射不适用于 36 脚的封装

2. TIM2_CH1 和 TIM2_ETR 共用一个引脚，但不能同时使用（因此在此使用这样的标记：TIM2_CH1_ETR）

4）复用重映射和调试 IO 配置寄存器（AFIO_MAPR）（图 2-8-6）

31	30	29	28	27	26	25	24	23	22	21	20	19	18	17	16
		保留				SWJ_CFG[2:0]			保留		ADC2_E TRGREG_ REMAP	ADC2_E TRGINJ_ REMAP	ADC1_E TRGREG_ REMAP	ADC1_E TRGINJ_ REMAP	TIM5CH 4_1REM AP
						w	w	w							

图 2-8-6 复用重映射和调试 IO 配置寄存器说明

15	14	13	12	11	10	9	8	7	6	5	4	3	2	1	0
PD01_REMAP	CAN_REMAP[1:0]		T1M4_REMAP	TIM3_REMAP[1:0]		TIM2_REMAP[1:0]		TIM1_REMAP[1:0]		USART3_REMAP[1:0]		USART2_REMAP	USART1_REMAP	I2C1_REMAP	SP11_RFMAP
rw	rw	rw	rw	rw	rw	rw	rw	rw	rw	rw	rw	rw	rw	rw	rw

位 9:8	TIM2_REMAP[1:0]: 定时器 2 的重映射 这些位可由软件置 1 或置 0，控制定时器 2 的通道 1～4 和外部触发（ETR）在 GPIO 端口的映射 00：没有重映射（CH1/ETR/PA0，CH2/PA1，CH3/PA2，CH4/PA3） 01：部分重映射（CH1/ETR/PA15，CH2/PB3，CH3/PA2，CH4/PA3） 10：部分重映射（CH1/ETR/PA0，CH2/PA1，CH3/PB10，CH4/PB11） 11：完全重映射（CH1/ETR/PA15，CH2/PB3，CH3/PB10，CH4/PB11）

图 2-8-6 复用重映射和调试 IO 配置寄存器说明（续）

本实验只关心 TIM2_REMAP，其他外设的配置也差不多。可以看到，这个寄存器的复位值默认为 0x0000000。也就是说，打开 PA0 的复用功能，默认就连接上了 TIM2 的 CH1，不需要特别地设置 AFIO_MAPR 寄存器的值。如果需要将 PA15 映射到 TIM2 CH1 上，就必须设置 AFIO_MAPR 寄存器的 TIM2_REMAP 为 01（也称端口重映射）。

2. 硬件设计

硬件连接请参考 LED 实验。

3. 软件设计

回顾我们的实验目的：要求一个定时器产生一个固定频率但脉宽可调的 PWM 信号，驱动 LED 发出不同的亮度，实现呼吸灯的效果。

我们需要在 STM32CubeMX 中配置如下项。

（1）SYSCLK/HCLK 配置为 72MHz。

（2）PA0 配置为 TIM2_CH1 复用通道（LED1）。

（3）TIM2 配置如图 2-8-7 所示。

定时器通道 1 设置为 PWM 模式，预分频器设置为 36-1，对定时器的时钟进行 36 分频，产生计数器使用的 2MHz 计数脉冲。计数模式为向上计数模式，自动重装载值为 2000，定时器每 1ms 溢出一次，也就是 PWM 的频率为 1kHz。本实验不需要使用中断，所以并不需要使能中断和配置中断优先级。其他设置和上一节相同，这里不再赘述。

打开实验工程，先看 main.c（对于每一个单片机的 C 程序，读程序首先从 main.c 开始，分析程序大致流程，再具体分析每一个细节，这是一种比较高效的读程序方法），其代码如下：

图 2-8-7　TIM2 配置

```
39    #include "main.h"
40    #include "stm32f1xx_hal.h"
41
42    /* USER CODE BEGIN Includes */
43
44    /* USER CODE END Includes */
45
46    /* Private variables ------------------------------------------------
47    TIM_HandleTypeDef htim2;        //定时器2结构
48
49    /* USER CODE BEGIN PV */
50    /* Private variables ----------------------------------------------
51
52    /* USER CODE END PV */
53
54    /* Private function prototypes -----------------------------------
55    void SystemClock_Config(void);
56    static void MX_GPIO_Init(void);
57    static void MX_TIM2_Init(void);          //定时器初始化函数
58    void HAL_TIM_MspPostInit(TIM_HandleTypeDef *htim);
59
60
61    /* USER CODE BEGIN PFP */
62    /* Private function prototypes -----------------------------------
63
64    /* USER CODE END PFP */
65
66    /* USER CODE BEGIN 0 */
67
68    /* USER CODE END 0 */
69
70    int main(void)
```

```
71 ┌ {
72
73    /* USER CODE BEGIN 1 */
74    uint16_t value = 0;              //定义表示PWM脉宽的数值
75    uint8_t flag = 0;                //定义一个表达当前状态的标志位
76    /* USER CODE END 1 */
77
78    /* MCU Configuration----------------------------------------------
79
80    /* Reset of all peripherals, Initializes the Flash interface and t
81    HAL_Init();
82
83    /* USER CODE BEGIN Init */
84
85    /* USER CODE END Init */
86
87    /* Configure the system clock */
88    SystemClock_Config();
89
90    /* USER CODE BEGIN SysInit */
91
92    /* USER CODE END SysInit */
93
94    /* Initialize all configured peripherals */
95    MX_GPIO_Init();
96    MX_TIM2_Init();
97
98    /* USER CODE BEGIN 2 */
99
100   /* USER CODE END 2 */
101
102   /* Infinite loop */
103   /* USER CODE BEGIN WHILE */
104   while (1)
105 ┌  {
106   /* USER CODE END WHILE */
107     if(flag == 0)         //如果flag为0, value自增
108 ┌    {
109       TIM2->CCR1 = value;     //把value写入捕获/比较寄存器
110       HAL_TIM_PWM_Start(&htim2,TIM_CHANNEL_1);    //重新启动PWM
111       if(++value == 2000)    //value到达上限, 则flag置位
112         flag = 1;
113       HAL_Delay(1);          //必要的延时
114 └    }
115     else                    //如果flag不为0, value自减
116 ┌    {
117       TIM2->CCR1 = value;
118       HAL_TIM_PWM_Start(&htim2,TIM_CHANNEL_1);
119       if(--value == 0)
120         flag = 0;
121       HAL_Delay(1);
122 └    }
123   /* USER CODE BEGIN 3 */
124
125 └   }
```

```
126       /* USER CODE END 3 */
127
128   }
129
```

很多代码都和之前相同，例如第47行的定时器结构体定义，我们来看与之前不同的部分。
首先，我们查找定义定时器的初始化函数：

```
179   static void MX_TIM2_Init(void)
180 ⊟{
181
182       TIM_MasterConfigTypeDef sMasterConfig;
183       TIM_OC_InitTypeDef sConfigOC;
184
185       htim2.Instance = TIM2;                          //定时器基本初始化
186       htim2.Init.Prescaler = 36-1;
187       htim2.Init.CounterMode = TIM_COUNTERMODE_UP;
188       htim2.Init.Period = 2000-1;
189       htim2.Init.ClockDivision = TIM_CLOCKDIVISION_DIV1;
190       if (HAL_TIM_PWM_Init(&htim2) != HAL_OK)          //调用PWM初始化函数
191 ⊟   {
192         _Error_Handler(__FILE__, __LINE__);
193       }
194
195       sMasterConfig.MasterOutputTrigger = TIM_TRGO_RESET;    //不使用主从模式
196       sMasterConfig.MasterSlaveMode = TIM_MASTERSLAVEMODE_DISABLE;
197       if (HAL_TIMEx_MasterConfigSynchronization(&htim2, &sMasterConfig) != HAL_OK)
198 ⊟   {
199         _Error_Handler(__FILE__, __LINE__);
200       }
201
202       sConfigOC.OCMode = TIM_OCMODE_PWM1;        //通道类型为PWM1
203       sConfigOC.Pulse = 0;                       //捕获比较值
204       sConfigOC.OCPolarity = TIM_OCPOLARITY_HIGH; //PWM极性
205       sConfigOC.OCFastMode = TIM_OCFAST_DISABLE;  //不使用快速使能模式
206       if (HAL_TIM_PWM_ConfigChannel(&htim2, &sConfigOC, TIM_CHANNEL_1) != HAL_OK) //调用HAL库的PWM通道设置函数
207 ⊟   {
208         _Error_Handler(__FILE__, __LINE__);
209       }
210
211       HAL_TIM_MspPostInit(&htim2);        //调用PWM通道对应IO的初始化
212
213   }
```

该函数与上一节有所不同，第190行原本应该调用HAL_TIM_Base_Init()函数，而这里调用的是 HAL_TIM_PWM_Init()。其实，这两个函数的源码是一样的，不同的是这两个函数会调用不同的回调函数，这是 HAL 库对程序编写做的一个优化，这样很明显地分隔了定时器的各个功能，每个功能具有不同的回调函数，编写程序时不会混淆。这个函数的另外一个不同点就是定时器的通道配置，我们看看定时器通道配置函数的原型：

```
HAL_StatusTypeDef HAL_TIM_PWM_ConfigChannel(TIM_HandleTypeDef *htim, TIM_OC_
InitTypeDef* sConfig, uint32_t Channel);
```

这个函数是一个典型的 HAL 库风格的函数，第一个入口参数指定要配置哪个定时器，第二个入口参数指定这个定时器的某个通道应该如何配置，第三个入口参数指定应该配置这个定时器的哪个通道。

因为通道配置函数需要一个 TIM_OC_InitTypeDef 类型的结构体指针，按照惯例，应该定义一个这样的函数，并以取地址的方式传入 HAL_TIM_PWM_ConfigChannel()函数。可以看到，第183行就定义了名为sConfigOC的结构体变量，然后在第202~205行对这个结构进行初始化（具体含义见注释），最后调用 HAL_TIM_PWM_ConfigChannel()函数并指定配置定时器 2 通道1，完成对定时器通道的配置。

我们看第211行，这里调用了HAL_TIM_MspPostInit()函数。准确地说，这个函数不属于

HAL 库，是 STM32CubeMX 软件自动加上去的，我们查找它的定义：

```
97   void HAL_TIM_MspPostInit(TIM_HandleTypeDef* htim)
98   {
99
100    GPIO_InitTypeDef GPIO_InitStruct;
101    if(htim->Instance==TIM2)              //如果调用这个函数的是TIM2
102    {
103    /* USER CODE BEGIN TIM2_MspPostInit 0 */
104
105    /* USER CODE END TIM2_MspPostInit 0 */
106
107      /**TIM2 GPIO Configuration
108      PA0-WKUP      ------> TIM2_CH1
109      */
110      GPIO_InitStruct.Pin = GPIO_PIN_0;              //配置PA0为复用高速推挽输出
111      GPIO_InitStruct.Mode = GPIO_MODE_AF_PP;
112      GPIO_InitStruct.Speed = GPIO_SPEED_FREQ_HIGH;
113      HAL_GPIO_Init(GPIOA, &GPIO_InitStruct);
114
115    /* USER CODE BEGIN TIM2_MspPostInit 1 */
116
117    /* USER CODE END TIM2_MspPostInit 1 */
118    }
119
120  }
```

读者对于这段代码应该不陌生，这里不再赘述。经过这样的配置之后，就有了定时器产生 PWM 波形的前提，关于 PWM 的初始化就讲到这里。

我们回到 main()函数，main()函数的开头定义了两个变量，先记住它们，下面主要看 while 循环里的内容：

```
104    while (1)
105    {
106    /* USER CODE END WHILE */
107      if(flag == 0)      //如果flag为0，value自增
108      {
109        TIM2->CCR1 = value;   //把value写入捕获／比较寄存器
110        HAL_TIM_PWM_Start(&htim2,TIM_CHANNEL_1);      //重新启动PWM
111        if(++value == 2000)   //value到达上限，则flag置位
112          flag = 1;
113        HAL_Delay(1);         //必要的延时
114      }
115      else                    //如果flag不为0，value自减
116      {
117        TIM2->CCR1 = value;
118        HAL_TIM_PWM_Start(&htim2,TIM_CHANNEL_1);
119        if(--value == 0)
120          flag = 0;
121        HAL_Delay(1);
122      }
123    /* USER CODE BEGIN 3 */
124
125    }
126    /* USER CODE END 3 */
127
128  }
```

我们先介绍一个函数，其原型为：

```
HAL_StatusTypeDef HAL_TIM_PWM_Start(TIM_HandleTypeDef *htim, uint32_t Channel);
```

该函数和HAL_TIM_Base_Start()功能类似，都用来启动定时器，而HAL_TIM_PWM_Start()函数还会顺带地使能PWM，这个函数比较简单。

PWM波形可以控制LED的亮度，改变CCR1寄存器的值就可以改变PWM的脉宽，如果让CCR1寄存器呈规律性变化，就可以实现呼吸灯的效果。

我们的程序的控制逻辑就是依据这一原理实现的，以上程序就是每1ms通过value对CCR1寄存器进行自增/减，每次都调用一次HAL_TIM_PWM_Start()函数重启PWM，利用flag标识自增或自减，形成呼吸灯的规律，实现对呼吸灯的控制。

2.8.4 实验步骤

（1）正确连接主板和PC，用USB线连接Jlink。

（2）编译工程，可以发现没有任何语法错误。将程序烧录进开发板，或者打开实验工程，在文件夹"\实验例程\基础模块实验\TIMER_PWM\Project"下双击打开工程，单击 重新编译工程。

（3）将连接好的硬件平台上电，然后单击 ，将程序下载到芯片里。

（4）下载完后可以单击 ，进入仿真模式，再单击 ，使程序全速运行。也可以将主板重新上电，使刚才下载的程序重新运行。

（5）程序运行后，可以看到LED2慢慢变至最亮，再慢慢变暗，直到熄灭，如此循环，就像呼吸一样，达到我们的实验目的。

2.9 串口通信实验

2.9.1 实验目的

● 了解串口通信原理。
● 与PC通信，进行串口调试。

2.9.2 实验环境

硬件：装有STM32F103ZE核心板的实验箱、PC、两根USB线。

软件：Windows 10/Windows 7/Windows XP、KEIL5、STM32CubeMX、STM32F10x_StdPeriph_Lib_V3.5.0固件库和HAL库、串口调试助手。

学时：6学时。

2.9.3 实验原理

本节将介绍STM32的另一种基本外设——串口。

本节实现功能：PC端的串口调试助手连续收到STM32发送的间隔为1s的"World_Skills_Competition"字符串。

1. STM32F1 串口介绍

串口作为 MCU 的重要外部接口,同时也是软件开发重要的调试手段,其重要性不言而喻。现在基本上所有的 MCU 都会自带串口,STM32 也不例外。

从广义上说,无论采用何种方式,使用何种媒介,只要将信息从一地传送到另一地,均可以称为通信,例如古代的烽火台、飞鸽传书。而对于电子技术来说,通信就是设备与设备间的数据交换,MCU 在很多情况下都需要与外围设备进行数据交换,通常需要读取外围设备的某些数据,或者需要对外围设备写入数据。举个很简单的例子:假设使一台打印机打印一份文档,需要知道打印机现在是否就绪,如果就绪,则发送这个文档,并告知打印机,打印刚刚发送的那份文档。那么,这里面存在几个操作:①获取打印机的状态;②发送一个数据包;③发送一个命令,告诉打印机需要打印这份文档。这些操作是通过一系列的数据交换实现的,也就是我们所说的"通信"。需要利用通信,达到控制外围设备的目的。

而现在介绍的是如何用 MCU 来与外围设备通信,这些外围设备可以是同一块电路板上的其他芯片,也可以是另一块电路板,甚至另一个设备。本实验就是要通过 STM32 的串口向 PC 发送字符串。

MCU 级别的通信一般有如下几种分类方法。

(1) 根据数据传输方式分类。

并行通信:数据以字节为单位,每次传输若干字节。优点:速度快,效率高。缺点:需要占用多根数据线,易受到干扰,无法实现远距离传输。

串行通信:数据传输是以位为单位进行的,数据一位一位地发送出去,最后在接收端组成完整数据。优点:仅需要少量的数据线即可实现通信,抗干扰能力比并行通信好,容易实现远距离传输。缺点:效率低,通信协议比并行通信复杂。

(2) 根据数据方向分类。

单工:只能在一个方向上传输数据。

半双工:使用同一根传输线,既可以发送数据,又可以接收数据,但不能同时进行发送和接收。允许数据在两个方向上传输,但是,在任何时刻只能由其中的一方发送数据,另一方接收数据。因此,半双工模式既可以使用一条数据线,也可以使用两条数据线。它实际上是一种切换方向的单工通信。

全双工:全双工通信允许数据同时在两个方向上传输,因此,全双工通信是两个单工通信方式的结合,它要求发送设备和接收设备都有独立的接收和发送能力。在全双工模式中,每一端都有发送器和接收器,有两条传输线。

(3) 根据是否有时钟同步信号分类。

同步:有一根时钟同步信号线,数据线上的动作次序由同步时钟信号决定。

异步:无时钟线,双方约定通信速率,决定每一个操作在时间轴上的长度。

本节介绍的串口就是一种全双工的异步串行通信接口,下面简要介绍串口的通信协议。

波特率:1s 传输的字节数。

比特率:1s 传输的位数,比特率确定每秒传输的位数,也确定每一位的宽度。

起始位:每一字节传输的开始必然有一个低电平作为起始位。

停止位：每一字节传输的结束必然有若干个高电平作为结束位。

校验位：分为奇校验和偶校验，自动在校验位补 1 或补 0，使整个数据序列中 1 的个数始终为奇数或偶数，以达到校验的目的。

STM32 的串口资源相当丰富，功能也相当强大。我们使用的 STM32F103ZET6 最多可以有 5 路串口。

STM32 的串口名为"通用同步异步收发器"（USART），可以作为通用的异步串口来使用，还有智能卡模式。接下来，我们将主要讲解 STM32 异步串口。

STM32 的串口使用比较简单，容易实现较复杂的功能。在使用 STM32 串口前，需要先配置几个必要的参数：

- 发送模式、接收模式或两者兼备；
- 数据字长（8 位或 9 位）；
- 停止位长（1 位或 2 位）；
- 是否进行奇偶校验；
- 是否需要流控；
- 波特率。

配置完这些参数之后，我们就可以通过这个串口进行数据传输。接下来，我们来讲解串口发送/接收的具体过程。

发送：当需要发送某个数据时，只需要往 DR 寄存器中写入要发送的数据，USART 会自动地将 DR 寄存器写入内部的移位寄存器，并产生"发送数据寄存器空"（TXE）事件，移位寄存器将把数据一位一位地发送到 TX 端口，当所有数据发送完成时，产生"发送完成"（TC）事件。

接收：当 USART 在 RX 端口检测到起始信号时，会自动地完成一个数据的接收，当接收完一个数据时，将产生"读数据寄存器非空"（RXNE）事件，告知处理器可以从 USART 中读取数据。

在使能相应中断使能位时，即可在事件发生时产生中断。

我们通过寄存器来进一步了解 STM32 的 USART。

1）状态寄存器（USART_SR）（图 2-9-1）

地址偏移：0x00

复位值：0x00C0

31	30	29	28	27	26	25	24	23	22	21	20	19	18	17	16
保留															

15	14	13	12	11	10	9	8	7	6	5	4	3	2	1	0
保留						CTS	LBD	TXE	TC	RXNE	IDLE	ORE	NE	FE	PE
						re w0	re w0	r	re w0	re w0	r	r	r	r	r

图 2-9-1　状态寄存器说明

位 7	TXE：发送数据寄存器空
	当 TDR 寄存器中的数据被硬件转移到移位寄存器的时候，该位被硬件置位。如果 USART_CR1 寄存器中的 TXEIE 为 1，则产生中断。对 USART_DR 的写操作可以将该位清零
	0：数据还没有被转移到移位寄存器
	1：数据已经被转移到移位寄存器
	注意：单缓冲器传输中使用该位
位 6	TC：发送完成
	当包含有数据的一帧发送完成，并且 TXE=1 时，由硬件将该位置 1。如果 USART__CR1 中的 TCIE 为 1，则产生中断。由软件序列清除该位（先读 USART_SR，然后写入 USART_DR）。TC 位也可以通过写入 0 来清除，只有在多缓存通信中才推荐这种清除程序的方法
	0：发送还未完成
	1：发送完成
位 5	RXNE：读数据寄存器非空
	当 RDR 移位寄存器中的数据被转移到 USART_DR 寄存器中时，该位被硬件置位，如果 USART_CR1 寄存器中的 RXNEIE 为 1，则产生中断。对 USART_DR 的读操作可以将该位清零。RXNE 位也可以通过写入 0 来清除，只有在多缓存通信中才推荐这种清除程序的方法
	0：数据没有收到
	1：收到数据，可以读出

图 2-9-1 状态寄存器说明（续）

这个寄存器为 USART 的状态寄存器（USART_SR）。大部分 STM32 的每一个外设都有一个 SR 寄存器，这个寄存器几乎包含了这个外设所有的状态信息，也就是一些事件标志位。对于 USART，我们暂时只需要关心以上列出的三个位，也就是前面说到的一些事件。

2）数据寄存器（USART_DR）（图 2-9-2）

地址偏移：0x04

复位值：不确定

31	30	29	28	27	26	25	24	23	22	21	20	19	18	17	16
							保留								

15	14	13	12	11	10	9	8	7	6	5	4	3	2	1	0
		保留								DR[8:0]					
							rw	rw	rw	rw	rw	rw	rw	rw	rw

位 31:9	保留位，硬件强制为 0
位 8:0	DR[8:0]：数据值
	包含了发送或接收的数据。由于它是由两个寄存器组成的，一个给发送用（TDR），一个给接收用（RDR），该寄存器兼具读和写的功能。TDR 寄存器提供了内部总线和输出移位寄存器之间的并行接口，RDR 寄存器提供了输入移位寄存器和内部总线之间的并行接口
	当使能校验位（USART_CR1 中 PCE 位被置位）进行发送时，写到 MSB 的值（根据数据的长度不同，MSB 是第 7 位或者第 8 位）会被后来的校验位取代
	当使能校验位进行接收时，读到的 MSB 位是接收到的校验位

图 2-9-2 数据寄存器说明

这个寄存器是 USART 的数据寄存器（USART_DR），发送和接收的数据都将存储在这个寄存器中。实际上 USART 的 DR 寄存器是两个寄存器，只是它们在逻辑上是同一地址。

3）波特率寄存器（USART_BRR）（图 2-9-3）

地址偏移：0x08

复位值：00x0000

31	30	29	28	27	26	25	24	23	22	21	20	19	18	17	16
保留															
15	14	13	12	11	10	9	8	7	6	5	4	3	2	1	0
DIV_Mantissa[11:0]												DIV_Fraction[3:0]			
rw	rw	rw	rw	rw	rw	rw	rw	rw	rw	rw	rw	rw	rw	rw	rw

位 31:16	保留位，硬件强制为 0
位 15:4	DIV_Mantissa[11:0]：USARTDIV 的整数部分 这 12 位定义了 USART 分频器除法因子（USARTDIV）的整数部分
位 3:0	DIV_Fraction[3:0]：USARTDIV 的小数部分 这 4 位定义了 USART 分频器除法因子（USARTDIV）的小数部分

图 2-9-3　波特率寄存器说明

这个寄存器是 STM32 串口关于传输速率的寄存器，传输双方必须事先约定好一致的传输速率，这样串口传输的数据才有效。

2. 硬件设计

我们打开底板的原理图，找到串口转 USB 这一部分，如图 2-9-4 所示。

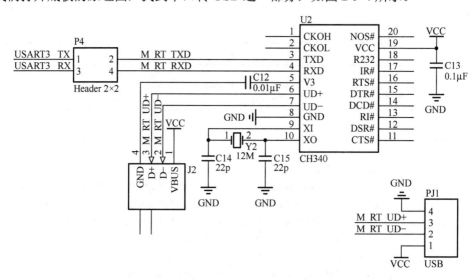

图 2-9-4　串口转 USB 电路原理图

这个电路看起来不那么简单，其实就多了一个 CH340 芯片，这个芯片用于 USB 转串口，是通用的电路结构之一。

我们可以看到，USART3 的 TX 和 RX 连接 CH340 的 TXD 和 RXD，而 UD+和 UD-连接 USB 接口，芯片 9 号和 10 号引脚连接一个 12MHz 的晶振，这是 CH340 通用的接法，这样 CH340 就可以稳定地工作。

有了这个电路，就不需要外接 USB 转串口设备了，直接将 USB 线插到我们的开发板上，利用串口调试助手，就可以很方便地使用串口。

3. 软件设计

回顾我们的实验目的，需要用 STM32 的串口每隔 1s 发送一串字符串到 PC 的串口调试助手。首先看看 STM32CubeMX 的配置项。

（1）SYSCLK/HCLK 配置为 72MHz。

（2）USART3 配置为异步通信（Asynchronous）。

此时，PB10 和 PB11 会被自动地配置为 USART3_TX 和 USART3_RX。

打开 Configuration 选项卡，配置如图 2-9-5 所示。

打开实验工程，main.c 中有如下代码：

```
47   UART_HandleTypeDef huart3;        //定义串口结构体
```

第 47 行定义了一个 UART_HandleTypeDef 类型的结构体变量。我们在定时器实验中讲过，STM32 的每一个外设都有这样一个结构体，几乎包含了这个外设在 HAL 库结构中的所有信息，我们查找它的定义：

```
117  typedef struct
118  {
119    USART_TypeDef            *Instance;     //寄存器基地址    /*!< UART registers base address        */
120
121    UART_InitTypeDef        Init;          //初始化结构      /*!< UART communication parameters      */
122
123    uint8_t                 *pTxBuffPtr;   //指向发送缓冲区  /*!< Pointer to UART Tx transfer Buffer */
124
125    uint16_t                TxXferSize;    /*!< UART Tx Transfer size              */
126
127    uint16_t                TxXferCount;   /*!< UART Tx Transfer Counter           */
128
129    uint8_t                 *pRxBuffPtr;   //指向接收缓冲区  /*!< Pointer to UART Rx transfer Buffer */
130
131    uint16_t                RxXferSize;    /*!< UART Rx Transfer size              */
132
133    uint16_t                RxXferCount;   /*!< UART Rx Transfer Counter           */
134
135    DMA_HandleTypeDef       *hdmatx;       //DMA相关  /*!< UART Tx DMA Handle parameters      */
136
137    DMA_HandleTypeDef       *hdmarx;       //DMA相关  /*!< UART Rx DMA Handle parameters      */
138
139    HAL_LockTypeDef         Lock;          //锁（HAL库结构相关）  /*!< Locking object                */
140
141    __IO HAL_UART_StateTypeDef  State;     //状态标志（HAL库结构相关）  /*!< UART communication state   */
142
143    __IO uint32_t           ErrorCode;     //错误码（HAL库结构相关）  /*!< UART Error code              */
144
145  }UART_HandleTypeDef;
```

它也有一个寄存器基地址和一个初始化参数结构体，还有一些 HAL 库相关的参数，我们在初始化配置时只需要配置前两个参数。由于在 HAL 库中，这个结构体代表着这个串口外设，很多关于串口的库函数都需要用到这个结构体，所以将它定义为全局变量。

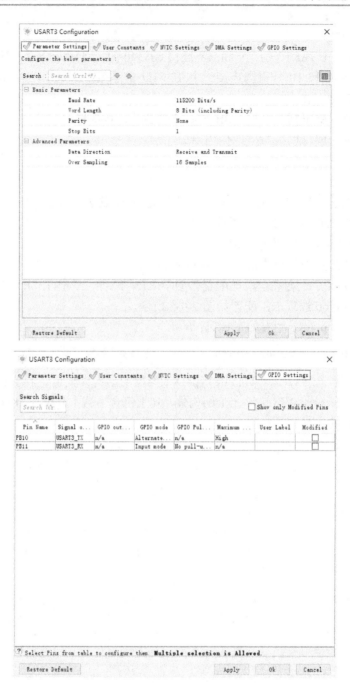

图 2-9-5　Configuration 选项卡配置

接下来，我们看看 main()函数：

```
68    int main(void)
69  □{
70
71    /* USER CODE BEGIN 1 */
72    uint8_t Transmit_data[]={"World_Skills_Competition\r\n"};    //定义需要发送的字符串
73    /* USER CODE END 1 */
74
```

```
75    /* MCU Configuration--------------------------------------------------------*/
76
77    /* Reset of all peripherals, Initializes the Flash interface and the Systick. */
78    HAL_Init();                                               //HAL库初始化
79
80    /* USER CODE BEGIN Init */
81
82    /* USER CODE END Init */
83
84    /* Configure the system clock */
85    SystemClock_Config();                                     //时钟初始化
86
87    /* USER CODE BEGIN SysInit */
88
89    /* USER CODE END SysInit */
90
91    /* Initialize all configured peripherals */
92    MX_GPIO_Init();                                           //GPIO初始化
93    MX_USART3_UART_Init();                                    //串口初始化
94
95    /* USER CODE BEGIN 2 */
96
97    /* USER CODE END 2 */
98
99    /* Infinite loop */
100   /* USER CODE BEGIN WHILE */
101   while (1)
102   {
103   /* USER CODE END WHILE */
104     HAL_UART_Transmit(&huart3,Transmit_data,sizeof(Transmit_data)+1,100);   //发送字符串
105     HAL_Delay(1000);                                       //延时1000ms
106   /* USER CODE BEGIN 3 */
107
108   }
109   /* USER CODE END 3 */
110
111 }
```

首先定义一个字符串，内容为"World_Skills_Competition\r\n"，查找 MX_GPIO_Init()的定义：

```
187   static void MX_GPIO_Init(void)
188   {
189
190     /* GPIO Ports Clock Enable */
191     __HAL_RCC_GPIOB_CLK_ENABLE();
192
193   }
```

可以看到并没有什么内容，仅对用到的 IO 进行时钟使能。这里并没有实际的 IO 配置，因为没有独立使用的 IO 口。

再看串口初始化函数 MX_USART3_UART_Init()，查找这个函数的定义，代码如下：

```
162   static void MX_USART3_UART_Init(void)
163   {
164
165     huart3.Instance = USART3;                               //串口3
166     huart3.Init.BaudRate = 115200;                          //波特率
167     huart3.Init.WordLength = UART_WORDLENGTH_8B;            //字长
168     huart3.Init.StopBits = UART_STOPBITS_1;                 //停止位长
169     huart3.Init.Parity = UART_PARITY_NONE;                  //是否奇偶校验
170     huart3.Init.Mode = UART_MODE_TX_RX;                     //收发模式
171     huart3.Init.HwFlowCtl = UART_HWCONTROL_NONE;            //硬件流控
172     huart3.Init.OverSampling = UART_OVERSAMPLING_16;        //过采样
173     if (HAL_UART_Init(&huart3) != HAL_OK)                   //HAL库串口初始化
```

```
174        {
175          _Error_Handler(__FILE__, __LINE__);
176        }
177
178    }
179
```

这段代码首先对上述结构体变量进行初始化，再调用串口初始化库函数将这些配置应用在串口上，调用初始化函数 HAL_UART_Init()之后，就可以使用串口发送数据。

注意，本实验并没有用到串口接收功能。

HAL 库有回调函数机制，HAL_UART_Init()函数首先调用回调函数，之后设置外设参数，而这个回调函数由用户编写，主要实现 IO 口、时钟、中断的设置。我们在 msp.c 里查找关于 USART 的回调函数：

```
80    void HAL_UART_MspInit(UART_HandleTypeDef* huart)
81    {
82
83        GPIO_InitTypeDef GPIO_InitStruct;
84        if(huart->Instance==USART3)                    //进入回调函数的是USART3初始化
85        {
86        /* USER CODE BEGIN USART3_MspInit 0 */
87
88        /* USER CODE END USART3_MspInit 0 */
89          /* Peripheral clock enable */
90          __HAL_RCC_USART3_CLK_ENABLE();               //使能USART3的时钟
91
92          /**USART3 GPIO Configuration
93          PB10        ------> USART3_TX
94          PB11        ------> USART3_RX
95          */
96          GPIO_InitStruct.Pin = GPIO_PIN_10;           //配置PB10为高速复用推挽输出
97          GPIO_InitStruct.Mode = GPIO_MODE_AF_PP;
98          GPIO_InitStruct.Speed = GPIO_SPEED_FREQ_HIGH;
99          HAL_GPIO_Init(GPIOB, &GPIO_InitStruct);
100
101         GPIO_InitStruct.Pin = GPIO_PIN_11;           //配置PB11为浮空输入
102         GPIO_InitStruct.Mode = GPIO_MODE_INPUT;
103         GPIO_InitStruct.Pull = GPIO_NOPULL;
104         HAL_GPIO_Init(GPIOB, &GPIO_InitStruct);
105
106       /* USER CODE BEGIN USART3_MspInit 1 */
107
108       /* USER CODE END USART3_MspInit 1 */
109       }
110
111    }
112
```

这个函数十分简单，首先判断是哪个串口，然后做相应处理。对于串口 3 而言，回调函数仅需要使能 USART 的时钟和配置 USART 的引脚。本实验无串口接收，不需要中断。

回到 main()函数，while(1)里的内容如下：

```
101     while (1)
102     {
103     /* USER CODE END WHILE */
104       HAL_UART_Transmit(&huart3,Transmit_data,sizeof(Transmit_data)+1,100);    //发送字符串
105       HAL_Delay(1000);                                                         //延时1000ms
106     /* USER CODE BEGIN 3 */
107
108     }
109     /* USER CODE END 3 */
110
```

经过前面一系列的配置，这个串口已经有了发送数据的能力。

在实验工程中，我们只需要依次调用 HAL_UART_Transmit()和 HAL_Delay()函数，就可以 1s 发送一次"World_Skills_Competition\r\n"。我们来具体分析第 104 行。

我们先看看 HAL_UART_Transmit()函数的原型：

```
HAL_StatusTypeDef HAL_UART_Transmit(UART_HandleTypeDef *huart, uint8_t *pData,
uint16_t Size, uint32_t Timeout);
```

这个函数是 HAL 库提供的串口发送函数，第一个参数 UART_HandleTypeDef *huart 就是前面提到的串口结构体的地址；第二个参数 uint8_t *pData 很显然是一个指向发送数据的指针；第三个参数 uint16_t Size 是这些数据的大小，单位为字节；最后一个参数 uint32_t Timeout 是超时时间，返回值为发送的状态。

2.9.4 实验步骤

（1）正确连接主机，打开主板电源，用一根 USB 线一端连接主板 USB1 接口用于下载，另一端连接 PC 的 USB 接口。用另一根 USB 线一端连接主板 USB2 接口，另一端连接 PC 的另一个 USB 接口。

（2）编译实验工程，没有任何错误。将程序下载到开发板中，或者打开实验例程，在文件夹"\实验例程\基础模块实验\USART\Project"下双击打开工程，单击 ▦ 重新编译工程。

（3）打开串口调试助手 XCOM（图 2-9-6），设置好波特率为 115200。把主板上的串口 3 选择 S20 拨动开关打到"USB 转串口"一侧。选择接入开发板的串口（注意：不一定是 COM3，也可以是别的串口）。串口的参数需要和代码中配置的参数一致，只有发送端、接收端的串口传输协议一致，它们才可以建立有效的串口通信。同一个串口只能被一个串口调试助手使用，假如打开了两个 XCOM 软件，那么只有一个 XCOM 软件可以打开这个串口，另一个软件则不能打开。

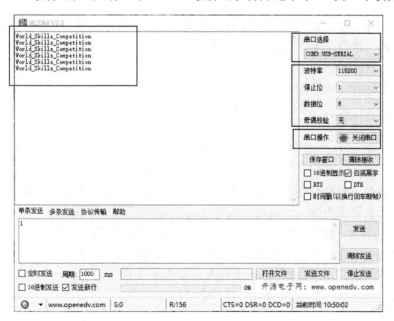

图 2-9-6　串口调试助手 XCOM

（4）将连接好的硬件平台上电（务必按下开关上电），然后单击 ⚙ 将程序下载到 STM32 单片机里。

（5）下载完后可以单击 ⚙ → 🖥️，使程序全速运行；也可以将机箱重新上电，使刚才下载的程序重新运行。

（6）我们可以看到，当程序被下载进开发板后，"World_Skills_Competition"字符串将会显示在串口调试助手的接收数据区，并且每接收到一串数据就会换行，达到我们的实验目的。

2.10 printf()重定向实验

2.10.1 实验目的

- 了解 printf()输出原理。
- 与 PC 通信，进行 printf()重定向调试。

2.10.2 实验环境

硬件：装有 STM32F103ZE 核心板的实验箱、PC、两根 USB 线。

软件：Windows 10/Windows 7/Windows XP、KEIL5、STM32CubeMX、STM32F10x_StdPeriph_Lib_V3.5.0 固件库和 HAL 库、串口调试助手。

学时：6 学时。

2.10.3 实验原理

对于 STM32 来说，串口是一种常用的调试手段，在程序中加入串口调试语句，可以降低程序调试的难度。

本节我们将介绍如何使用串口作为 printf()函数的输出对象，使得在程序中可以用 printf() 来发送串口数据，就像在 PC 上用 C 语言控制台编程一样，方便地使用 printf()格式化输出。本节实现功能：PC 端的串口调试助手连续收到 STM32 单片机通过 printf()发送的间隔为 1s 的 "World_Skills_Competition"字符串。

1. STM32 半主机机制

半主机是用于 ARM 的一种机制，可将来自应用程序代码的输入/输出请求传送至运行调试主机。例如，利用此机制的 printf()和 scanf()来使用主机的屏幕和键盘，而不是在目标系统上配备屏幕和键盘。这种机制很有用，在一般的嵌入式系统中通常并没有输入/输出设备，半主机机制可以让主机来提供这些设备，从而使用 C 程序中的输入/输出等函数。

对于 printf()来说，底层的实现必然是一个向显示终端发送显示数据命令的函数，而 MDK 的半主机机制使得这个底层的函数实现可以由用户自行编写。一般用得最多的就是串口，将这个函数改写成向串口发送数据，printf()的输出设备就变成了串口。

2. 硬件设计

硬件连接参考串口实验。

3. 软件设计

printf()的底层函数究竟是什么样的呢？打开实验工程，我们关注 main.c 里的一个函数：

```
68    //重定义fputc函数
69    int fputc(int ch, FILE *f)
70  □{
71        while((USART3->SR&0X40)==0);//循环发送,直到发送完毕
72        USART3->DR=(uint8_t)ch;        //将数据写入数据寄存器
73        return ch;
74    }
75
```

可以看到，这个函数十分简单，只需要实现这个函数，就可以使用 C 程序的 printf()。

我们来看看这个函数的内容。这个函数的原型是 int fputc(int ch, FILE *f)，这个函数是在 C 语言标准库中定义的，我们需要重写它，那就必须保证其原型与标准库中的一致。这个函数的本意是将一个字符写到文件指针所指向的文件的当前写指针的位置，并返回写入文件的字符 ASCII 码，出错则返回-1。知道了这点，那么这个函数原型就可以解释了，这个函数的第一个参数就是写入的字符 ASCII 码，第二个参数就是文件指针。依据这些信息，我们就可以设计自己的 fputc()函数了。

在 C 语言标准库中，fputc()函数实际上用到了文件操作，所以参数中有一个文件指针，而对于我们的 STM32 MCU 来说，并不需要文件操作，所以第二个参数 FILE *f 可以不理会。而第一个参数 int ch 才是重点，printf()会将需要打印的字符写入这个函数的参数 ch 中。也就是说，函数实现需要将 ch 变量通过串口发送至 PC 端的串口调试助手，于是就有了第 71 行和第 72 行这两句，第一句等待前一次数据发送完成，第二句将数据写入 DR 寄存器并通过串口发送出去。fputc()函数本意是将写入的数据返回，这点不需要做特殊处理，直接返回 ch 变量就行了。

这样我们的串口重定向就做好了，接下来就可以通过 printf()函数进行串口发送。我们来看 main()函数：

```
111    while (1)
112  □ {
113    /* USER CODE END WHILE */
114      printf("World_Skills_Competition\r\n");
115      HAL_Delay(1000);
116    /* USER CODE BEGIN 3 */
117
118  - }
119    /* USER CODE END 3 */
```

可以看到，在 while 循环中，每隔 1s 调用一次 printf()函数发送字符串 "World_Skills_Competition\r\n"，达到实验目的。

其实我们还可以利用 printf()输出某个变量的数值，在需要的地方插入 printf()语句，对程序进行实时监测，提高调试效率（小技巧：如果将 printf()重定向到一个字符数组，就可以用 printf()的字符处理功能对数组中的数据进行处理）。

2.10.4 实验步骤

（1）正确连接主机箱，打开主板电源，用一根 USB 线一端连接主板 USB1 接口用于下载，另一端连接 PC 的 USB 接口。用另一根 USB 线一端连接主板 USB2 接口，另一端连接 PC 的另一 USB 接口。

（2）编译实验工程，没有任何错误。将程序下载到开发板中，或者打开实验例程，在文件夹"\实验例程\基础模块实验\USART3_Printf\Project"下双击打开工程，单击 重新编译工程。

（3）将连接好的硬件平台上电（务必按下开关上电），然后单击 将程序下载到 STM32 单片机里。

（4）下载完后可以单击 → ，使程序全速运行；也可以将机箱重新上电，使刚才下载的程序重新运行。

（5）我们可以看到"World_Skills_Competition"字符串和时间会以 1s 的间隔显示在 XCOM 的串口数据接收区（图 2-10-1），达到我们的实验目的。

图 2-10-1　实验结果

2.11　Flash 通信实验

2.11.1　实验目的

● 了解 SPI 通信。

● 了解 W25Q128 芯片。

2.11.2 实验环境

硬件：装有 STM32F103ZE 核心板的实验箱、PC、USB 线。

软件：Windows 10/Windows 7/Windows XP、KEIL5、STM32CubeMX、STM32F10x_StdPeriph_Lib_V3.5.0 固件库和 HAL 库。

学时：12 学时。

2.11.3 实验原理

本节将介绍 STM32F1 的 SPI 功能，利用 STM32F1 自带的 SPI 来实现读取外部 Flash（W25Q128）的 ID，并将结果通过串口打印出来。

1. STM32F1 SPI 及 W25Q128 介绍

SPI 是 Serial Peripheral Interface 的缩写，顾名思义就是串行外围设备接口，是 Motorola 首先在其 MC68HCXX 系列处理器上定义的。SPI 主要应用在 EEPROM、Flash、实时时钟、AD 转换器，以及数字信号处理器和数字信号解码器之间。SPI 是一种高速、全双工、同步的通信总线，并且在芯片的引脚上只占用 4 根线，节约了芯片的引脚，同时为 PCB 布局节省空间，提供方便。正是由于这种简单易用的特性，现在越来越多的芯片集成了这种通信协议，STM32 也不例外。

SPI 一般使用 4 根线通信。

- MISO：主机输入，从机输出。
- MOSI：主机输出，从机输入。
- SCLK：时钟信号，主机生成。
- NSS：片选信号，主机生成（这根线并不是 SPI 必需的）。

在其接口的实现上，输入输出的结构就是一组包含一个移位寄存器的寄存器组，可以自动地将数据通过移位寄存器一位一位地发出去。

STM32F1 的 SPI 功能很强大，但实际上在一般应用场景下，我们用不到这么多功能。接下来，我们就来介绍 SPI 的一些可配置功能项。

通信模式：可以根据需求将 SPI 配置为全双工、半双工、单工（只读/只写）这几个模式。

NSS 信号：用来选择通信设备的信号，这个信号可以由外部产生（例如配置为从机），也可以由 MCU 产生（例如主机通信选择某个设备）。

主从选择功能：STM32F1 的 SPI 可以自由地设置主从模式，甚至主从操作模式动态改变。对于本实验来说，用到的是 SPI 主机模式，需要一个 SPI 主机来操控 W25Q128。

字长选择：SPI 可以被配置为 8 位数据模式和 16 位数据模式。

时钟预分频：工作在主模式的 SPI 的波特率预分频系数可以被设置为 8 个值，这个值决定了 SPI 通信速率，这个值越大，则通信速率越低。

时钟极性：这个参数配置了其 SCLK 线空闲状态的电平。

时钟相位：如果 CPHA 位置 1，SCK 时钟的第二个边沿（CPOL 位为 0 时就是下降沿，为 1 时就是上升沿）进行数据位的采样，数据在第二个时钟边沿被锁存。如果 CPHA 位被清零，SCK 时钟的第一个边沿（CPOL 位为 0 时就是下降沿，为 1 时就是上升沿）进行数据位采样，数据在第一个时钟边沿被锁存。

这两个功能选项可以将 SPI 组合成 4 种可能的时序关系，以便满足各种时序需求。对于本实验，这些配置已经足够了。

接下来，我们介绍 W25Q128 这款芯片。

W25Q128 是华邦公司推出的大容量 SPI Flash 产品，同系列产品还有 W25Q80/16/32/64 等。我们的开发板所选择的 W25Q128 容量为 16MB。W25Q128 将 16MB 的容量分为 256 个块（Block），每个块大小为 64KB，每个块又分为 16 个扇区（Sector），每个扇区为 4KB。W25Q128 的最小擦除单位为一个扇区，也就是每次必须擦除 4KB。这样，我们需要给 W25Q128 开辟一个至少 4KB 的缓存区，这对 SRAM 要求比较高，要求芯片必须有 4KB 以上的 SRAM 才能操作。W25Q128 的擦写周期多达 10 万次，具有 20 年的数据保存期限，支持电压为 2.9～3.6V。W25Q128 支持标准的 SPI，还支持双输出/四输出的 SPI，最大 SPI 时钟为 80MHz（双输出时相当于 160MHz，四输出时相当于 320MHz）。

对于该芯片的每一个操作必然是由一个命令开始的，每次 SPI 发送的第一个数据必然是一个命令，每一个操作以使能信号的下降沿作为开始，上升沿作为结束。该芯片数据手册中的命令见表 2-11-1。

表 2-11-1　W25Q128 数据手册中的命令

指令名称	字节 1	字节 2	字节 3	字节 4	字节 5	字节 6	下一个字节
写使能	06h						
写禁能	04h						
读状态寄存器	05h	(S7～S0)					
写状态寄存器	01h	S7～S0					
读数据	03h	A23～A16	A15～A8	A7～A0	(D7～D0)	下一字节	继续
快读	0Bh	A23～A16	A15～A8	A7～A0	伪字节	D7～D0	下一字节
快读双输出	3Bh	A23～A16	A15～A8	A7～A0	伪字节	IO=(D6,D4,D2,D0) O=(D7,D5,D3,D1)	每 4 个时钟 1 字节
页编程	02h	A23～A16	A15～A8	A7～A0	(D7～D0)	下一字节	直到 256 字节
块擦除（64KB）	D8h	A23～A16	A15～A8	A7～A0			
扇区擦除（4KB）	20h	A23～A16	A15～A8	A7～A0			
芯片擦除	C7h						
掉电	B9h						
释放掉电/器件 ID	ABh	伪字节	伪字节	伪字节	(ID7～ID0)		
制造/器件 ID	90h	伪字节	伪字节	00h	(M7～M0)	(ID7～ID0)	
JEDEC ID	9Fh	(M7～M0)	(ID15～ID8)	(ID7～ID0)			

每一个命令的具体操作步骤在表 2-11-1 中都说明得很清楚。

对于本实验，我们需要从 W25Q128 中读取器件 ID。从表 2-11-1 中可知，首先由 MCU 发送第一字节 0x90，作为这次操作的第一个命令，接着发送两伪字节，再发送一个 0x00，然后从 W25Q128 中读取两字节，这两字节就是芯片的 ID，其中包含器件 ID 和制造 ID。我们开发板上的 W25Q128 芯片的 ID 是 0xEF17，只要读取的 ID 等于 0xEF17，我们的实验就成功了。

2. 硬件设计

我们在开发板底板原理图中，找到关于 W25Q128 的部分，如图 2-11-1 所示。

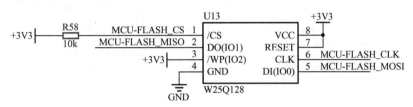

图 2-11-1　W25Q128 硬件连接原理图

这张图比较简单，芯片采用 3.3V 供电。3 号引脚为硬件写保护，只要这个引脚为低电平，W25Q128 就不能进行写操作，以保护数据。7 号引脚用来复位芯片，直接接高电平即可。2、5、6 号引脚为全双工 SPI 基础通信必要的引脚，这些引脚直接接到 MCU 上。1 号引脚为芯片的片选信号，直接接在 MCU 上，该信号通过一个电阻上拉到高电平，因为这个引脚需要保证在空闲时为高电平，也就是空闲时芯片不被选中。

按照之前讲的方法，我们可以很快地确认其 IO 口：

PA4——CS

PA5——SCK

PA6——MISO

PA7——MOSI

3. 软件设计

回顾实验目的，通过 SPI 向 W25Q128 发送读取 ID 命令，然后读取这段数据。也就是说，需要一个全双工的 SPI。打开实验工程的 STM32CubeMX 文件，配置项如下。

SYSCLK/HCLK 配置为 72MHz。

SPI1 配置为全双工主机模式（图 2-11-2）。

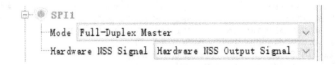

图 2-11-2　配置 SPI1

然后配置 SPI 的具体参数（图 2-11-3）。

图 2-11-3 SPI 具体参数

如此，就配置好了一个 SPI。打开实验工程，这个工程有两个以前没有的文件——printf.c 和 w25q128.c。C 语言是一种模块化编程语言，好的程序会将功能模块分发给各个文件，每个模块各司其职。这样，大型程序才不会挤在一个 main.c 中，调试也方便。

我们来看一下 SPI 初始化函数：

```
170   static void MX_SPI1_Init(void)
171  {
172
173     hspi1.Instance = SPI1;                              //初始化SPI1
174     hspi1.Init.Mode = SPI_MODE_MASTER;                  //SPI主机
175     hspi1.Init.BaudRatePrescaler = SPI_BAUDRATEPRESCALER_64;  //预分频系数为64
176     hspi1.Init.Direction       = SPI_DIRECTION_2LINES;  //两向全双工
177     hspi1.Init.CLKPhase        = SPI_PHASE_1EDGE;       //时钟相位
178     hspi1.Init.CLKPolarity     = SPI_POLARITY_LOW;      //时钟极性
179     hspi1.Init.DataSize        = SPI_DATASIZE_8BIT;     //数据字长
180     hspi1.Init.FirstBit        = SPI_FIRSTBIT_MSB;      //高位在前
181     hspi1.Init.TIMode          = SPI_TIMODE_DISABLE;    //不使用超时检测
182     hspi1.Init.CRCCalculation  = SPI_CRCCALCULATION_DISABLE;
183     hspi1.Init.CRCPolynomial   = 7;
184     hspi1.Init.NSS             = SPI_NSS_SOFT;          //软件控制的NSS片选信号
185     if (HAL_SPI_Init(&hspi1) != HAL_OK)
186     {
187       _Error_Handler(__FILE__, __LINE__);
188     }
189     __HAL_SPI_ENABLE(&hspi1);
190  }
```

这里面设置了很多参数，只需要看那些在 STM32CubeMX 中有的参数。这个函数对 SPI 进行了基本的初始化，我们在 MSP 文件中找到 SPI 初始化的回调函数：

```
80   void HAL_SPI_MspInit(SPI_HandleTypeDef* hspi)
81  {
82
83     GPIO_InitTypeDef GPIO_InitStruct;
84     if(hspi->Instance==SPI1)
85     {
86   /* USER CODE BEGIN SPI1_MspInit 0 */
87
88   /* USER CODE END SPI1_MspInit 0 */
89       /* Peripheral clock enable */
90       __HAL_RCC_SPI1_CLK_ENABLE();                            //时钟配置
91
92       /**SPI1 GPIO Configuration
93       PA4       ------> SPI1_NSS
94       PA5       ------> SPI1_SCK
95       PA6       ------> SPI1_MISO
96       PA7       ------> SPI1_MOSI
97       */
98       GPIO_InitStruct.Pin = GPIO_PIN_5|GPIO_PIN_7;            //IO配置
99       GPIO_InitStruct.Mode = GPIO_MODE_AF_PP;
100      GPIO_InitStruct.Speed = GPIO_SPEED_FREQ_HIGH;
101      HAL_GPIO_Init(GPIOA, &GPIO_InitStruct);
102
103      GPIO_InitStruct.Pin = GPIO_PIN_6;
104      GPIO_InitStruct.Mode = GPIO_MODE_INPUT;
105      GPIO_InitStruct.Pull = GPIO_NOPULL;
106      HAL_GPIO_Init(GPIOA, &GPIO_InitStruct);
107
108      GPIO_InitStruct.Pin = GPIO_PIN_4;
109      GPIO_InitStruct.Mode = GPIO_MODE_OUTPUT_PP;
110      GPIO_InitStruct.Speed = GPIO_SPEED_FREQ_HIGH;
111      HAL_GPIO_Init(GPIOA, &GPIO_InitStruct);
112
113    /* USER CODE BEGIN SPI1_MspInit 1 */
114
115    /* USER CODE END SPI1_MspInit 1 */
116    }
117
118  }
```

还是和以前一样，在初始化回调函数中配置 IO 口、时钟。接下来我们看 main()函数：

```
96
97     /* USER CODE BEGIN 2 */
98     MX_USART3_UART_Init();      //串口初始化
99     HAL_Delay(1);
100    printf("SYS_INIT_OK\r\n");  //打印系统初始化成功
101    /* USER CODE END 2 */
102
103    Buff=Flash_Read_Chip_Id();     //读取芯片ID
104    printf("FLSH_ID = 0x%X\r\n",Buff);
105      if(Buff==0xEF17)//FLASH验证ID        //比较ID
106      {
107          printf("FLASH_INIT_OK\r\n");
108      }
109    /* Infinite loop */
110    /* USER CODE BEGIN WHILE */
111    while (1)
```

```
112       {
113       /* USER CODE END WHILE */
114       /* USER CODE BEGIN 3 */
115
116       }
117       /* USER CODE END 3 */
```

相信有 C 语言基础的读者都能看懂上述代码，无非就是把 ID 读出来，验证是不是 0xEF17，然后打印结果。

main()函数中调用了一个函数 Flash_Read_Chip_Id()，其原型为

```
uint16_t Flash_Read_Chip_Id(void)
```

这个函数要读取 Flash 的 ID，其代码如下：

```
415   uint16_t Flash_Read_Chip_Id(void)
416  {
417       uint16_t id = 0;
418       W25QFlashCS_GPIO_Port->BRR = W25QFlashCS_GPIO_Pin;      //将PA4拉低，选中芯片
419       Flash_SPIx_ReadWriteByte(Read_Chip_ID);               //发送读ID的命令
420       Flash_SPIx_ReadWriteByte(0x00);
421       Flash_SPIx_ReadWriteByte(0x00);
422       Flash_SPIx_ReadWriteByte(0x00);
423       id = Flash_SPIx_ReadWriteByte(0xff)<<8;               //读取ID值
424       id |= Flash_SPIx_ReadWriteByte(0xff);
425       W25QFlashCS_GPIO_Port->BSRR = W25QFlashCS_GPIO_Pin;   //将PA4拉高
426       return id;
427  }
```

我们看到这个函数频繁地调用 Flash_SPIx_ReadWriteByte()函数，下面来分析 Flash_SPIx_ReadWriteByte()函数。

```
32   uint8_t Flash_SPIx_ReadWriteByte(uint8_t TxData)
33  {
34      uint8_t retry=0;
35      while((SPI1->SR&1<<1)==0)//等待发送区空
36      {
37        retry++;
38        if(retry>200)return 0;
39      }
40      SPI1->DR=TxData;          //发送一个Byte
41      retry=0;
42      while((SPI1->SR&1<<0)==0) //等待接收完一个Byte
43      {
44        retry++;
45        if(retry>200)return 0;
46      }
47      return SPI1->DR;          //返回收到的数据
48  }
```

可以看到，这个函数其实就是发送、接收数据。由于 SPI 是同步全双工的，每次输出数据必然会有一个数据被读取进来，所以发送和接收是同一个函数。知道了这一点，就可以解释 Flash_Read_Chip_Id()函数了。Flash_Read_Chip_Id()函数首先拉低片选信号，然后发送一个读取器件 ID 的命令，再发送 0x000000（两个伪字符和一个 0x00），然后将器件 ID 读取出来，最后重新把片选信号拉高（结束操作）。

接下来我们讲解 printf.c 文件的内容（图 2-11-4），该文件的内容就是为了能够使用 printf() 函数。

图 2-11-4 printf.c 文件

可以看到，这个文件里的函数全都是前几节讲过的，只是放的位置不同。

2.11.4 实验步骤

（1）正确连接主机箱，打开主板电源，用一根 USB 线连接 Jlink，另一根 USB 线连接 PC 与 USB2 接口。

（2）编译实验工程，没有任何错误。将程序烧录进开发板中，或打开实验例程，在文件夹"\实验例程\基础模块实验\Flash\Project"下双击打开工程，单击重新编译工程。

（3）将连接好的硬件平台上电（务必按下开关上电），然后单击将程序下载到 STM32F103 单片机里。

（4）打开串口调试助手 XCOM，设置好波特率为 115200，把主板上的串口 3 选择 S20 拨动开关打到"USB 转串口"一侧。下载完后可以单击 → ，使程序全速运行；也可以将机箱重新上电，让刚才下载的程序重新运行。

（5）我们可以看到，在开发板刚刚上电时，串口调试助手会依次收到来自开发板的"SYS_INIT_OK""FLSH_ID = 0xEF17""FLASH_INIT_OK"三个字符串（图 2-11-5），达到我们的实验目的。

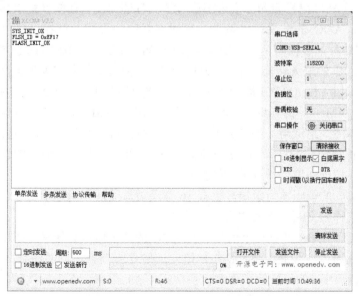

图 2-11-5 收到来自开发板的字符串

2.12 AD 采集实验

2.12.1 实验目的

- 掌握芯片通信基础知识。
- 了解 AD 采集。

2.12.2 实验环境

硬件：装有 STM32F103ZE 核心板的实验箱、PC、USB 线。

软件：Windows 10/Windows 7/Windows XP、KEIL5、STM32CubeMX、STM32F10x_StdPeriph_Lib_V3.5.0 固件库和 HAL 库。

学时：6 学时。

2.12.3 实验原理

STM32 的 ADC 功能十分强大，基本上每个 ADC 都有多达 16 个通道。本实验我们将利用 STM32F1 的 ADC1 的通道 2 来采集外部电压值，并通过串口发送至串口调试助手。在本实验中，串口调试助手每秒收到一次开发板发送的 ADC1 通道 2 端口的电压值。

1. STM32 ADC 介绍

开发板上的 STM32F103ZET6 芯片拥有 3 个 ADC，这些 ADC 可以独立使用，也可以使用双重模式（提高采样率）。STM32 的 ADC 是 12 位逐次逼近型的模拟数字转换器。它有 18 个通道，可测量 16 个外部信号源和 2 个内部信号源。各通道的 AD 转换能以单次、连续、扫描或间断模式执行。ADC 的结果可以以左对齐或右对齐的方式存储在 16 位数据寄存器中。STM32F103 系列芯片最少拥有两个 ADC，我们选择的 STM32F103ZET6 包含 3 个 ADC。

STM32 的 ADC 的最大转换速率为 1MHz（ADC 把模拟信号转换为数字信号需要一个过程），转换时间为 1μs（在 ADCCLK 为 14MHz，采样周期为 1.5 个 ADC 时钟时得到），不要让 ADC 的时钟超过 14MHz，否则将导致结果准确度下降。STM32 将 ADC 的转换分为两个通道组：规则通道组和注入通道组。规则通道相当于正常运行的程序，而注入通道就相当于中断。中断是可以打断正常程序的运行的。注入通道的转换可以打断规则通道的转换，在注入通道被转换完成之后，规则通道才得以继续转换。

STM32 的 ADC 的规则通道组最多包含 16 个通道，而注入通道组最多包含 4 个通道。关于这两个通道组的详细介绍请参考中文参考手册。

大致的 ADC 流程是：通过一个信号触发 ADC 的某个组进行转换，组中可以是任意不超过最大值数量的通道，这些通道将依次按照既定的顺序被转换，同时将数据按照左/右对齐的方式存入 DR 寄存器中，如果使能了连续转换模式，则此组将会在上一次转换结束时立即开始下一次转换。需要注意，ADC 的转换可以由表 2-12-1 中的事件触发。

表 2-12-1 ADC 触发源

触 发 源	类 型	EXTSEL[2:0]
TIM1_CC1 事件		000
TIM1_CC2 事件		001
TIM1_CC3 事件		010
TIM2_CC2 事件	来自片上定时器的内部信号	011
TIM3_TRGO 事件		100
TIM4_CC4 事件		101
EXTI 线 11/TIM8_TRGO 事件	外部引脚/来自片上定时器的内部信号	110
SWSTART	软件控制位	111

对于本实验而言，我们需要通过软件决定什么时候开始转换，所以本实验应设置为软件触发；且本实验仅需要扫描一个通道，所以采用规则通道组，组中有且只有一个通道。

2. 硬件设计

ADC 的电路图如图 2-12-1 所示。

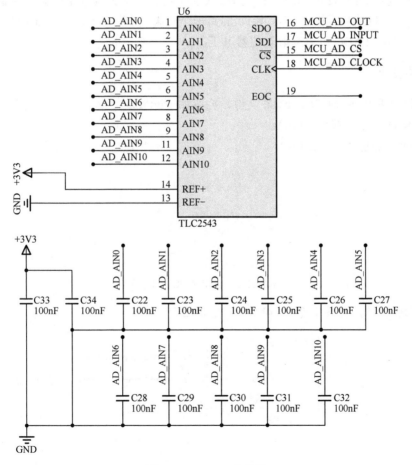

图 2-12-1 ADC 电路图

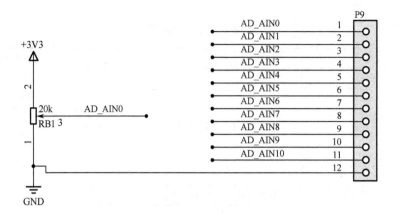

图 2-12-1　ADC 电路图（续）

我们的开发板上有一个多路 ADC 转换芯片，这个芯片将在以后的实验中用到，这个芯片的模拟通道 0 上接了一个电位器，可以在 0～3.3V 范围内任意地调节电压。本实验须将这个电位器的调整端接在 STM32 芯片的模拟通道上，使用 STM32 的 ADC 外设（而不是 TLC2543 模数转换器）对电位器的电压进行读取，并通过串口打印出来。

本实验将使用 STM32 的 ADC1 的通道 2（也就是 PA2 口）读取定位器，将通过模块接口 2 的 UART2_TX_D 连接至图 2-12-1 中 P9 的第一个引脚上（模块接口 2 的 UART2_TX_D 就是 PA2），使得 STM32 ADC 可以读取电位器电压。

3. 软件设计

打开实验工程的 STM32CubeMX 文件，完成如下配置。

SYSCLK/HCLK 配置为 72MHz。

使能 ADC1 通道 2（图 2-12-2）。

图 2-12-2　使能 ADC1 通道 2

配置 ADC 时钟，使其不超过 14MHz（图 2-12-3）。

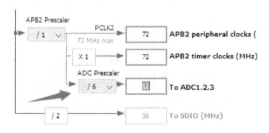

图 2-12-3　配置 ADC 时钟

对 ADC1 进行如图 2-12-4 所示配置。

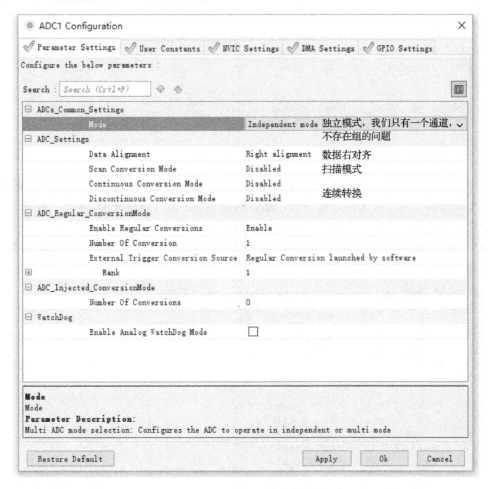

图 2-12-4 ADC1 配置

接下来打开实验工程，首先看 ADC 初始化函数：

```
185   static void MX_ADC1_Init(void)
186  {
187
188     ADC_ChannelConfTypeDef sConfig;         //ADC通道结构体
189
190       /**Common config
191       */
192     hadc1.Instance = ADC1;
193     hadc1.Init.ScanConvMode = ADC_SCAN_DISABLE;     //不扫描
194     hadc1.Init.ContinuousConvMode = DISABLE;        //不使用ADC连续扫描模式
195     hadc1.Init.DiscontinuousConvMode = DISABLE;
196     hadc1.Init.ExternalTrigConv = ADC_SOFTWARE_START;  //由软件启动ADC
197     hadc1.Init.DataAlign = ADC_DATAALIGN_RIGHT;        //数据右对齐
198     hadc1.Init.NbrOfConversion = 1;
199     hadc1.Init.NbrOfDiscConversion = 0;
200     if (HAL_ADC_Init(&hadc1) != HAL_OK)
201     {
202        _Error_Handler(__FILE__, __LINE__);
203     }
204
```

```
205        /**Configure Regular Channel
206        */
207    sConfig.Channel = ADC_CHANNEL_2;              //通道2
208    sConfig.Rank = 1;
209    sConfig.SamplingTime = ADC_SAMPLETIME_239CYCLES_5;    //采样时间（239.5个时钟周期）
210    if (HAL_ADC_ConfigChannel(&hadc1, &sConfig) != HAL_OK)
211    {
212      _Error_Handler(__FILE__, __LINE__);
213    }
214
215    if (HAL_ADCEx_Calibration_Start(&hadc1) != HAL_OK)
216    {
217      Error_Handler();
218    }
219  }
```

其中的内容就是将以上提到的配置应用在 ADC1 的通道 2 上。定时器 PWM 实验的初始化结构与本节很相似，首先初始化外设，然后初始化其通道，这是 HAL 库的一种通用做法。不过这里还加了第 215 行的 HAL_ADCEx_Calibration_Start()，它用于校准 ADC。部分 STM32 的 ADC 外设支持校准功能，STM32CubeMX 软件在生成初始化代码时会默认为其校准。下面分析与该初始化函数对应的 MSP 回调函数：

```
80   void HAL_ADC_MspInit(ADC_HandleTypeDef* hadc)
81   {
82
83     GPIO_InitTypeDef GPIO_InitStruct;
84     if(hadc->Instance==ADC1)
85     {
86     /* USER CODE BEGIN ADC1_MspInit 0 */
87
88     /* USER CODE END ADC1_MspInit 0 */
89       /* Peripheral clock enable */
90       __HAL_RCC_ADC1_CLK_ENABLE();              //使能时钟
91       /**ADC1 GPIO Configuration
92       PA2        ------> ADC1_IN2
93       */
94       GPIO_InitStruct.Pin = GPIO_PIN_2;         //设置PA2为模拟通道
95       GPIO_InitStruct.Mode = GPIO_MODE_ANALOG;
96       GPIO_InitStruct.Pull = GPIO_NOPULL;
97       HAL_GPIO_Init(GPIOA, &GPIO_InitStruct);
98
99     /* USER CODE BEGIN ADC1_MspInit 1 */
100
101    /* USER CODE END ADC1_MspInit 1 */
102    }
103
104  }
```

这个函数使能了 ADC 时钟和 IO 的配置，由于本实验用不到中断，这里并没有任何的中断配置相关代码。

我们看 main.c 文件：

```
39   #include "main.h"
40   #include "stm32f1xx_hal.h"
41   #include "printf.h"
42
43   /* USER CODE BEGIN Includes */
```

```
44
45    /* USER CODE END Includes */
46
47    /* Private variables -----------------------------------------------------*/
48    ADC_HandleTypeDef hadc1;                    //ADC结构体
49    __IO uint32_t uwADCxConvertedValue = 0;     //存放ADC扫描结果
50    /* USER CODE BEGIN PV */
51    /* Private variables -----------------------------------------------------*/
52
53    /* USER CODE END PV */
54
55    /* Private function prototypes --------------------------------------------*/
56    void SystemClock_Config(void);
57    static void MX_GPIO_Init(void);
58    static void MX_ADC1_Init(void);
59
60    /* USER CODE BEGIN PFP */
61    /* Private function prototypes --------------------------------------------*/
62
63    /* USER CODE END PFP */
64
65    /* USER CODE BEGIN 0 */
66
67    /* USER CODE END 0 */
68
69    int main(void)
70  □ {
71
72      /* USER CODE BEGIN 1 */
73      float Voltage = 0;
74      /* USER CODE END 1 */
75
```

第 48 行定义了一个全局的 ADC 结构体，这是一种通用做法；第 49 行定义了一个全局变量，这个变量用来存储 ADC 扫描结果。

我们看 main()函数：

```
69    int main(void)
70  □ {
71
72      /* USER CODE BEGIN 1 */
73      float Voltage = 0;              //定义浮点变量，存储由ADC获取的原始数据换算出的具体电压值
74      /* USER CODE END 1 */
75
76      /* MCU Configuration-----------------------------------------------------*/
77
78      /* Reset of all peripherals, Initializes the Flash interface and the Systick. */
79      HAL_Init();
80
81      /* USER CODE BEGIN Init */
82
83      /* USER CODE END Init */
84
85      /* Configure the system clock */
86      SystemClock_Config();
87
88      /* USER CODE BEGIN SysInit */
89
90      /* USER CODE END SysInit */
91
92      /* Initialize all configured peripherals */
93      MX_GPIO_Init();                 //初始化IO
94      MX_ADC1_Init();                 //ADC1初始化
95      MX_USART3_UART_Init();          //初始化串口
96      printf("SYS_INIT_OK\r\n");      //打印初始化成功标志
97      /* USER CODE BEGIN 2 */
```

```
98
99      /* USER CODE END 2 */
100
```

首先定义一个变量，存储电压值，接着初始化各部分，然后打印初始化成功标志，进入用户逻辑代码：

```
103     while (1)
104     {
105     /* USER CODE END WHILE */
106
107       if(HAL_ADC_Start(&hadc1) != HAL_OK)          //启动ADC1
108       {
109         /* Start Conversation Error */
110         Error_Handler();
111       }
112       HAL_ADC_PollForConversion(&hadc1, 100);      //开始转换
113
114       uwADCxConvertedValue = HAL_ADC_GetValue(&hadc1);  //获取转换结果
115       Voltage = uwADCxConvertedValue*3.3/4096;     //将原始数据转换为电压值
116
117       printf("Voltage = %fV\r\n",Voltage);         //打印电压值
118
119       HAL_Delay(1000);                             //延时1s
120
121     /* USER CODE BEGIN 3 */
122
123     }
124     /* USER CODE END 3 */
```

本实验主要通过 TLC2543 AD 芯片的通信来实现 AD 采集，再将数据通过数码管显示出来。可调电阻已经和 TLC2543 的 AN0 通道连接，只要调节可调电阻，再采集 AN0 通道的数据，就会得到不同的 12 位 AD 值。

2.12.4 实验步骤

（1）正确连接主机箱，打开主板电源，用一条 USB 线连接 Jlink，用另一条 USB 线连接 USB2 接口和 PC 的 USB 口。

（2）编译工程并下载，或打开实验例程，在文件夹"\实验例程\基础模块实验\ADC\Project"下双击打开工程，单击 🔲 重新编译工程。

（3）将连接好的硬件平台上电（务必按下开关上电），然后单击 🔛 将程序下载到STM32F103单片机里。

（4）打开串口调试助手 XCOM，设置好波特率为 115200，把主板上的串口 3 选择 S20 拨动开关打到"USB 转串口"一侧。下载完后可以单击 🔍 → 🔣，使程序全速运行；也可以将机箱重新上电，让刚才下载的程序重新运行。

（5）使用 ADC 每秒获取电位器的电压，并将其通过串口打印在串口调试助手界面中，实现本实验的功能。

2.13 DA 采集实验

2.13.1 实验目的

● 掌握芯片通信基础知识。

● 了解 DA 采集。

2.13.2 实验环境

硬件：装有 STM32F103ZE 核心板的实验箱、PC、USB 线。

软件：Windows 10/Windows 7/Windows XP、KEIL5、STM32CubeMX、STM32F10x_StdPeriph_Lib_V3.5.0 固件库和 HAL 库。

学时：6 学时。

2.13.3 实验原理

许多 MCU 没有内部 DAC，使得在需要 DAC 的场合必须外扩外围电路，这既增加了成本又增加了功耗，为系统设计带来了不便。然而，大容量的 STM32 都有内部 DAC 模块，我们的开发板选用的 STM32 一共有两个 DAC 输出通道。本节将介绍 STM32 内部 DAC 的使用方法，我们将利用 DAC 输出一个电压，并用万用表去测试。

1. STM32 DAC 介绍

STM32 的 DAC 模块（数字模拟转换模块）是 12 位数字输入、电压输出型 DAC。DAC 可以配置为 8 位或 12 位模式，也可以与 DMA 控制器配合使用。DAC 工作在 12 位模式时，数据可以设置成左对齐或右对齐。DAC 模块有两个输出通道，每个通道都有单独的转换器。在双 DAC 模式下，两个通道可以独立地进行转换，也可以同时进行转换并同步更新两个通道的输出。DAC 可以通过引脚输入参考电压以获得更精确的转换结果。

STM32 的 DAC 模块的主要特点：

① 两个 DAC 转换器，每个转换器对应 1 个输出通道；

② 8 位或 12 位单调输出；

③ 12 位模式下数据左对齐或右对齐；

④ 同步更新功能；

⑤ 噪声波形生成；

⑥ 三角波形生成；

⑦ 双 DAC 通道同时或分别转换；

⑧ 每个通道都有 DMA 功能。

DAC 是 STM32 最简单的外设之一，我们不必了解其工作原理，会使用就行了。

从本质上来说，DAC 就是一个可以输出模拟电压的设备。这个模拟电压最大值为 VREF+（正模拟参考电压）上的电压，这个电压最大不能超过 VDD（芯片电源电压 3.3V），最小不能低于 2.4V。

STM32 的 DAC 数据格式按照精度可分为 8 位数据精度和 12 位数据精度，按照数据在寄存器中的位置可分为左对齐和右对齐（8 位数据精度始终为右对齐）。

对于一般应用场合，将 DAC 设置为 12 位数据精度。而对于 12 位数据精度的 DAC 来说，其写入数据的取值范围为 0～4095，一共有 4096 种可能，将其线性地映射到 0～VREF+的电压范围上，可得出公式：

$$V（输出）=写入寄存器数据×VREF+/4096$$

该公式稍微变形，即

$$写入寄存器数据=V（输出）×4096/VREF+$$

这样，就可以方便地计算出需要得到一个电压时，要在寄存器中写入一个怎样的数值。STM32 的 DAC 具有可选的 8 个触发源（表 2-13-1）。

表 2-13-1　DAC 触发源表

触 发 源	类 型	TSELx[2:0]
定时器 6 TRGO 事件	来自片上定时器的内部信号	000
互联型产品为定时器 3 TRGO 事件，大容量产品为定时器 8 TRGO 事件		001
定时器 7 TRGO 事件		010
定时器 5 TRGO 事件		011
定时器 2 TRGO 事件		100
定时器 4 TRGO 事件		101
EXTI 线路 9	外部引脚	110
SWTRIG（软件触发）	软件控制位	111

DAC 可以通过多个内部定时器、软件控制位、外部引脚触发，控制起来非常灵活。本实验采用软件控制位触发，通过设置某个寄存器的某个位触发 DAC 转换。

2. 硬件设计

开发板并没有给 DAC 实验设计一组专门的外围电路，事实上大部分开发板都是如此，因为 DAC 实验的结果可以很方便地通过各种仪器仪表测量得到。本实验使用的是 DAC 的通道 1，通过 STM32CubeMX 软件可知，DAC 的通道 1 默认连接到 PA4 口。

打开核心板原理图（图 2-13-1），方框内即 PA4 口，也就是 DAC 的通道 1，我们只需要测这个引脚的电压值就可以完成 DAC 实验。

3. 软件设计

回顾我们的实验目的，我们需要让 DAC 的通道 1 输出一个特定的电压值。打开实验工程的 STM32CubeMX 文件，首先来看一下 STM32CubeMX 的配置项。

SYSCLK/HCLK 配置为 72MHz。

P1

+3V3	1	2	GND
PG7	3	4	PG6
PC6	5	6	PG8
PC8	7	8	PC7
PA8	9	10	PC9
PA10	11	12	PA9
PA12	13	14	PA11
PA14	15	16	PA13
PC10	17	18	PA15
PC12	19	20	PC11
PD1	21	22	PD0
PD3	23	24	PD2
PD5	25	26	PD4
PD7	27	28	PD6
PG10	29	30	PG9
PG12	31	32	PG11
PG14	33	34	PG13
PB3	35	36	PG15
PB5	37	38	PB4
PB7	39	40	PB6
PB9	41	42	PB8
PE1	43	44	PE0
PE3	45	46	PE2
PE5	47	48	PE4
PC13	49	50	PE6
PC15	51	52	PC14
PF1	53	54	PF0
PF3	55	56	PF2
PF5	57	58	PF4
PF7	59	60	PF6

Header 30×2

P2

PG5	1	2	PG4
PG3	3	4	PG2
PD15	5	6	PD14
PD13	7	8	PD12
PD11	9	10	PD10
PD9	11	12	PD8
PB15	13	14	PB14
PB13	15	16	PB12
PB11	17	18	PB10
PE15	19	20	PE14
PE13	21	22	PE12
PE11	23	24	PE10
PE9	25	26	PE8
PE7	27	28	PG1
PG0	29	30	PF15
PF14	31	32	PF13
PF12	33	34	PF11
PB2	35	36	PB1
PB0	37	38	PC5
PC4	39	40	PA7
PA6	41	42	PA5
PA4	43	44	PA3
PA2	45	46	PA1
PA0	47	48	VDDA
VREF+	49	50	VREF−
VSSA	51	52	PC3
PC2	53	54	PC1
PC0	55	56	PF10
PF9	57	58	PF8
GND	59	60	+5V

Header 30×2

图 2-13-1 核心板原理图

使能 DAC 通道 1（图 2-13-2）。

图 2-13-2 使能 DAC 通道 1

Configuration 选项卡中的配置如图 2-13-3 所示。

可以看到，DAC 的配置十分简单。

打开实验工程，首先看 main.c 文件：

```
47    DAC_HandleTypeDef hdac;                      //DAC结构体定义
```

这里定义了一个 DAC 结构体。下面看 ADC 初始化函数：

```
163    static void MX_DAC_Init(void)
164  □ {
165
166        DAC_ChannelConfTypeDef sConfig;           //定义DAC通道设置结构
167
168  □      /**DAC Initialization
169         */
170        hdac.Instance = DAC;                      //初始化DAC
171        if (HAL_DAC_Init(&hdac) != HAL_OK)        //调用DAC初始化函数
172  □      {
173            _Error_Handler(__FILE__, __LINE__);
174        }
175
176  □      /**DAC channel OUT1 config
```

```
177       */
178     sConfig.DAC_Trigger = DAC_TRIGGER_NONE;        //不需要触发源（即使用软件触发）
179     sConfig.DAC_OutputBuffer = DAC_OUTPUTBUFFER_ENABLE;    //使能输出缓冲
180     if (HAL_DAC_ConfigChannel(&hdac, &sConfig, DAC_CHANNEL_1) != HAL_OK)    //将这些配置应用到DAC的通道1上
181     {
182         _Error_Handler(__FILE__, __LINE__);
183     }
184
185   }
```

图 2-13-3　Configuration 选项卡中的配置

关于 DAC 的配置很简单，与 PWM 实验的初始化定时器相似，首先初始化外设，再配置这个外设的某个通道。

下面看 MSP 文件中的 HAL_DAC_MspInit()函数：

```
80   void HAL_DAC_MspInit(DAC_HandleTypeDef* hdac)
81   {
82
83     GPIO_InitTypeDef GPIO_InitStruct;
84     if(hdac->Instance==DAC)                          //例行公事，相信大家学到这里应该很了解这一步了
85     {
86   /* USER CODE BEGIN DAC_MspInit 0 */
87
88   /* USER CODE END DAC_MspInit 0 */
89     /* Peripheral clock enable */
90       __HAL_RCC_DAC_CLK_ENABLE();                    //DAC时钟使能
91
92     /**DAC GPIO Configuration
93     PA4      ------> DAC_OUT1
94     */
95     GPIO_InitStruct.Pin = GPIO_PIN_4;                //将PA4设置为模拟IO模式
96     GPIO_InitStruct.Mode = GPIO_MODE_ANALOG;
97     HAL_GPIO_Init(GPIOA, &GPIO_InitStruct);
98
99   /* USER CODE BEGIN DAC_MspInit 1 */
100
```

```
101        /* USER CODE END DAC_MspInit 1 */
102      }
103
104  }
```

main()函数的逻辑实现部分：

```
 89      /* USER CODE END SysInit */
 90
 91      /* Initialize all configured peripherals */
 92      MX_GPIO_Init();
 93      MX_DAC_Init();              //DAC初始化
 94
 95      /* USER CODE BEGIN 2 */
 96
 97      HAL_DAC_SetValue(&hdac, DAC_CHANNEL_1, DAC_ALIGN_12B_R, 1.2*4096/3.3);//输出1.2V
 98      HAL_DAC_Start(&hdac,DAC_CHANNEL_1);                             //启动DAC转换
 99      /* USER CODE END 2 */
100
101      /* Infinite loop */
102      /* USER CODE BEGIN WHILE */
103      while (1)
104      {
105      /* USER CODE END WHILE */
106
107      /* USER CODE BEGIN 3 */
108
109      }
110      /* USER CODE END 3 */
```

下面重点介绍第 97、98 行的两个函数。

第一个函数原型：

```
HAL_StatusTypeDef HAL_DAC_SetValue(DAC_HandleTypeDef* hdac, uint32_t Channel,
uint32_t Alignment, uint32_t Data)
```

这个函数的大概意思就是某个 DAC 的某个通道以何种方式写入一个怎样的值。第三个参数就是数据对齐方式，包含以下三种：

- 12 位数据右对齐；
- 12 位数据左对齐；
- 8 位数据右对齐。

本实验使用的是 12 位数据右对齐。最后一个参数确定 DAC 输出缓冲区的模拟值，利用公式即可计算。

可以看到，在 DAC 的通道 1 上输出了一个 1.2V 的电压，实际上传入 HAL_DAC_SetValue() 函数的值为 $1.2 \times 4096 / 3.3 = 1489$。

再看第 98 行的函数原型：

```
HAL_StatusTypeDef HAL_DAC_Start(DAC_HandleTypeDef* hdac, uint32_t Channel)
```

这个函数与之前的定时器启动函数几乎一模一样，调用这个函数就可以启动一次 DAC 转换。main()函数中调用了这几个函数，就可以令 DAC 在通道 1 上输出一个 1.2V 的电压。

2.13.4 实验步骤

（1）正确连接主机箱，打开主板电源，用一条 USB 线连接 Jlink，用另一条 USB 线连接 USB2 接口和 PC 的 USB 口。

（2）编译工程并下载，或打开实验例程，在文件夹"\实验例程\基础模块实验\DAC\Project"下双击打开工程，单击 🔨 重新编译工程。

（3）将连接好的硬件平台上电（务必按下开关上电），然后单击 ⬇ 将程序下载到STM32F103 单片机里。

（4）编译工程，没有任何错误、警告，将程序下载到开发板中。然后根据原理图找到 PA4口，用万用表测量其电压，如果电压值为 1.2V，说明实验成功。

2.14 IIC 实验

2.14.1 实验目的

- 了解 IIC 通信。
- 了解 DS1302。

2.14.2 实验环境

硬件：装有 STM32F103ZE 核心板的实验箱、PC、USB 线。

软件：Windows 10/Windows 7/Windows XP、KEIL5、STM32CubeMX、STM32F10x_StdPeriph_Lib_V3.5.0 固件库和 HAL 库。

学时：12 学时。

2.14.3 实验原理

在实际开发中，MCU 只是系统的一部分，作为控制单元存在，而使整个系统产生效力的是执行部分，它们可以是一些分立元件的集合或一块集成电路。MCU 需要对这些外围的组件进行控制，控制就是一个信号或数据传递的过程。例如前面的 LED 实验，传递普通的数字信号，则 LED 的亮灭受控；传递 PWM 信号，则 LED 的亮度受控。数据的传输基于通信协议，且分为很多类。

本实验将介绍 MCU 与外围集成电路的数据传递接口之一——IIC。IIC 是一种同步半双工的通信协议。我们使用 IIC 控制 DS1302 实时时钟芯片。这样，我们的系统就有了绝对时间的概念。本实验将通过 IIC 从 DS1302 实时时钟芯片获取时间，并将其打印到串口，打印频率为1Hz。

1. DS1302 和 IIC 接口介绍

IIC（Inter-Integrated Circuit Bus）即集成电路总线，由 NXP 公司设计，用于主控制器和从器件之间的通信，多用于小数据量场合，传输距离短。IIC 是一种真正实现了多主机的数据总线。

简单的通信协议通常将协议分为物理层、协议层。物理层通常定义了总线的硬件结构，例如 IIC 的物理层：

① 要求必须有两条总线线路，一条为串行数据线 SDA，一条为串行时钟线 SCL。IIC 只有一条数据线，所以 IIC 为半双工通信。

② 每个连接到总线的器件都必须用唯一的地址区别于总线上的其他器件，并通过唯一的

地址与其他器件通信。

③ IIC 上允许有多个 IIC 主机，但任何时刻只能有一个主机操控总线，如果两个或更多的主机同时请求总线，需要通过冲突检测和仲裁防止总线上的数据被破坏。

④ 传输速率在标准模式下可以达到 100kb/s，快速模式下可以达到 400kb/s。

⑤ 连接到总线的器件数量只受总线最大负载电容的限制，通常不超过 400pF 即可。

而总线的协议层才是关键，通常定义了在总线上数据如何进行通信。简单概括 IIC 协议层：

① 数据的有效性，在 SCL 为高电平期间，SDA 线上的数据必须保持稳定，SDA 线仅可在 SCL 线为低电平时跳变。

② IIC 规定了总线上的传输事件必须以一个"起始信号"为起始，并以一个"停止信号"为结束。当 SCL 为高电平的时候，在 SDA 线上产生一个下降沿被定义为起始信号，在 SDA 线上产生一个上升沿被定义为停止信号。起始信号和停止信号都是由 IIC 主机产生的。在总线上接到一个起始信号之后被视为忙状态，而在接到一个停止信号之后被视为空闲状态。

③ IIC 在进行多字节连续通信时，发送方每发送一个字符，需要在紧跟其后的一个时钟周期内检测应答。也就是说，接收方每接收 1 字节数据，需要在紧跟其后的一个时钟周期内发出应答信号，供发送方检测，发送方可以由此检测设备是否存在、通信是否正常，或者进行数据校验。提供应答时钟的必须是 IIC 主机，而提供应答信号的可以是任意一方。应答信号不一定存在，这取决于固化在芯片上的 IIC 接口设计。

④ IIC 上的每一个从设备都应该带有一个 7 位地址，以区别于该总线的其他从设备（即使总线上只存在一个从设备）。这个 7 位地址信号通常包含两个信息，高 4 位决定其器件类型，对于每一个不同的 IIC 器件都有一个 4 位数据作为其地址的高 4 位，这 4 位数据通常是由半导体公司在生产时固化的。而如果一个 IIC 上挂载了两个同样的器件，它们之间可以利用 7 位地址的低 3 位进行区分，这低 3 位由用户在使用芯片的时候决定（例如，24CXX 系列芯片通过外部引脚决定这 3 位的状态）。

标准的 IIC 协议内容复杂，不再赘述。接下来介绍 DS1302 实时时钟芯片。

DS1302 是 DALLAS 公司推出的涓流充电时钟芯片，内含一个实时时钟/日历和 31 字节静态 RAM。通过简单的串行接口与单片机进行通信，实时时钟/日历电路可提供秒、分、时、日、日期、月、年的信息，每月的天数和闰年的天数可自动调整，时钟操作可通过 AM/PM 指示决定采用 24 或 12 小时格式。DS1302 与单片机之间能简单地采用同步串行的方式进行通信，仅需三个口线：RES 复位、IO 数据线、SCLK 串行时钟。时钟/RAM 的读/写数据以 1 字节或多达 31 字节的字符组方式通信。DS1302 工作时功耗很低，保持数据和时钟信息时功率小于 1mW。

DS1302 由 DS1202 改进而来，增加了以下特性：双电源引脚用于主电源和备份电源供应，V_{CC1} 为可编程涓流充电电源，附加 7 字节存储器。它广泛应用于电话机、传真机、便携式仪器及电池供电的仪器仪表等。

这款芯片具有如下特点：

① 实时时钟具有计算 2100 年之前的秒、分、时、日、日期、星期、月、年的能力，还有闰年调整的能力；

② 31×8 位暂存数据存储器（RAM）；

③ 串行 IO 口方式使得引脚数量最少；

④ 宽范围工作电压（2.0～5.5V）；

⑤ 读/写时钟或 RAM 数据时，有两种传送方式——单字节传送和多字节传送（字符组方式）；

⑥ 简单三线接口，与 TTL 兼容。

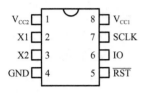

图 2-14-1　DS1302 引脚

其引脚如图 2-14-1 所示，X1 和 X2 为实时时钟的时钟引脚，接入晶振用于产生芯片内部工作时钟。$\overline{RST}$ 引脚为复位引脚，用于复位芯片。SCLK 和 IO 引脚分别为通信接口的 SCL 和 SDA，用于与外界通信。这款芯片提供双电源——主电源（V_{CC1}）和备份电源（V_{CC2}），备份电源接入电池或大容量电容，可以在断电时依然计时很长一段时间，拥有断电保持功能。

接下来看如何操作 DS1302。其实，对 DS1302 的操作本质上就是操作芯片内部的寄存器。而操作寄存器一般来说分为两步，首先需要发送一个包含芯片寄存器地址信息的数据，告诉芯片要操作哪一个寄存器，然后发送/读取这个寄存器的数据。而这个包含芯片寄存器地址信息的数据称为"控制字"，如图 2-14-2 所示。

7	6	5	4	3	2	1	0
1	RAM $\overline{CK}$	A4	A3	A2	A1	A0	RD $\overline{WR}$

图 2-14-2　DS1302 控制字结构

可以看到，该芯片的控制字由 1 字节构成，包含如下信息：

① 最高有效位必须是 1；

② 位 6 为 0 表示存/取日历时钟数据，为 1 表示存/取 RAM 数据；

③ 位 5～位 1（A4～A0）表示操作单元的地址；

④ 位 0 表示读写，0 表示写，1 表示读。

对于 DS1302 来说，所有的数据都是以 LSB（最低位）在前的方式串行地与主机通信的。

图 2-14-3 为 DS1302 寄存器结构。可以看出，每个寄存器读和写的地址始终相差 1，这取决于前面提到的控制字的最低位特性。下面我们来分析这些寄存器各个位的定义。

RTC

READ	WRITE	BIT 7	BIT 6	BIT 5	BIT 4	BIT 3	BIT 2	BIT 1	BIT 0	RANGE
81h	80h	CH	10 Seconds			Seconds				00～59
83h	82h	10 Minutes				Minutes				00～59
85h	84h	$12/\overline{24}$	0	0 $\overline{AM}/PM$	Hour	Hour				1～12/ 0～23
87h	86h	0	0	10 Date		Date				1～31
89h	88h	0	0	0	10 Month	Month				1～12
8Bh	8Ah	0	0	0	0	0	Day			1～7
8Dh	8Ch	10 Year				Year				00～99
8Fh	8Eh	WP	0	0	0	0	0	0	0	—
91h	90h	TCS	TCS	TCS	TCS	DS	DS	RS	RS	—

图 2-14-3　DS1302 寄存器结构

0x80/81 为秒寄存器，最高位为时间暂停位，该位为 1 时 DS1302 的时钟振荡器将停止工作，芯片进入低功耗模式，芯片电流将小于 $100\mu A$，所以常态应该为 0，我们不希望时钟振荡器停止工作。可以看到，秒寄存器的位 4 到位 6 为秒数值的十位，位 0 到位 3 为秒数值的个位，所有时间都是以 BCD 码格式进行保存的，其他寄存器依此类推。

下面介绍这些寄存器的特殊位。

小时值寄存器的最高位为 24 小时制和 12 小时制的选择项（数字上方不带横线为 1 有效，带横线为 0 有效）。可以看出，该位为 1，则 DS1302 被设置为 12 小时制，本实验中设置为 0。如果被设置为 12 小时制，则该寄存器的位 5 表示 AM/PM。

0x8F 和 0x8E 寄存器为写保护寄存器，最高位设置为 1，则芯片写保护。

2. 硬件设计

时钟模块电路图如图 2-14-4 所示。

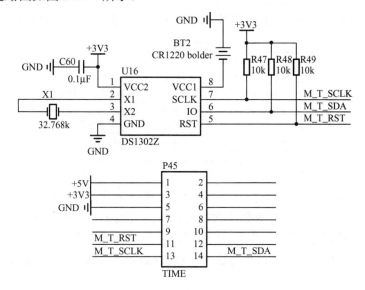

图 2-14-4　时钟模块电路图

3. 软件设计

由于本实验用软件模拟 IIC 接口，对于 STM32CubeMX 就不再讲解了，实际上工程中有 IIC 的初始化，有兴趣的读者可以试试其功能。

打开实验工程，首先浏览工程结构，该工程其实是在我们平时用 STM32CubeMX 生成的工程的基础上添加了一些功能模块，其中包含 printf 串口调试、delay 延时和 DS1302 的驱动。

我们看 DS1302.h 这个头文件：

```
12   *************************************
13   └
14 ⊟#ifndef    __DS1302_H__        //如果没有定义 __DS1302_H__ 这个宏
15  │#define    __DS1302_H__        //则添加以下内容

62  │#endif                        //ifndef结束定义
```

第 14、15 和 62 行基本上在每一个头文件里都有，规范的程序中，这些必不可少。这三行用来防止一个 C 文件重复地包含同一个头文件，从而防止编译期可能产生的错误。其中，__DS1302_H__ 这个宏的名称是由用户定义的，但规范的程序中，这个宏名必然要与这个文件名产生关联。

继续看程序：

```
32  #define DS_RST(x) x>0?  (GPIOF->BSRR = GPIO_PIN_8) : (GPIOF->BRR = GPIO_PIN_8)
33  #define DS_SCLK(x) x>0?  (GPIOB->BSRR = GPIO_PIN_6) : (GPIOB->BRR = GPIO_PIN_6)
34  #define DS_SDA(x) x>0?   (GPIOB->BSRR = GPIO_PIN_7) : (GPIOB->BRR = GPIO_PIN_7)
35  #define DS_SDI()         HAL_GPIO_ReadPin(GPIOB,GPIO_PIN_7)
```

这里定义了 4 种操作：DS1302 的复位线的高低、时钟线的高低、数据线的高低、获取数据线的电平。这些宏将在 C 文件中用到。

接下来，头文件包含了一系列的函数接口的声明，用来操作 DS1302 这个硬件，称为驱动程序。当硬件平台搭好，并且软件驱动写好之后，应用的编写就不需要理会芯片如何发数据之类的底层操作，很大程度上简化了应用程序的编写，这就是所谓的软件分层概念。

```
47  /*************************************************************************
48  ==========================子函数声明=========================
49  *************************************************************************/
50  void DS1302_IO_Init(void);          //DS1302IO口初始化
51  void WriteByte1302(uint8_t Value);  //向1302写1字节
52  void WriteSet1302(uint8_t Cmd , uint8_t Dat); //设置1302/对1302的一个寄存器写入1字节
53  uint8_t ReadByte1302(void);         //从1302读取1字节
54  uint8_t ReadSet1302(uint8_t Cmd);   //读取1302寄存器
55  void DS1302_Init(void);             //对1302初始化/对寄存器赋初值
56  void ReadTime_DS1302(void);         //读取1302时间到缓存
57  void Time_DS1302_Dis(void);         //将时间显示出来（本实验使用串口打印）
58  /*************************************************************************
59  ==========================Head END=========================
60  *************************************************************************/
```

大型的软件系统将软件结构至少分为驱动层、操作系统、应用层，层与层之间、模块与模块之间高内聚、低耦合，依此规则所构成的系统的可维护性、可移植性、可拓展性显著提升。对于编写单片机程序来说，虽然做不到那么复杂，但也应该尽可能地追求这个境界。可以看到，实验工程就是这样，如果要将这个模块移植到其他平台，只需要修改第 32~35 行的宏内容，即可运行于其他平台。

可以看到，这些函数声明的先后顺序其实是存在递进关系的，几乎每一个操作总依赖于上一个操作，这是一种很好的编程风格。

既然这样，首先看第一个函数：

```
35  void DS1302_IO_Init(void)
36  {
37
38  }
39
```

这个函数是空的，因为在 STM32CubeMX 中，基本的 GPIO 的初始化统一在 MX_GPIO_Init() 函数中进行，在 main.c 文件中可以找到这个函数。

研究这个模块的结构之后，我们可以发现，有两个函数并没有在头文件中进行声明，分别是 SDA_OUT() 和 SDA_IN()。查看源码可以知道，这两个函数用来设置 SDA 线的 IO 方向，这和传统的 51 单片机不太一样，需要特别注意。

紧跟其后的函数就是 WriteByte1302() 函数。从名字可以看出，这个函数用来向 DS1302 写

入 1 字节，其源码如下：

```
81   void WriteByte1302(uint8_t Value)
82   {
83       uint8_t i;
84       SDA_OUT();        //设置数据线为输出
85       DS_SCLK(0);       //表示总线占用
86       delay_us(1);      //延时，否则STM32速度太快，DS1302可能反应不过来
87       for(i=0;i<8;i++)  //循环读取数据
88       {
89           if(Value&0x01)  //解析数据
90           {
91               DS_SDA(1);
92           }
93           else
94           {
95               DS_SDA(0);
96           }
97           delay_us(2);
98           DS_SCLK(1);
99           delay_us(3);
100          DS_SCLK(0);
101          Value>>=1;     //将数据右移一位，将需要发的数据移到最低位，供下次解析
102
103      }
104  }
```

这些源码需要读者仔细阅读并理解，IO 模拟总线通信对于单片机编程来说是一个挑战。看下一个函数：

```
112  void WriteSet1302(uint8_t Cmd , uint8_t Dat)
113  {
114      DS_RST(0);        //拉低复位线，禁止通信
115      DS_SCLK(0);       //钳住时钟线
116      DS_RST(1);        //拉高复位线，允许通信
117      delay_us(2);      //延时
118      WriteByte1302(Cmd);  //写命令
119      WriteByte1302(Dat);  //写数据
120      DS_SCLK(1);       //释放时钟
121      DS_RST(0);        //禁止通信
122  }
```

这个函数很简单，无非就是一些基础的操作，DS1302 写入寄存器就是这样一个过程。可以看到，DS1302 并没有用到 IIC 全部的时序，只用到了读/写而已，事实上很多设备都是如此。

与读相关的函数这里就不过多讲解了，请读者自行阅读代码。我们看 DS1302_Init()这个函数，首先对 IO 进行初始化（当然，是在 MX_GPIO_Init()中进行的），然后将缓存里的初值写入 DS1302：

```
178  void DS1302_Init(void)
179  {
180      DS1302_IO_Init();
181      WriteSet1302(0x8e,0x00);
182      WriteSet1302(0x80,((DS_Second/10)<<4|(DS_Second%10)));
183      WriteSet1302(0x82,((DS_Minute/10)<<4|(DS_Minute%10)));
184      WriteSet1302(0x84,((DS_Hour/10)<<4|(DS_Hour%10)));
185      WriteSet1302(0x86,((DS_Day/10)<<4|(DS_Day%10)));
186      WriteSet1302(0x88,((DS_Month/10)<<4|(DS_Month%10)));
187      WriteSet1302(0x8C,((DS_Year/10)<<4|(DS_Year%10)));
```

```
188         WriteSet1302(0x8e,0x80);
189    }
```

大概的过程就是：关闭写保护→依次以 BCD 码的形式写入数据→打开写保护。
我们来看看这些缓存的定义：

```
24   uint8_t DS_Second=50;
25   uint8_t DS_Minute=59;
26   uint8_t DS_Hour=23;
27   uint8_t DS_Day=31;
28   uint8_t DS_Month=12;
29   uint8_t DS_Year=17;
30
```

可以看到，测试代码中设置的时间初值为 2017 年 12 月 31 日 23 时 59 分 50 秒，当程序运行时，这个值会不断更新，同步 DS1302 的时间。那这个值是怎么更新的呢？我们先看 ReadTime_DS1302()函数：

```
198   void ReadTime_DS1302(void)
199 □ {
200         uint8_t ReadValue;
201         ReadValue = ReadSet1302(0x81);
202         DS_Second=((ReadValue&0x70)>>4)*10+(ReadValue&0x0F);
203         ReadValue = ReadSet1302(0x83);
204         DS_Minute=((ReadValue&0x70)>>4)*10+(ReadValue&0x0F);
205         ReadValue = ReadSet1302(0x85);
206         DS_Hour=((ReadValue&0x70)>>4)*10+(ReadValue&0x0F);
207         ReadValue = ReadSet1302(0x87);
208         DS_Day=((ReadValue&0x70)>>4)*10+(ReadValue&0x0F);
209         ReadValue = ReadSet1302(0x89);
210         DS_Month=((ReadValue&0x70)>>4)*10+(ReadValue&0x0F);
211         ReadValue = ReadSet1302(0x8d);
212         DS_Year=((ReadValue&0x70)>>4)*10+(ReadValue&0x0F);
213    }
```

这个函数很好理解，就是把读出来的数据经过转换后写入缓存。
看下一个函数：

```
222   void Time_DS1302_Dis(void)
223 □ {
224         static uint8_t i;      //静态变量i
225         i++;                   //每进入函数一次自加
226         if(i>10)               //到10清零
227 □        {
228            i=0;
229            ReadTime_DS1302();  //读取数据
230            printf("\r\n");     //打印
231            printf("20%d-%d-%d\r\n",DS_Year,DS_Month,DS_Day);
232            printf("%d:%d:%d\r\n",DS_Hour,DS_Minute,DS_Second);
233         }
234    }
```

这个函数很简单，static 变量值得注意。一般来说，在函数中定义局部变量，它的内存将由编译器分配到栈上，而函数执行完返回势必出栈，所以在函数内部定义的局部变量仅存在于该函数中，而全局变量和 static 变量都会被编译器分配到静态存储区，全局存在。我们换一个说法，第 224 行的变量在还没有执行这个函数时就会被分配到静态存储区，而当第一次执行这个函数时，该变量会被初始化为 0，在之后的运行中，将不会再执行这条语句，它使得函数具有记忆功能。

知道了这点，这个函数就很好理解了。每进入这个函数 10 次，该函数就会将时间数据更新到缓存，并使用串口打印出来。至此，关于 DS1302 的驱动就分析完毕了。

接下来分析应用部分，我们看 main()函数：

```
71  ⊟{
72
73      /* USER CODE BEGIN 1 */
74
75      /* USER CODE END 1 */
76
77      /* MCU Configuration------------------------------------------------------*/
78
79      /* Reset of all peripherals, Initializes the Flash interface and the Systick. */
80      HAL_Init();
81
82      /* USER CODE BEGIN Init */
83
84      /* USER CODE END Init */
85
86      /* Configure the system clock */
87      SystemClock_Config();
88
89      /* USER CODE BEGIN SysInit */
90
91      /* USER CODE END SysInit */
92
93      /* Initialize all configured peripherals */
94      MX_GPIO_Init();
95      //MX_I2C1_Init();
96      MX_USART3_UART_Init();
97      delay_init(72);              //系统延时功能初始化
98      DS1302_Init();               //DS1302初始化
99      printf("sys_init_ok\r\n");   //打印系统初始化成功标志
100     /* USER CODE BEGIN 2 */
101
102     /* USER CODE END 2 */
103
104     /* Infinite loop */
105     /* USER CODE BEGIN WHILE */
106     while (1)
107  ⊟  {
108     /* USER CODE END WHILE */
109       Time_DS1302_Dis();         //每100ms更新并打印一次时间
110       delay_ms(100);
111     /* USER CODE BEGIN 3 */
112
113     }
114     /* USER CODE END 3 */
115
116  }
```

main()函数里基本没什么特别的内容，需要注意的是 while 循环的内容，每 100ms 将调用一次 Time_DS1302_Dis()函数，按照之前的分析，就是 1s 更新打印一次时间信息，达到我们的实验目的。

2.14.4 实验步骤

（1）正确连接主机箱，打开主板电源，用一根 USB 线连接 Jlink，另一根 USB 线连接 PC

与 USB2 接口。

（2）编译实验工程，没有任何错误。将程序烧录进开发板中，或打开实验例程，在文件夹 "\实验例程\基础模块实验\IIC\Project" 下双击打开工程，单击 ▦ 重新编译工程。

（3）将连接好的硬件平台上电（务必按下开关上电），然后单击 ▦ 将程序下载到 STM32F103 单片机里。

（4）打开串口调试助手 XCOM，设置好波特率为 115200，把主板上的串口 3 选择 S20 拨动开关打到 "USB 转串口" 一侧。下载完后可以单击 ⓠ → ▤，使程序全速运行；也可以将机箱重新上电，让刚才下载的程序重新运行。

（5）可以看到，在开发板刚刚上电时，串口调试助手会依次收到来自开发板的时间数据（图 2-14-5）。

```
sys_init_ok
2017-12-31
23:59:51
2017-12-31
23:59:52
2017-12-31
23:59:53
2017-12-31
23:59:54
2017-12-31
23:59:55
2017-12-31
23:59:56
```

图 2-14-5　实验结果

2.15　内部温度传感器实验

2.15.1　实验目的

● 掌握芯片通信基础知识。
● 了解内部温度传感器的使用方法。

2.15.2　实验环境

硬件：装有 STM32F103ZE 核心板的实验箱、PC、USB 线。

软件：Windows 10/Windows 7/Windows XP、KEIL5、STM32CubeMX、STM32F10x_StdPeriph_Lib_V3.5.0 固件库和 HAL 库。

学时：6 学时。

2.15.3　实验原理

几乎所有的 STM32 都有一个内部温度传感器，可以用来测量 CPU 及周围的环境温度，这个温度传感器被连接到内部 ADC 外设上。本实验将通过内部温度传感器读取温度并将温度信息通过串口发送到串口调试助手。

1. STM32 内部温度传感器介绍

STM32 的内部温度传感器被连接到 ADC 外设的通道 16，该通道将传感器输出的电压值转换为数字量。也就是说，使用 ADC 读取内部通道 16 即可读取内部温度传感器的温度信息。

STM32 的内部温度传感器支持温度范围为-40～125℃，但精度比较差，有±1.5℃的误差。因为内部温度传感器更适合检测温度的变化，而不是测量绝对温度。STM32F10x 系列 MCU 的 ADC 通道与引脚对应关系见表 2-15-1。

表 2-15-1　STM32F10x 系列 MCU 的 ADC 通道与引脚对应关系

	ADC1	ADC2	ADC3
通道 0	PA0	PA0	PA0
通道 1	PA1	PA1	PA1
通道 2	PA2	PA2	PA2
通道 3	PA3	PA3	FA3
通道 4	PA4	PA4	PF6
通道 5	PA5	PA5	PF7
通道 6	PA6	PA6	PF8
通道 7	PA7	PA7	PF9
通道 8	PB0	PB0	PF10
通道 9	PB1	PB1	
通道 10	PC0	PC0	PC0
通道 11	PC1	PC1	PC1
通道 12	PC2	PC2	PC2
通道 13	PC3	PC3	PC3
通道 14	PC4	PC4	
通道 15	PC5	PC5	
通道 16	温度传感器		
通道 17	内部参照电压		

STM32 内部温度传感器输出的电压与温度之间的关系：

$$T = \{(V25 - Vsense) / Avg\_Slope\} + 25$$

上式中，V25 为 Vsense 在 25℃时的数值，如果没有专业设备测试，则取经验值 1.43V。

Avg_Slope 为温度与 Vsense 曲线的平均斜率（单位为 mV/℃或μV/℃），典型值为 4.30mV/℃。

所以，在进行温度检测时，首先将 ADC 读取的数值转换为电压，再通过上式将电压转换为具体的温度。

2. 硬件设计

本实验硬件仅用到串口，具体硬件设计请参考串口实验。

3. 软件设计

STM32CubeMX 的配置大体与 ADC 实验相同，仅一处不同（图 2-15-1），需要勾选 Temperature Sensor Channel 选项，其他默认即可。由于串口的初始化由 printf.c 提供，所以不需要在 STM32CubeMX 里配置。

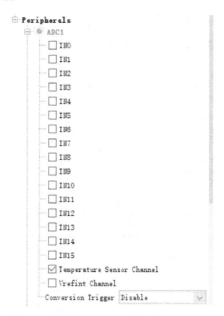

图 2-15-1　STM32CubeMX 的配置

打开实验工程，首先看到这个例程的全局定义：

```
48   ADC_HandleTypeDef hadc1;                //ADC结构体变量
49   __IO uint32_t uwADCxConvertedValue = 0; //保存原始数据
```

第 49 行的__IO 值得注意，查找定义可以发现，这其实是一个宏定义，为 volatile 关键字取了一个别名。

接下来我们看 ADC 的初始化：

```
194   static void MX_ADC1_Init(void)
195  {
196
197      ADC_ChannelConfTypeDef sConfig;
198
199      /**Common config
200      */
201      hadc1.Instance = ADC1;                              //ADC1初始化
202      hadc1.Init.ScanConvMode = ADC_SCAN_DISABLE;         //不扫描模式
203      hadc1.Init.ContinuousConvMode = DISABLE;            //不连续转换
204      hadc1.Init.DiscontinuousConvMode = DISABLE;         //禁止不连续采样模式
205      hadc1.Init.ExternalTrigConv = ADC_SOFTWARE_START;   //软件触发转换
```

```
206    hadc1.Init.DataAlign = ADC_DATAALIGN_RIGHT;      //数据右对齐
207    hadc1.Init.NbrOfConversion = 1;                  //规则通道中有一个转换
208    hadc1.Init.NbrOfDiscConversion = 0;              //不连续采样通道数为0
209    if (HAL_ADC_Init(&hadc1) != HAL_OK)
210    {
211        _Error_Handler(__FILE__, __LINE__);
212    }
213
214      /**Configure Regular Channel
215      */
216    sConfig.Channel = ADC_CHANNEL_TEMPSENSOR;     //内部温度传感器通道
217    sConfig.Rank = 1;                             //在规则组的转换次序为1
218    sConfig.SamplingTime = ADC_SAMPLETIME_239CYCLES_5;    //转换时间
219    if (HAL_ADC_ConfigChannel(&hadc1, &sConfig) != HAL_OK)
220    {
221        _Error_Handler(__FILE__, __LINE__);
222    }
223
224    if (HAL_ADCEx_Calibration_Start(&hadc1) != HAL_OK)   //ADC校准
225    {
226        Error_Handler();
227    }
228  }
```

上述代码基本上和 ADC 实验没什么区别，需要注意的是将通道设置为温度传感器通道。
我们看这个初始化的回调函数：

```
80    void HAL_ADC_MspInit(ADC_HandleTypeDef* hadc)
81    {
82
83      GPIO_InitTypeDef GPIO_InitStruct;
84      if(hadc->Instance==ADC1)
85      {
86    /* USER CODE BEGIN ADC1_MspInit 0 */
87
88    /* USER CODE END ADC1_MspInit 0 */
89        /* Peripheral clock enable */
90        __HAL_RCC_ADC1_CLK_ENABLE();
91        /**ADC1 GPIO Configuration
92        PA2      ------> ADC1_IN2
93        */
94        GPIO_InitStruct.Pin = GPIO_PIN_2;
95        GPIO_InitStruct.Mode = GPIO_MODE_ANALOG;
96        GPIO_InitStruct.Pull = GPIO_NOPULL;
97        HAL_GPIO_Init(GPIOA, &GPIO_InitStruct);
98
99    /* USER CODE BEGIN ADC1_MspInit 1 */
100
101   /* USER CODE END ADC1_MspInit 1 */
102      }
103
104  }
```

可以看到，这个回调函数实际上仅初始化时钟和 IO。看下一个函数：

```
68   short Get_Temprate(void)
69   {
70     short result;
71     double temperate;
```

```
72
73    if(HAL_ADC_Start(&hadc1) != HAL_OK)                      //启动ADC
74    {
75      /* Start Conversation Error */
76      Error_Handler();
77    }
78    HAL_ADC_PollForConversion(&hadc1, 100);                 //开始转换
79    uwADCxConvertedValue = HAL_ADC_GetValue(&hadc1);        //获取数据
80
81    temperate=(float)uwADCxConvertedValue*(3.3/4096);       //计算内部温度传感器输出电压
82    temperate=(1.43-temperate)/0.0043+25;                   //通过电压计算温度
83    result=temperate*=100;                                  //将温度放大100倍
84    return result        ;
85  }
86
```

这个函数用于读取温度传感器的数据，首先启动 ADC，然后开启转换，读取数据，并对数据进行相应处理，最后返回。前面提到的 Vsense 以 mV 为单位，这里统一转换为 V。

我们看 main()函数：

```
99    HAL_Init();
100
101   /* USER CODE BEGIN Init */
102
103   /* USER CODE END Init */
104
105   /* Configure the system clock */
106   SystemClock_Config();
107
108   /* USER CODE BEGIN SysInit */
109
110   /* USER CODE END SysInit */
111
112   /* Initialize all configured peripherals */
113   MX_GPIO_Init();
114   MX_ADC1_Init();
115   MX_USART3_UART_Init();
116   printf("SYS_INIT_OK\r\n");
117   /* USER CODE BEGIN 2 */
118
119   /* USER CODE END 2 */
120
121   /* Infinite loop */
122   /* USER CODE BEGIN WHILE */
123   while (1)
124   {
125   /* USER CODE END WHILE */
126
127     printf("Temperature = %f°C\r\n",(float)Get_Temprate()/100);
128     HAL_Delay(1000);
129
130   /* USER CODE BEGIN 3 */
131
132   }
133   /* USER CODE END 3 */
134
135  }
```

这个函数实现了本实验功能，初始化 ADC 和串口，然后每秒打印一次温度数据，由

Get_Temprate()获取的值在打印时应缩小100倍。

2.15.4　实验步骤

（1）正确连接主机箱，打开主板电源，用一条USB线连接Jlink，用另一条USB线连接USB2接口和PC的USB口。

（2）编译工程并下载，或打开实验例程，在文件夹"\实验例程\基础模块实验\内部温度传感器\Project"下双击打开工程，单击　重新编译工程。

（3）将连接好的硬件平台上电（务必按下开关上电），然后单击　将程序下载到STM32F103单片机里。

（4）打开串口调试助手XCOM，设置好波特率为115200，把主板上的串口3选择S20拨动开关打到"USB转串口"一侧。下载完后可以单击　→　，使程序全速运行；也可以将机箱重新上电，让刚才下载的程序重新运行。

（5）可以看到，在开发板刚刚上电时，串口调试助手会依次收到来自开发板的温度数据（图2-15-2），达到我们的实验目的。

```
SYS_INIT_OK
Temperature = 35.660000° C
Temperature = 36.040001° C
Temperature = 36.220001° C
Temperature = 36.410000° C
Temperature = 36.410000° C
Temperature = 36.410000° C
Temperature = 36.410000° C
Temperature = 36.410000° C
Temperature = 36.410000° C
Temperature = 36.410000° C
Temperature = 36.410000° C
Temperature = 36.410000° C
Temperature = 36.599998° C
Temperature = 36.599998° C
```

图 2-15-2　实验结果

2.16　RTC 实时时钟实验

2.16.1　实验目的

● 掌握RTC实时时钟工作原理。
● 了解RTC实时时钟配置方法。

2.16.2　实验环境

硬件：装有STM32F103ZE核心板的实验箱、PC、USB线。

软件：Windows 10/Windows 7/Windows XP、KEIL5、STM32CubeMX、STM32F10x_StdPeriph_Lib_V3.5.0固件库和HAL库。

学时：8学时。

2.16.3　实验原理

大部分低端 MCU 的内部通常没有集成硬件时钟单元，需要此功能的用户通常用软件模拟时钟，而软件模拟的精度非常差，甚至完全没有精度可言，使用户不得不添加时钟芯片及其外围电路，但这种方法会增加成本、体积和功耗，对于小型便携设备或穿戴设备来说，这些缺点是致命的。目前，很多 16 位、32 位的 MCU 会在芯片内部集成专业的实时时钟，且带有低功耗方案，STM32 这款高性能 MCU 就是其中之一。

本实验将介绍 STM32 的内部时钟单元（RTC），读取 RTC 时钟，并将时间信息发送到串口上。

1.　STM32 RTC 简介

RTC 模块拥有一组连续计数的计数器，在相应软件配置下，可提供时钟和日历功能。修改计数器的值可以重新设置系统当前的时间和日期。

RTC 模块和时钟配置系统（RCC_BDCR 寄存器）处于后备区域（BKP），即在系统复位或从待机模式唤醒后，RTC 的设置和时间维持不变。系统复位后，对后备寄存器和 RTC 的访问被禁止，这是为了防止对后备区域的意外写操作。

RTC 由两个主要部分组成，第一部分用来和 APB1 总线相连。此单元还包含一组 16 位寄存器，可通过 APB1 总线对其进行读/写操作。APB1 接口由 APB1 总线时钟驱动，用来与 APB1 总线连接。

另一部分是整个 RTC 时钟的内核，由一组可编程计数器组成，分成两个主要模块。第一个模块是 RTC 的预分频模块，它可编程产生 1s 的 RTC 时间基准 TR_CLK。RTC 的预分频模块包含了一个 20 位的可编程分频器（RTC 预分频器）。如果在 RTC_CR 寄存器中设置了相应的允许位，则在每个 TR_CLK 周期中 RTC 产生一个中断（秒中断）。第二个模块是一个 32 位的可编程计数器，可被初始化为当前的系统时间。一个 32 位的时钟计数器，按秒计算，可以记录 4294967296s，约合 136 年。对于一般应用，这已经足够了。

对 RTC 进行操作时，需要取消后备区域写保护，然后使能后备区域时钟。至于为什么需要这样做，有兴趣的读者可以参考中文参考手册。

2.　硬件设计

本实验中仅用到串口 3，此部分的原理图请参考串口实验。

3.　软件设计

回顾我们的实验目的，需要从 RTC 中获取当前时间，并通过串口打印出来。首先打开实验工程的 STM32CubeMX 文件，配置项如下。

（1）SYSCLK/HCLK 配置为 72MHz。

（2）使能 RTC 时钟（图 2-16-1）。

这样就配置好了一个 RTC 的基本功能，接下来打开工程源码。

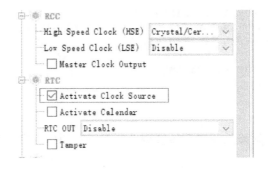

图 2-16-1　使能 RTC 时钟

这个工程中值得注意的有两个文件，一个是 main.c，另一个是 printf.c。printf.c 文件大家已经不陌生了，在 ADC 实验和 printf()实验中有详细的讲解，我们只看 main.c 文件的内容：

```
48    RTC_HandleTypeDef hrtc;            //RTC结构体
```

除了 GPIO，几乎每一个外设都有一个这种命名风格的结构体。
继续往下看：

```
51    uint8_t aShowTime[50] = {0};       //定义一个数组，用来存放需要发送的时间数据
```

这个数组以后会用到。
RTC 初始化函数：

```
191   static void MX_RTC_Init(void)
192   {
193
194       /**Initialize RTC Only
195       */
196     hrtc.Instance = RTC;                           //初始化RTC
197     hrtc.Init.AsynchPrediv = RTC_AUTO_1_SECOND;    //计数脉冲为1s
198     hrtc.Init.OutPut = RTC_OUTPUTSOURCE_ALARM;     //这个是STM32CubeMX默认选上的
199     if (HAL_RTC_Init(&hrtc) != HAL_OK)             //调用RTC初始化
200     {
201       _Error_Handler(__FILE__, __LINE__);
202     }
203
204   }
```

这个函数也很简单，只是设置一些基本的参数，就直接初始化了。基本上每一个初始化外设的函数，都会有一个对应的回调函数，可以在 MSP 文件中找到：

```
80    void HAL_RTC_MspInit(RTC_HandleTypeDef* hrtc)
81    {
82
83      if(hrtc->Instance==RTC)
84      {
85    /* USER CODE BEGIN RTC_MspInit 0 */
86
87    /* USER CODE END RTC_MspInit 0 */
88      HAL_PWR_EnableBkUpAccess();        //使能后备区域写操作（解除写保护）
89      /* Enable BKP CLK enable for backup registers */
90      __HAL_RCC_BKP_CLK_ENABLE();        //使能后备区域时钟
```

```
91        /* Peripheral clock enable */
92        __HAL_RCC_RTC_ENABLE();          //使能RTC时钟
93     /* USER CODE BEGIN RTC_MspInit 1 */
94
95     /* USER CODE END RTC_MspInit 1 */
96     }
97
98   }
```

对 RTC 进行操作必须解除系统对后备区域的写保护，所以就有了第 88 和 90 行，然后使能 RTC 的时钟。

初始化完成之后，就可以从 RTC 里读取时间数据了。我们看 main.c 文件里的 RTC_TimeShow()函数，其源码如下：

```
70   void RTC_TimeShow(uint8_t* showtime)
71   {
72     RTC_DateTypeDef sdatestructureget;          //日期数据结构体
73     RTC_TimeTypeDef stimestructureget;          //时间数据结构体
74
75     /* Get the RTC current Time */
76     HAL_RTC_GetTime(&hrtc, &stimestructureget, RTC_FORMAT_BIN);   //以二进制的格式获取RTC时间
77     /* Get the RTC current Date */
78     HAL_RTC_GetDate(&hrtc, &sdatestructureget, RTC_FORMAT_BIN);   //以二进制的格式获取RTC日期
79     /* Display time Format : hh:mm:ss */
80     sprintf((char*)showtime,"%02d:%02d:%02d",stimestructureget.Hours, stimestructureget.Minutes, stimestructureget.Seconds);   //将时间数据按格式写入showtime指针指向的内存中
81
82   }
```

第 76 和 78 行的两个函数风格一样，功能也差不多，都是获取当前时间的函数，它们的原型如下：

```
HAL_StatusTypeDefHAL_RTC_GetTime(RTC_HandleTypeDef*hrtc, RTC_TimeTypeDef *sTime,
uint32_t Format)

HAL_StatusTypeDefHAL_RTC_GetDate(RTC_HandleTypeDef*hrtc, RTC_DateTypeDef *sDate,
uint32_t Format)
```

这两个函数的第一个参数就是 RTC 结构体；第二个参数是一段内存的首地址，也就是一个指针；第三个参数是数据读出来的格式。第一个参数很好理解，下面查找第 76 行中第三个参数的定义：

```
219   #define RTC_FORMAT_BIN                   ((uint32_t)0x000000000)
220   #define RTC_FORMAT_BCD                   ((uint32_t)0x000000001)
```

可以看到，数据从 RTC 被以二进制或 BCD 码的格式读取出来，而这个格式就是第三个参数。对于第二个参数，我们将结构体列举出来：

```
111   typedef struct
112   {
113     uint8_t Hours;                /
114
115
116     uint8_t Minutes;              /
117
118
119     uint8_t Seconds;              /
120
121
122   }RTC_TimeTypeDef;
123
165   typedef struct
166   {
```

```
167    uint8_t WeekDay;
168
169
170    uint8_t Month;
171
172
173    uint8_t Date;
174
175
176    uint8_t Year;
177
178
179  }RTC_DateTypeDef;
```

很容易看出，这两个结构用于保存年、月、日、星期、时、分、秒这几个与时间相关的数据。

回到 RTC_TimeShow()函数，这段代码就不难解释了。调用者提供一段内存的首地址，RTC_TimeShow()将 RTC 数据读取出来，通过 sprintf()函数以特定格式保存在这段内存之中。sprintf()函数是 printf()的变种，printf()向显示终端打印信息，sprintf()则向数组打印信息，只是目标对象不同而已，使用方法还是一样的。

主函数的逻辑实现部分：

```
109    /* Initialize all configured peripherals */
110    MX_GPIO_Init();              //GPIO初始化
111    MX_RTC_Init();               //RTC初始化
112    MX_USART3_UART_Init();       //串口3初始化
113    printf("SYS_INIT_OK\r\n");   //如果初始化顺利则打印系统初始化信息
114    /* USER CODE BEGIN 2 */
115
116    /* USER CODE END 2 */
117
118    /* Infinite loop */
119    /* USER CODE BEGIN WHILE */
120    while (1)
121    {
122    /* USER CODE END WHILE */
123      RTC_TimeShow(aShowTime);   //获取RTC数据到aShowTime数组中
124      printf("%s\r\n",aShowTime); //打印从RTC读取出来的时间信息
125      HAL_Delay(1000);           //延时1s
126    /* USER CODE BEGIN 3 */
127
128    }
129    /* USER CODE END 3 */
130
131  }
```

第 110～113 行实现了初始化，我们来看 while 循环里的内容，首先调用前面定义的RTC_TimeShow()函数，把时间数据保存在 aShowTime 数组中，然后通过 printf()打印在串口终端上，然后延时 1s，达到我们的实验目的。

2.16.4 实验步骤

（1）正确连接主机箱，打开主板电源，用一条 USB 线连接 Jlink，用另一条 USB 线连接

USB2 接口和 PC 的 USB 口。

（2）编译工程并下载，或打开实验例程，在文件夹"\实验例程\基础模块实验\RTC\Project"下双击打开工程，单击 重新编译工程。

（3）将连接好的硬件平台上电（务必按下开关上电），然后单击 🔧 将程序下载到 STM32单片机里。

（4）打开串口调试助手 XCOM，设置好波特率为 115200，把主板上的串口 3 选择 S20 拨动开关打到"USB 转串口"一侧。下载完后可以单击 🔍 → 📗，使程序全速运行；也可以将机箱重新上电，让刚才下载的程序重新运行。

（5）我们可以看到，在开发板刚刚上电时，串口调试助手会收到由开发板打印的时间信息（图 2-16-2）。由于本实验并没有设置时间，所以打印出来的时间与当前时间对不上，有兴趣的读者可以自己在本实验的基础上添加时间设置功能。

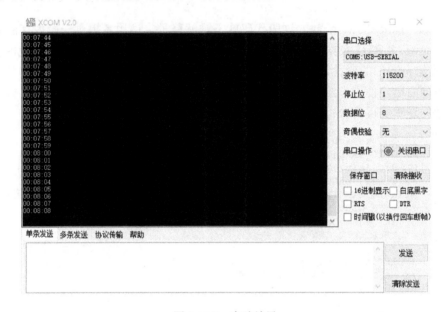

图 2-16-2　实验结果

2.17　独立看门狗实验

2.17.1　实验目的

- 掌握独立看门狗运行原理。
- 了解独立看门狗配置方法。

2.17.2　实验环境

硬件：装有 STM32F103ZE 核心板的实验箱、PC、USB 线。

软件：Windows 10/Windows 7/Windows XP、KEIL5、STM32CubeMX、STM32F10x_StdPeriph_Lib_V3.5.0 固件库和 HAL 库。

学时：6 学时。

2.17.3 实验原理

在很多场合，MCU 可能运行在比较恶劣的环境下，MCU 可能因为某些干扰而使程序指针指向了一个意外的地址，并执行了一个错误的程序，发生了一些无法预估的后果。为了避免这类情况出现，人们发明了看门狗机制。以前，大部分看门狗都以硬件的形式存在于 MCU 系统中。时至今日，大多数非低端 MCU 都在芯片里集成了硬件看门狗，这使得看门狗机制和 MCU 内核紧密结合在一起。本实验我们就来介绍 STM32 单片机中内置的独立看门狗及其应用。

我们将通过一个简单的实验带大家了解 STM32 的独立看门狗。本实验使用串口每秒发送一次字符串 "Normal_state"，如果在这 1s 内不喂狗，则复位 MCU。

1. STM32 看门狗介绍

STM32F10xxx 内置两个看门狗，提供了更高的安全性、时间精确性和使用灵活性。两个看门狗设备（独立看门狗和窗口看门狗）可用来检测和解决由软件错误引起的故障。当计数器达到给定的超时值时，触发一个中断（仅适用于窗口看门狗）或产生系统复位。

独立看门狗（IWDG）由专用的低速时钟（LSI）驱动，即使主时钟发生故障，它也仍然有效。窗口看门狗（WWDG）由从 APB1 时钟分频后得到的时钟驱动，通过可配置的时间窗口来检测应用程序非正常的过迟或过早的操作。

IWDG 最适合应用于那些需要看门狗在主程序之外，能够完全独立工作，并且对时间精度要求较低的场合。窗口看门狗最适合那些要求看门狗在精确计时窗口内起作用的应用程序。

独立看门狗从本质上来说就是一个 12 位的定时器，这个定时器不断地计数，如果发生了计数结束事件，将会发生系统复位，这使得程序需要在其未计数完成时重新装载计数器，如此反复，这种操作称为 "喂狗"。如果系统受到干扰，使得程序陷入一个死循环，或者跳转到一个未知的位置，将没有任何程序来装载该计数器，从而引发系统复位，达到防止系统发生更大故障的目的。

既然说到定时器，根据前面的介绍，我们知道，定时器需要一个计数脉冲，而独立看门狗的计数脉冲来自 LSI 时钟，这个时钟经过分频被送入看门狗定时器中。定时器还有一个转载值，决定定时器内部计数器的计数范围。于是，我们就得到了两个看门狗参数——时钟分频系数和装载值。这两个参数决定了看门狗的定时范围，那如何确定这两个参数具体的值呢？

我们通过时钟树可知，LSI 时钟为 40kHz（由于 STM32 的 LSI 时钟由 RC 振荡器产生，具体时钟频率不稳定，一般在 30～60kHz 范围内实时改变，我们一般以 40kHz 来估算）。在本实验中，我们需要看门狗最多定时 1s，如果超过 1s 则复位 MCU。我们的预分频系数有且只有 7 个可选的数值，分别是 4、8、16、32、64、128、256。对于本实验，选择 64 作为分频系数，那么 40kHz 经过分频器将被分频为 625Hz，将装载值设置为 625。这样，如果不喂狗，系统将在看门狗计数器开始计数之后的 1s 复位。

2. 硬件设计

本实验用到的硬件仅为串口，所以硬件设计请参考串口实验。

3. 软件设计

我们打开独立看门狗实验的 STM32CubeMX 文件,可以看到,对于看门狗的配置十分简单。

SYSCLK/HCLK 配置为 72MHz。

使能看门狗(图 2-17-1)。

图 2-17-1　使能看门狗

配置看门狗(图 2-17-2)。

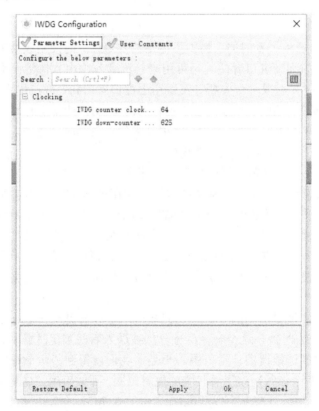

图 2-17-2　配置看门狗

如此,就配置好了一个独立看门狗。

打开实验工程,首先观察这个工程的结构,该工程中有一个 printf.c 文件,此文件内包含一些对 printf() 的支持。我们看 main.c:

```
48    IWDG_HandleTypeDef hiwdg;           //看门狗结构体
```

上述代码用于定义看门狗结构体,再看看门狗初始化函数:

```
167    static void MX_IWDG_Init(void)
168  □{
169
170      hiwdg.Instance = IWDG;                       //寄存器基地址
171      hiwdg.Init.Prescaler = IWDG_PRESCALER_64;    //64分频
172      hiwdg.Init.Reload = 625;                     //装载值
173      if (HAL_IWDG_Init(&hiwdg) != HAL_OK)         //调用HAL库看门狗初始化函数
174  □   {
175        _Error_Handler(__FILE__, __LINE__);
176      }
177
178   }
```

这个函数很简单，设置两个参数，然后调用初始化函数。我们看 main()函数：

```
87
88      /* USER CODE BEGIN SysInit */
89
90      /* USER CODE END SysInit */
91
92      /* Initialize all configured peripherals */
93      MX_GPIO_Init();
94      MX_IWDG_Init();                //看门狗初始化
95      MX_USART3_UART_Init();         //串口初始化
96      printf("SYS_INIT_OK\r\n");
97      /* USER CODE BEGIN 2 */
98
99      HAL_IWDG_Start(&hiwdg);        //启动看门狗
100     /* USER CODE END 2 */
101
102     /* Infinite loop */
103     /* USER CODE BEGIN WHILE */
104     while (1)
105  □  {
106     /* USER CODE END WHILE */
107       HAL_IWDG_Refresh(&hiwdg);//1s内必须喂一次狗，否则单片机复位
108       HAL_Delay(900);            //小于1s，否则将会被看门狗复位
109       printf("Normal_state\r\n"); //字符串
110     /* USER CODE BEGIN 3 */
111
112  -  }
113     /* USER CODE END 3 */
114
115   }
116
```

main()函数首先初始化各个模块（注意：MX_USART3_UART_Init()函数定义在 printf.c 文件中），然后启动看门狗。我们来看第 99 行的函数，其原型如下：

HAL_StatusTypeDef HAL_IWDG_Start(IWDG_HandleTypeDef *hiwdg)

这个函数很容易看懂，其实就是启动看门狗定时器，使其开始计数。在调用这个函数之后，必须定时地喂狗，不然会导致系统复位，这是程序员应该遵守的。

我们看 while 循环中的内容，首先介绍喂狗函数：

HAL_StatusTypeDef HAL_IWDG_Refresh(IWDG_HandleTypeDef *hiwdg)

这个函数会重新装载看门狗定时器，程序必须定时地调用它。接下来是延时 1s（实际上延时须小于 1s），然后发送字符串 "Normal_state\r\n"。

2.17.4 实验步骤

（1）正确连接主机箱，打开主板电源，用一条 USB 线连接 Jlink，用另一条 USB 线连接 USB2 接口和 PC 的 USB 口。

（2）编译工程并下载，或打开实验例程，在文件夹"\实验例程\基础模块实验\IWDG\Project"下双击打开工程，单击 重新编译工程。

（3）将连接好的硬件平台上电（务必按下开关上电），然后单击 将程序下载到 STM32F103 单片机里。

（4）打开串口调试助手 XCOM，设置波特率为 115200，把主板上的串口 3 选择 S20 拨动开关打到"USB 转串口"一侧。下载完后可以单击 → ，使程序全速运行；也可以将机箱重新上电，让刚才下载的程序重新运行。

（5）我们可以看到，由于 while 循环中每秒喂狗一次，程序并没有什么异样，每秒打印一次字符串"Normal_state"（图 2-17-3）。如果增加延时或者减少延时，程序会怎么样呢？希望读者自己去调试，了解看门狗机制。

图 2-17-3　实验结果

2.18 窗口看门狗实验

2.18.1 实验目的

● 掌握窗口看门狗运行原理。
● 了解窗口看门狗配置方法。

2.18.2 实验环境

硬件：装有 STM32F103ZE 核心板的实验箱、PC、USB 线。

软件：Windows 10/Windows 7/Windows XP、KEIL5、STM32CubeMX、STM32F10x_StdPeriph_Lib_V3.5.0 固件库和 HAL 库。

学时：6 学时。

2.18.3 实验原理

上节我们介绍了看门狗存在的意义,并且利用 STM32 自带的独立看门狗做了一个小实验。STM32 有两个看门狗,本节将做另外一个看门狗（窗口看门狗）的实验。

本实验将使用串口每 1ms 发送一次字符"1",并在每一次喂狗时发送一次字符串"ok"。

1. STM32 窗口看门狗介绍

对于一般的看门狗,如果程序意外地跳转到了一个喂狗程序中,则看门狗有可能失效。为了解决这一问题,芯片制造者设计了另一种看门狗——窗口看门狗。这类看门狗不可以过早或过迟地喂狗,否则都会导致芯片复位,只能在一个有限的窗口里喂狗,这提高了看门狗的实用性,但也增加了其使用难度。

对于大部分的 STM32 MCU,其中都有两个看门狗定时器,独立看门狗完全独立于 STM32 主要核心,不依赖 STM32 的核心资源,常作为独立于系统之外的看门狗设备,且精度要求较低;而窗口看门狗挂在 APB1 总线上,使用的是 APB1 总线的外设时钟,用于检测应用程序非正常的过迟或过早的行为,比较适合用于要求看门狗在精确计时窗口内起作用的应用程序。STM32 的窗口看门狗有一个 7 位的递减计数器,其计数脉冲来自 APB1 总线（PLCK1）时钟分频。窗口看门狗的窗口下限由硬件决定,始终为 3FH。上限由 CFR 寄存器的低 7 位决定,该值必须大于 3FH,否则窗口就不存在了。

STM32 的窗口看门狗还可以触发中断。在其计数器的值为 40H 时,窗口看门狗会产生一个名为"早期唤醒中断"的中断请求,如果使能该中断,则会进入相应的中断服务程序。可以利用这个中断喂狗,这样 MCU 就不会复位了。

该看门狗计数器的计数值小于 40H 或者在窗口之外喂狗都会导致窗口看门狗复位,如图 2-18-1 所示。

我们可以看到,只有在计数值大于 3FH 并小于 W[6:0]的范围内可以喂狗。

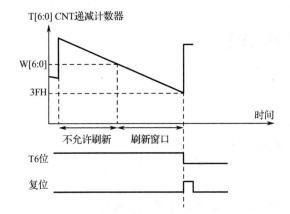

计算超时的公式如下：

$$T_{WWDG}=T_{PCLK1}\times4096\times2^{WDGTB}\times(T[5:0]+1) \qquad (ms)$$

其中：

$$T_{WWDG}\text{——WWDG 超时时间}$$

$$T_{PCLK1}\text{——APB1 以 ms 为单位的时钟间隔}$$

PCLK1=36MHz 时的最小和最大超时值

WDGTB	最小超时值	最大超时值
0	113μs	7.28ms
1	227μs	14.56ms
2	455μs	29.12ms
3	910μs	58.25ms

图 2-18-1　超时时间计算

根据图 2-18-1 中的公式，窗口看门狗的计数脉冲来自 PCLK1 时钟分频 4096×2^{WDGTB}，WDGTB 可以为 0～3，一共 4 种可能，就有了 4 种不同的超时时间。

2. 硬件设计

本实验只用到串口，具体硬件设计请看串口实验。

3. 软件设计

打开窗口看门狗的 STM32CubeMX 文件，可以看到如下配置。
SYSCLK/HCLK 配置为 72MHz。
使能窗口看门狗（图 2-18-2）。

图 2-18-2　使能窗口看门狗

配置窗口看门狗（图 2-18-3）。

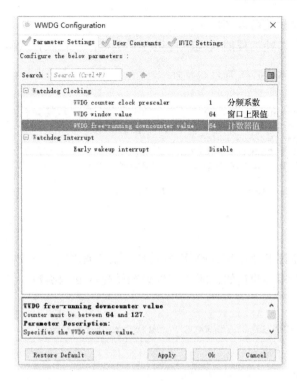

图 2-18-3 配置窗口看门狗

使能早期唤醒中断（图 2-18-4）。

图 2-18-4 使能早期唤醒中断

简单地设置几个参数就可以使用了。

接下来，我们来看实验工程的代码。首先打开工程，从初始化代码开始：

```
171   static void MX_WWDG_Init(void)
172   {
173
174     hwwdg1.Instance = WWDG;                          //初始化窗口看门狗
175     hwwdg1.Init.Prescaler = WWDG_PRESCALER_8;        //看门狗定时计数器时钟分频系数
176     hwwdg1.Init.Window = 0x5f;                       //窗口上限值
177     hwwdg1.Init.Counter = 0x7f;                      //看门狗定时计数器当前计数值
178     if (HAL_WWDG_Init(&hwwdg1) != HAL_OK)            //初始化
179     {
180       _Error_Handler(__FILE__, __LINE__);
181     }
182
183   }
```

初始化代码将前面在 STM32CubeMX 软件中所做的配置一一实现。本实验用到了中断，按照我们的经验，中断相关的初始化应该在外设初始化的回调函数中实现，找到 MSP 文件，可以看到这个函数：

```
80    void HAL_WWDG_MspInit(WWDG_HandleTypeDef* hwwdg)
81    {
82
83      if(hwwdg->Instance==WWDG)
84      {
85      /* USER CODE BEGIN WWDG_MspInit 0 */
86
87      /* USER CODE END WWDG_MspInit 0 */
88        /* Peripheral clock enable */
89        __HAL_RCC_WWDG_CLK_ENABLE();                   //使能时钟
90        /* WWDG interrupt Init */
91        HAL_NVIC_SetPriority(WWDG_IRQn, 0, 0);         //设置优先级
92        HAL_NVIC_EnableIRQ(WWDG_IRQn);                 //使能中断
93      /* USER CODE BEGIN WWDG_MspInit 1 */
94
95      /* USER CODE END WWDG_MspInit 1 */
96      }
97
98    }
```

这个函数和我们想象的一样。不过，它除了配置中断，还使能了窗口看门狗的时钟，这些步骤都是必不可少的。

既然使能了中断，那么必然有与之对应的中断服务函数和中断服务回调函数被定义。依据 HAL 库定义的程序框架，中断服务函数应该是一个无返回值、无入口参数、名字被事先定好的函数，这个函数将在 STM32 内核发生窗口看门狗相关中断请求时由系统自动调用，对使用 STM32CubeMX 生成的工程来说，它通常被定义为：

```
190   void WWDG_IRQHandler(void)              //窗口看门狗中断服务函数
191   {
192     /* USER CODE BEGIN WWDG_IRQn 0 */
193
194     /* USER CODE END WWDG_IRQn 0 */
```

```
195        HAL_WWDG_IRQHandler(&hwwdg1); //HAL库的看门狗中断服务处理函数
196      /* USER CODE BEGIN WWDG_IRQn 1 */
197
198      /* USER CODE END WWDG_IRQn 1 */
199    }
200
```

在中断服务函数里，调用了 HAL 库定义的看门狗中断处理函数，它会分析中断产生的原因，并调用相应的回调函数。对于窗口看门狗来说，进入中断的唯一可能就是触发了早期唤醒中断。我们直接看这个中断回调函数，这个回调函数在 main.c 中定义：

```
67    void HAL_WWDG_WakeupCallback(WWDG_HandleTypeDef* hwwdg)        //窗口看门狗早期唤醒中断
68    {
69      HAL_WWDG_Refresh(&hwwdg1,0x7f);                              //喂狗
70      printf("ok\r\n");                                           //打印喂狗成功标志
71    }
72
```

可以看到，这个回调函数一共做了两件事：喂狗和打印成功标志。每当窗口看门狗计数器临近 0x3F，即将产生复位时，首先会触发早期唤醒中断，在中断中喂狗以避免产生复位。

关于喂狗函数，其原型如下：

HAL_StatusTypeDef HAL_WWDG_Refresh(WWDG_HandleTypeDef *hwwdg, uint32_t Counter)

它有两个入口参数，第一个是窗口看门狗的结构体指针类型。对于这个参数，STM32 CubeMX 定义了与之对应的变量，将其以取地址的形式赋给这个函数即可。第二个参数用于设置看门狗计数器的计数值，每次喂狗都需要重新设置看门狗计数器的计数值，一般设置为 0x7F，也就是最大的计数值。

我们看逻辑实现部分，直接看 main()函数：

```
85     HAL_Init();
86
87     /* USER CODE BEGIN Init */
88
89     /* USER CODE END Init */
90
91     /* Configure the system clock */
92     SystemClock_Config();
93
94     /* USER CODE BEGIN SysInit */
95
96     /* USER CODE END SysInit */
97
98     /* Initialize all configured peripherals */
99     MX_GPIO_Init();
100    MX_WWDG_Init();
101
102    /* USER CODE BEGIN 2 */
103    MX_USART3_UART_Init();
104    printf("SYS_INIT_OK\r\n");        //打印初始化成功标志
105    HAL_WWDG_Start_IT(&hwwdg1);       //启动看门狗并使能其中断
106    /* USER CODE END 2 */
107
108    /* Infinite loop */
109    /* USER CODE BEGIN WHILE */
110    while (1)
111    {
```

```
112    /*    USER CODE END WHILE */
113        printf("1");                    //串口每1ms打印一次"1"字符，表示系统正在运行
114        HAL_Delay(1);
115    /* USER CODE BEGIN 3 */
116
117    }
```

我们可以看到，main()函数首先打印了一个"SYS_INIT_OK\r\n"字符串，再启动看门狗，最后在while(1)内每1ms打印一次字符"1"。这样，不喂狗的话，串口调试助手会频繁地打印"SYS_INIT_OK\r\n"字符串；如果喂狗，则应该频繁打印字符"1"，并周期性地插入"ok"字符串。

2.18.4　实验步骤

（1）正确连接主机箱，打开主板电源，用一条 USB 线连接 Jlink，用另一条 USB 线连接 USB2 接口和 PC 的 USB 口。

（2）编译工程并下载，或打开实验例程，在文件夹"\实验例程\基础模块实验\WWDG\ Project"下双击打开工程，单击 🔲 重新编译工程。

（3）将连接好的硬件平台上电（务必按下开关上电），然后单击 📥 将程序下载到STM32F103单片机里。

（4）打开串口调试助手 XCOM，设置波特率为 115200，把主板上的串口 3 选择 S20 拨动开关打到"USB 转串口"一侧。下载完后可以单击 🔍 → 🗒，使程序全速运行；也可以将机箱重新上电，让刚才下载的程序重新运行。

（5）实验结果 1 如图 2-18-5 所示。

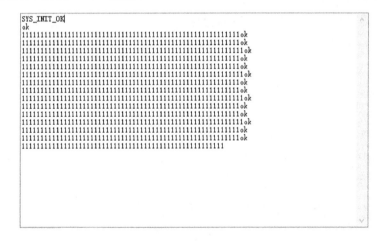

图 2-18-5　实验结果 1

在有喂狗功能的程序中，每1ms 都会打印一个字符"1"，并且周期性地插入字符串"ok"，表示喂狗成功。我们在早期唤醒回调函数中注释掉喂狗程序，可以看到如图 2-18-6 所示的结果。

在不喂狗的情况下，程序将周期性地复位，达到实验目的。

```
SYS_INIT_OK
ok
111111111111111111111111111111111111111111111111111111111ok
1SYS_INIT_OK
ok
111111111111111111111111111111111111111111111111111111111ok
1SYS_INIT_OK
ok
111111111111111111111111111111111111111111111111111111111ok
1SYS_INIT_OK
ok
111111111111111111111111111111111111111111111111111111111ok
1SYS_INIT_OK
ok
111111111111111111111111111111111111111111111111111111111ok
1SYS_INIT_OK
ok
111111111111111111111111111111111111111111111111111111111ok
1SYS_INIT_OK
ok
111111111111111111111111111111111111111111111111111111111ok
1SYS_INIT_OK
ok
111111111111111111111111111111111111111111111111111111111ok
1
```

图 2-18-6　实验结果 2

第3章

主板显示模块实验

3.1　16×16 **点阵** LED **扫描显示实验**

3.1.1　实验目的

- 了解阵列扫描原理。
- 利用阵列扫描原理显示字符。

3.1.2　实验环境

硬件：装有 STM32F103ZE 核心板的实验箱、PC、USB 线。

软件：Windows 10/Windows 7/Windows XP、KEIL5、STM32CubeMX、STM32F10x_StdPeriph_Lib_V3.5.0 固件库和 HAL 库。

学时：8 学时。

3.1.3　实验原理

点阵 LED 显示屏作为一种现代电子媒体，具有使用灵活（可任意分割和拼装）、高亮度、长寿命、数字化、实时性等特点，应用非常广泛。本实验将介绍双色点阵的使用方法。

1．点阵和主要驱动芯片介绍

一个数码管由 8 个 LED 小灯组成。同理，一个 8×8 点阵 LED 就由 64 个 LED 小灯组成。图 3-1-1 就是一个点阵 LED 最小单元，即一个 8×8 点阵 LED，它的内部结构原理图如图 3-1-2 所示。

LED 点阵的内部连接和多位数码管是一样的，所以，对于点阵的驱动也是动态扫描的过程，而双色点阵可以理解为两种颜色点阵的组合，所以一个 8×8 双色点阵比起同等大小的单色点阵要多出 8 个引脚。我们使用的开发板的点阵屏就由 4 个红黄双色点阵组成。

控制一个双色点阵需要 24 个 IO 口，对于资源紧缺的单片机来说，这无疑是一种巨大的浪费，而且点阵发光所需的电流全部由单片机提供，一般的

图 3-1-1　点阵 LED 最小单元

单片机是承受不了这么大的电流的，所以，在控制点阵时，一般都会加一些驱动芯片，将驱动点阵的任务外放出去，而单片机需要做的就是控制几个芯片。

根据动态显示的原理，要求某一时刻仅有一行发光，可以选择译码器来驱动，开发板选择的是一个 4-16 译码器——74LS154（图 3-1-3）。它的真值表见表 3-1-1。

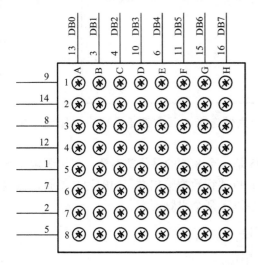

图 3-1-2　8×8 点阵 LED 内部结构原理图

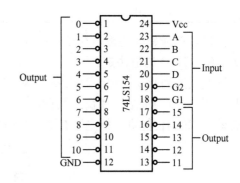

图 3-1-3　74LS154

表 3-1-1　74LS154 真值表

Input						Low Output*
$\overline{G1}$	$\overline{G2}$	D	C	B	A	
L	L	L	L	L	L	0
L	L	L	L	L	H	1
L	L	L	L	H	L	2
L	L	L	L	H	H	3
L	L	L	H	L	L	4
L	L	L	H	L	H	5
L	L	L	H	H	L	6
L	L	L	H	H	H	7
L	L	H	L	L	L	8
L	L	H	L	L	H	9
L	L	H	L	H	L	10
L	L	H	L	H	H	11
L	L	H	H	L	L	12
L	L	H	H	L	H	13

续表

Input						Low Output*	
$\overline{G1}$	$\overline{G2}$	D	C	B	A		
L	L	H	H	H	L	14	
L	L	H	H	H	H	15	
L	H	×	×	×	×	—	
H	L	×	×	×	×	—	
H	H	×	×	×	×	—	

注意，该译码器的输出在正常情况下只有一个为低电平，其余都是高电平，低电平引脚由 A、B、C、D 的值决定。

开发板的列驱动采用 74HC595 方案，74HC595 是一个 8 位的移位寄存器，可以无限制地级联。图 3-1-4 就是它的引脚排列图，Q0～Q7 为 8 位并行数据输出端，MR 为复位脚，低电平有效，OE 为使能脚，低电平有效，我们需要关注以下几个引脚。

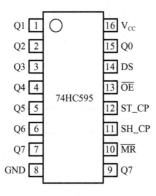

图 3-1-4　74HC595 引脚排列图

SH_CP：串行时钟输入。

DS：串行数据输入，数据总是在 SH_CP 的上升沿以 MSB 在前的方式被串行地送入 DS 引脚。

ST_CP：加载数据引脚，移位寄存器中的数据总是在 ST_CP 的上升沿被移入输出引脚。

Q7：所有溢出的数据都从这个引脚被移出移位寄存器，用于多个 74HC595 的级联。在这种场合，所有的 74HC595 的 ST_CP 和 SH_CP 应该接在一起，而主控设备的数据输出接第一个 74HC595 的 DS，之后每一个 74HC595 的 DS 应该接前一级 74HC595 的 Q7 引脚。

我们使用 74LS154 控制行和 74HC595 控制列的方案，大大减少了 IO 口的数量，避免了 MCU 直接驱动点阵屏。

2. 硬件设计

双色点阵 LED 原理图如图 3-1-5 所示。

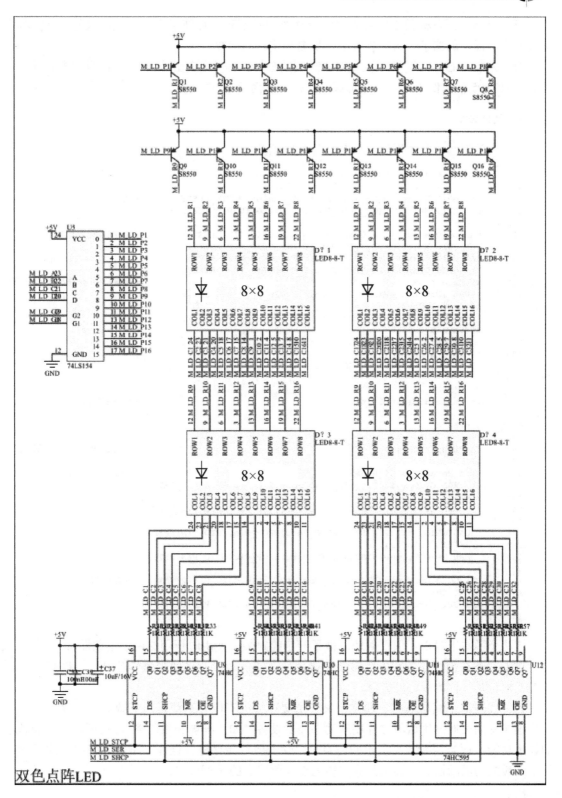

图 3-1-5 双色点阵 LED 原理图

可以看到，开发板关于双色点阵的驱动控制基本和芯片使用方法一致，只是在行控制上略有不同，行控制加了一组三极管用于扩流和逻辑非运算。

根据之前对芯片的了解，以及对原理图的分析，需要行输出低电平，使得三极管导通，然后 74HC595 输出低电平使点阵形成电位差，从而使 LED 发亮。

3. 软件设计

打开实验工程，首先看到这两款芯片的驱动部分：

```
118    void Write_154(uint8_t data)                                    //74LS154驱动
119  □{
120      HAL_GPIO_WritePin(G1_GPIO_Port,G1_Pin,GPIO_PIN_RESET);        //使能芯片
121      HAL_GPIO_WritePin(G2_GPIO_Port,G2_Pin,GPIO_PIN_RESET);
122
123      HAL_GPIO_WritePin(A_GPIO_Port,A_Pin,GPIO_PIN_RESET);          //ABCD全部置为低电平
124      HAL_GPIO_WritePin(B_GPIO_Port,B_Pin,GPIO_PIN_RESET);
125      HAL_GPIO_WritePin(C_GPIO_Port,C_Pin,GPIO_PIN_RESET);
126      HAL_GPIO_WritePin(D_GPIO_Port,D_Pin,GPIO_PIN_RESET);
127      if(data & 0x01)                                               //分析哪些引脚需要为高电平
128        HAL_GPIO_WritePin(A_GPIO_Port,A_Pin,GPIO_PIN_SET);
129      if(data & 0x02)
130        HAL_GPIO_WritePin(B_GPIO_Port,B_Pin,GPIO_PIN_SET);
131      if(data & 0x04)
132        HAL_GPIO_WritePin(C_GPIO_Port,C_Pin,GPIO_PIN_SET);
133      if(data & 0x08)
134        HAL_GPIO_WritePin(D_GPIO_Port,D_Pin,GPIO_PIN_SET);
135  }
136
137    void Write_595(uint32_t data)                                  //74HC595驱动
138  □{
139      uint16_t i;
140
141      for(i=0;i<32;i++)                                             //4个74HC595一共32位数据
142  □    {
143        if(data&(0x80000000>>i))                                   //MSB在前，串行发送
144          HAL_GPIO_WritePin(SER_GPIO_Port,SER_Pin,GPIO_PIN_SET);
145        else
146          HAL_GPIO_WritePin(SER_GPIO_Port,SER_Pin,GPIO_PIN_RESET);
147
148        HAL_GPIO_WritePin(SHCP_GPIO_Port,SHCP_Pin,GPIO_PIN_RESET);
149        //HAL_Delay(1);
150        HAL_GPIO_WritePin(SHCP_GPIO_Port,SHCP_Pin,GPIO_PIN_SET);
151  ─    }
152      HAL_GPIO_WritePin(STCP_GPIO_Port,STCP_Pin,GPIO_PIN_RESET);   //加载数据
153      //HAL_Delay(1);
154      HAL_GPIO_WritePin(STCP_GPIO_Port,STCP_Pin,GPIO_PIN_SET);
155  }
```

这两个函数很简单，仅仅对底层做了一定的封装，使用时调用这两个函数即可。

对于动态扫描程序，我们通常会将显示什么和怎么显示这两个操作分开，这样有利于程序的架构，是一种比较好的方法。

为了实现这个编程思路，通常定义一个缓存数组来保存当前显示的数据，只需要保证有一个程序周期性地利用这段缓存刷新动态显示设备（如点阵屏和数码管），就可以保证最基本的显示功能，而当需要改变显示的内容时，仅需要对显存进行操作，不会阻塞程序的运行，保证了最大的灵活性。下面就是本实验为点阵所建立的缓存数组：

```
43    uint32_t buf[16];
```

对于 16×16 点阵，每行 2 字节，一共 16 行，需要 32 字节作为缓存；而对于双色点阵，则需要两倍的数据量。将缓存的元素设置为 32 位变量。接下来，我们来看一看保证最基本显示功能的函数实现：

```
192    void LED_Write_Data(void)
193 ⊟ {
194      int i;
195      uint16_t j=0;
196      for(i=7;i>=0;i--)              //写前8个数据
197 ⊟    {
198        Write_154(i);               //选中某行
199        Write_595(buf[j]);          //发送行数据
200        delay_us(500);              //延时保证亮度
201        Write_595(0xffffffff);      //消影
202 //     delay_us(10);
203        j++;
204      }
205      for(i=15;i>=8;i--)            //写前8个数据
206 ⊟    {
207        Write_154(i);
208        Write_595(buf[j]);
209        delay_us(500);
210        Write_595(0xffffffff);
211 //     delay_us(10);
212        j++;
213      }
214    }
```

上述代码非常简单，先提取 buf 数组里的数据写入 74HC595，然后延时使显示时间变长，否则亮度会很低。最后一步消影很重要，必须将 74HC595 中的数据显示清除，否则会看到上一次显示残留的影子。这个函数必须在某个服务里周期性地被调用，这是动态扫描的关键所在。

那么程序又是如何更改这些缓存的呢？这归功于另一个函数：

```
157    void set_dot(uint16_t x,uint16_t y,uint16_t colour)
158 ⊟ {
159      if(colour == 1)                        //分析需要显示的颜色，从而进行不同的操作
160        buf[x] &= ~(0x00000001<<y*2);
161      if(colour == 2)
162        buf[x] &= ~(0x00000001<<(y*2+1));
163      if(colour == 3)
164 ⊟    {
165        buf[x] &= ~(0x00000001<<y*2);
166        buf[x] &= ~(0x00000001<<(y*2+1));
167      }
168    }
```

这个函数从名字就能看出来，其实就是一个画点函数，第一个入口参数和第二个入口参数为点的地址信息，第三个入口参数为点的颜色信息。分析源码可知，对于不同的颜色，须执行不同的画点操作。实际上，双色点阵可以组合出三种颜色，红色和黄色一起亮的情况下可以产生橙色。

以下两个函数提供了方便的调用方法：

```
170    void LED_buf_clear(void)
171   {
172      uint16_t i=0;
173      for(i=0;i<16;i++)
174        buf[i] = 0xffffffff;
175    }
176
177    void display_char(uint8_t *dat,uint16_t colour)
178   {
179      uint16_t i,j;
180      for(i=0;i<16;i++)
181      {
182        for(j=0;j<8;j++)
183        {
184          if((dat[i*2]&(0x01<<j)) == 0)
185            set_dot(i,15-j,colour);
186          if((dat[i*2+1]&(0x01<<j)) == 0)
187            set_dot(i,15-(j+8),colour);
188        }
189      }
190    }
191
```

第一个函数很简单，将 buf 数组的内容全部清空，其作用正如其名字一样，将显示的内容全部清空。

第二个函数 display_char()用于在点阵上显示一个图像，调用者仅需要提供显示的数据和颜色。

调用者所提供的显示数据须与缓存大小相等，毕竟该函数需要铺满整个点阵。那么显示数据怎么获得呢？我们以 0 表示显示，1 表示不显示，变量的每一位表示点阵的一个 LED 灯。注意，双色点阵虽然每一个点有两个灯，但颜色由另一个入口参数指定。显示数据可以自己按照规则写出来，或者找一款字模生成软件（图 3-1-6）。

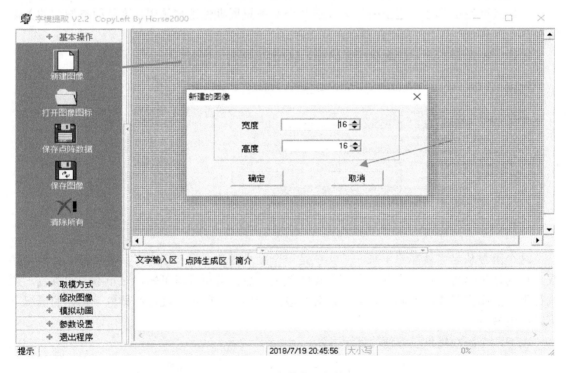

图 3-1-6　字模生成软件

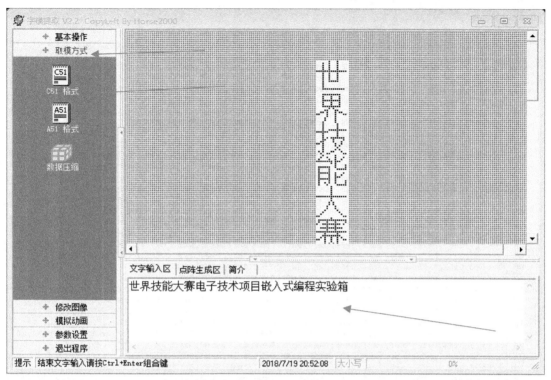

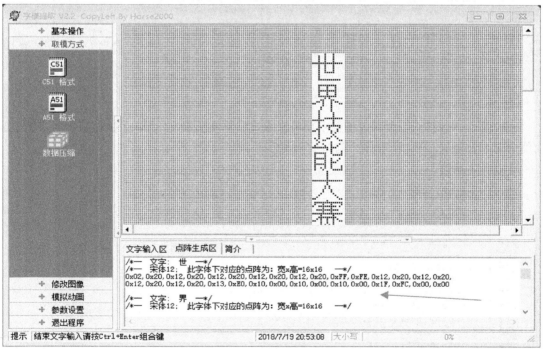

图 3-1-6 字模生成软件（续）

可以看到，在软件中取出对应字符的显示数据，将其以数组的形式定义到工程中，就可以利用这些数据显示我们想要的字符。

```
45   uint8_t data[]=
46 □{
47     0xDF,0xFF,0xDF,0xFF,0xDF,0xFF,0x01,0x80,0xDF,0xBF,0xDF,0xBF,0x00,0xB8,0xDF,0xBB,
48     0xDF,0xBB,0xDF,0xBB,0x00,0xB8,0xDF,0xBF,0xDF,0xBF,0xDF,0xBF,0xDF,0xFF,0xFF,0xFF,/*"?",0*/
49     0xFF,0xF7,0xFF,0xF7,0xFF,0xFB,0x01,0x7B,0x6D,0x9D,0x6D,0xE1,0x6D,0xFE,0x01,0xFF,
50     0x6D,0xFE,0x6D,0x01,0x6D,0xFD,0x01,0xFB,0xFF,0xFB,0xFF,0xF7,0xFF,0xF7,0xFF,0xFF,/*"?",1*/
51     0xEF,0xFB,0xEF,0xBB,0xEF,0x7D,0x00,0x80,0xEF,0xFE,0x6F,0x7F,0xEF,0x77,0xD7,0xBF,
52     0x77,0xBC,0x77,0xD3,0x00,0xEF,0x77,0xD7,0x77,0xB9,0x77,0x7E,0xF7,0x7F,0xFF,0xFF,/*"?",2*/
53     0xF7,0xFF,0x33,0x00,0xB5,0xED,0xB6,0xED,0xB7,0xAD,0xB5,0x6D,0x33,0x80,0xE7,0xFF,
54     0xFF,0xFF,0x80,0x81,0x77,0x77,0x77,0x77,0x7B,0x7B,0x7D,0x7D,0x1F,0x1F,0xFF,0xFF,/*"?",3*/
55     0xDF,0x7F,0xDF,0x7F,0xDF,0xBF,0xDF,0xDF,0xDF,0xEF,0xDF,0xF3,0xDF,0xFC,0x00,0xFF,
56     0xDF,0xFC,0xDF,0xFC,0xDF,0xF3,0xDF,0xBF,0xDF,0xDF,0x7F,0xDF,0xFF,0xFF,0xFF,0xFF,/*"?",4*/
57     0x77,0xF7,0x79,0xF7,0x5D,0xFB,0x55,0x7D,0x55,0x40,0x01,0xBD,0x55,0xDD,0x54,0xE1,
58     0x55,0xDD,0x01,0xBD,0x55,0x40,0x55,0xFD,0x5D,0xFB,0x75,0xF7,0x79,0xF7,0x7F,0xFF,/*"?",5*/
59     0xFF,0xFF,0xFF,0xFF,0x07,0xE0,0x77,0xF7,0x77,0xF7,0x77,0xF7,0x77,0xF7,0x00,0x80,
60     0x77,0x77,0x77,0x77,0x77,0x77,0x77,0x77,0x07,0x60,0xFF,0x7F,0xFF,0x0F,0xFF,0xFF,/*"?",6*/
61     0x7F,0xEF,0x7F,0x7D,0xFF,0x7D,0xFF,0x7D,0xFF,0x7D,0xFF,0xBF,0x7D,0x7F,0x1D,0x80,
62     0x5D,0xFF,0x6D,0xFF,0x75,0xFF,0x79,0xFF,0x7D,0xFF,0x7F,0x7F,0x7F,0xFF,0x7F,0xFF,/*"?",7*/
63     0xEF,0xFB,0xEF,0xBB,0xEF,0x7D,0x00,0x80,0xEF,0xFE,0x6F,0x7F,0xF7,0x7F,0x77,0xBF,
64     0x77,0xBC,0x77,0xD3,0x00,0xEF,0x77,0xD7,0x77,0xB9,0x77,0x7E,0xF7,0x7F,0xFF,0xFF,/*"?",8*/
65     0xFF,0xEF,0xEF,0xF7,0xEF,0xFB,0xEF,0xFD,0xEF,0xFE,0x2F,0xFF,0xCF,0xFF,0x00,0x00,
66     0xCF,0xFF,0x2F,0xFF,0xED,0xFE,0xE3,0xFD,0xF7,0xFB,0xEF,0xF7,0xFF,0xEF,0xFF,0xFF,/*"?",9*/
67     0xF7,0xEF,0xF7,0xCF,0xF7,0xEF,0x07,0xF0,0xF7,0xF7,0xF7,0xF7,0xFF,0x7F,0x0D,0xB0,
68     0xED,0xDF,0xE5,0xE7,0x29,0xF8,0xED,0xEF,0xED,0xDF,0x0D,0xB0,0xFD,0x7F,0xFF,0xFF,/*"?",10*/
69     0xFF,0xFF,0xFF,0xFF,0x01,0x00,0xDD,0xBD,0xDD,0xBD,0xDD,0xBD,0xDD,0xBD,0xDD,0xBD,
70     0xDD,0xBD,0xDD,0xBD,0xDD,0xBD,0xDD,0xBD,0x01,0x00,0xFF,0xFF,0xFF,0xFF,0xFF,0xFF,/*"?",11*/
71     0x7F,0xEF,0x7F,0xEF,0x7F,0x11,0x80,0x77,0xDB,0x77,0xDB,0x77,0xDB,0x17,0x80,0x70,
72     0xF7,0x7E,0x77,0xBF,0x87,0xCF,0xB7,0xF0,0xB1,0xCF,0xBF,0xBE,0x3F,0x7F,0xFF,0xFF,/*"?",12*/
73     0xFF,0x7F,0xFF,0xBF,0xFF,0xDF,0xFF,0xEF,0xFF,0xF3,0xFE,0xFC,0x1D,0xFF,0xE3,0xFF,
74     0x1F,0xFF,0xFF,0xFC,0xFF,0xF3,0xFF,0xCF,0xFF,0xBF,0xFF,0x7F,0xFF,0x7F,0xFF,0xFF,/*"?",13*/
75     0xEF,0xFF,0xEF,0xDF,0x6F,0x9F,0x6F,0xDF,0x6F,0xC0,0x6F,0xEF,0x6F,0xEF,0xEF,0xEF,
76     0xEF,0xEF,0x00,0xFC,0xEF,0xF3,0xEF,0xEE,0xDF,0x6F,0x9B,0xEF,0xEF,0x07,0xEF,0xFF,/*"?",14*/
77     0xDF,0xDD,0xCF,0x98,0x53,0xDD,0x9C,0xED,0xCF,0xAD,0xFF,0xC7,0x03,0xF8,0xDB,0x00,
78     0xDA,0xF6,0xD9,0x80,0xDB,0xF6,0xDB,0xC0,0xDB,0x76,0xC3,0x00,0xFF,0xFF,0xFF,0xFF,/*"?",15*/
79     0xDB,0xF7,0xDB,0xF9,0x5B,0xFE,0x01,0x00,0xDC,0xFE,0xDD,0xF9,0xFF,0xBF,0xC1,0xB6,
80     0xDD,0xB6,0xDD,0xB6,0xDD,0x80,0xDD,0xB6,0xDD,0xB6,0xC1,0xB6,0xFF,0xBE,0xFF,0xFF,/*"?",16*/
81     0xEF,0xFB,0xF3,0x7B,0x7B,0xFB,0xBB,0xEB,0xB8,0x89,0xDB,0xFA,0xF9,0xF3,
82     0x0B,0xF8,0xDB,0xF3,0xEB,0xFB,0xDB,0xFB,0xEB,0x7B,0xF3,0xFB,0xFF,0xF3,0x7F,/*"?",17*/
83     0xFD,0xF7,0x05,0xE7,0x7D,0xB7,0x7D,0x7B,0x01,0xBB,0x7F,0xC0,0xBF,0xBF,0xDF,0xBB,
84     0xAF,0xA7,0xB3,0xBE,0xBC,0xB1,0xB3,0x9F,0xAF,0xA7,0xDF,0xB8,0xBF,0xBF,0xFF,0xFF,/*"?",18*/
85     0xDF,0xBF,0x6F,0xDF,0x73,0xE7,0x78,0xF9,0x13,0x00,0x6B,0xFB,0x7B,0xE7,0xEB,0xFF,
86     0x37,0x00,0xB8,0x6D,0xBB,0x6D,0xB3,0x6D,0xAB,0x6D,0x3B,0x00,0xFB,0xFF,0xFF,0xFF,/*"?",19*/
87 □};
```

我们做了"世界技能大赛电子技术项目嵌入式编程实验箱"这20个字的字模，字模生成软件定义1为显示，0为不显示，与本实验相反。

我们看主函数：

```
242     MX_GPIO_Init();
243
244     /* USER CODE BEGIN 2 */
245
246     /* USER CODE END 2 */
247
248     /* Infinite loop */
249     /* USER CODE BEGIN WHILE */
250     //display_char(data);
251     LED_buf_clear();
252     display_char(data,3);
253 //  set_dot(0,0,1);
254 //  set_dot(0,15,1);
255 //  set_dot(2,0,1);
256 //  set_dot(4,0,1);
257     while (1)
258 □   {
259     /* USER CODE END WHILE */
260       LED_buf_clear();
261       display_char(data+j*2,k);
```

```
262        LED_Write_Data();
263        if(++i == 20)
264        {
265          i=0;
266          if(++j == 19*16)
267          {
268            j = 0;
269            if(++k == 4)
270              k = 1;
271          }
272
273        }
274    /* USER CODE BEGIN 3 */
275
276    }
277    /* USER CODE END 3 */
278
279 }
```

可以看到，每进入一次 while 循环都会执行一遍 LED_Write_Data()函数，保证显示功能。除此之外，同一字符将显示 20 个周期，而且每次显示数据的地址都仅往后移动 2 字节，达到移屏的效果，所有字都显示完毕之后将会换一种颜色继续从头显示。

3.1.4 实验步骤

（1）正确连接主机箱，打开主板电源，用 USB 线连接 Jlink。

（2）将代码烧录到开发板中，点阵屏上将自右向左移出"世界技能大赛电子技术项目嵌入式编程实验箱" 20 个字，并且每次移屏完成后将换一种颜色，其规律为黄→红→橙→黄，达到实验目的。

（3）或者打开实验例程，在文件夹 "\实验例程\主板显示模块实验\16_16_LED\Project" 下双击打开工程，单击 🔨 重新编译工程。将连接好的硬件平台上电（务必按下开关上电），然后单击 🔩 将程序下载到 STM32F103 单片机里。

（4）下载完后可以单击 🔍 → 📲，使程序全速运行；也可以将机箱重新上电，让刚才下载的程序重新运行。

（5）程序运行后，点阵 LED 上就会显示"世界技能大赛电子技术项目嵌入式编程实验箱"。

3.2 数码管显示实验

3.2.1 实验目的

- 了解数码管扫描原理。
- 利用数码管显示数字。

3.2.2 实验环境

硬件：装有 STM32F103ZE 核心板的实验箱、PC、USB 线。

软件：Windows 10/Windows 7/Windows XP、KEIL5、STM32CubeMX、STM32F10x_StdPeriph_Lib_V3.5.0 固件库和 HAL 库。

学时：6 学时。

3.2.3 实验原理

基本上每一个初学单片机的人都用过数码管这种显示元件。以前，多位数码管通常使用IO 口直接驱动，或者加一些外围的 IO 拓展芯片。但本质上，数码管的每一个灯珠都需要通过IO 口进行控制。利用 IO 口对这些灯珠进行特殊的控制，使多位数码管可以显示不同的数字，这种控制方式称为动态扫描。以人眼分辨不出的速度快速扫描数码管，每一时刻仅有一个数码管显示，通过快速切换，制造多个数码管同时显示的假象，这是一种通用方法，其缺点也很明显，即需要单片机控制系统每隔一段毫秒级的时间刷新显示，这样会占用单片机的运行资源。

本实验将向大家介绍一个专用的显示控制器——TM1638，这个芯片可以直接驱动数码管、点阵和按键，分担了 MCU 的任务，减轻了 MCU 的负担，解放了 MCU 珍贵的内部资源。

1. TM1638 介绍

数码管是一种用来显示数码的元器件，在很多电子设备上都能用到（图 3-2-1）。

数码管按位数可以分为单位数码管和多位数码管，单位数码管的内部连接如图 3-2-2 所示。

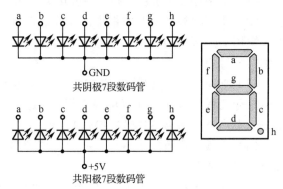

图 3-2-1　数码管　　　　　　　　　　　　　　　图 3-2-2　单位数码管内部连接

数码管其实由一些 LED 灯组合而成，按照 LED 灯的内部连接方法可以分为共阳极数码管和共阴极数码管，区别仅在于公共脚的连接方式。以共阳极数码管为例，公共脚设置为高电平，数码管各个段为低电平时，对应的 LED 灯发亮。例如，共阳极数码管的 b、c 脚为低电平，其余脚为高电平，则数码管显示 1。

多位数码管内部连接如图 3-2-3 所示。可以看到，比起单位数码管，多位数码管仅仅多了几组 LED 灯而已。而它们之间的连接很特别，将所有的 A、B、C 等段 LED 灯连接在一起，将所有的公共端分立，使得数码管的引脚减少了很多，但导致 4 个数码管不能同时显示不同的数字，如果要同时显示不同的数字，则要控制数码管在某个时刻显示其中一位，然后以人眼不能分辨的速度切换，使人看到多位数码管同时显示不同数字的假象，这种控制方式称为动态扫描。关于数码管我们就介绍到这里。

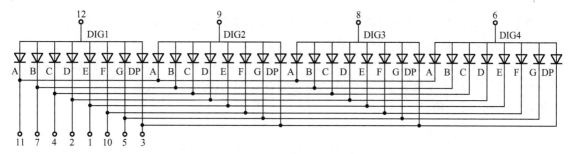

图 3-2-3 多位数码管内部连接

TM1638 是带键盘扫描接口的 LED 驱动控制专用电路，内部集成有 MCU 数字接口、数据锁存器、LED 高压驱动、键盘扫描等电路。它主要应用于冰箱、空调、家庭影院等产品的高段位显示屏驱动，具备如下特点。

① 采用功率 CMOS 工艺。

② 显示模式为 10 段×8 位。

③ 键扫描（8×3 位）。

④ 辉度调节电路（占空比 8 级可调）。

⑤ 串行接口（CLK、STB、DIO）。

⑥ 振荡方式为 RC 振荡（450kHz+5%）。

⑦ 内置上电复位电路。

⑧ 采用 SOP28 封装。

其引脚如图 3-2-4 所示。

其引脚功能见表 3-2-1。

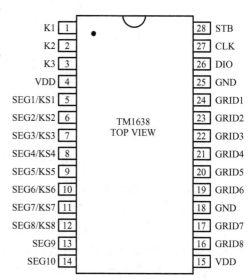

图 3-2-4 TM1638 显示驱动器引脚

表 3-2-1 TM1638 显示驱动器引脚功能

符　号	引脚名称	说　明
DIO	数据输入/输出	在时钟上升沿输入/输出串行数据，从低位开始
STB	片选	在上升或下降沿初始化串行接口，随后等待接收指令。STB 为低后的第一字节作为指令，当处理指令时，当前其他处理被终止。当 STB 为高时，CLK 被忽略
CLK	时钟输入	上升沿输入/输出串行数据
K1～K3	键扫数据输入	输入该脚的数据在显示周期结束后被锁存
SEG1/KS1～SEG8/KS8	输出（段）	段输出（也用作键扫描），P 管开漏输出
SEG9、SEG10	输出（段）	段输出，P 管开漏输出
GRID1～GRID8	输出（位）	位输出，N 管开漏输出
VDD	逻辑电源	5V±10%
GND	逻辑地	接系统地

在使用该芯片时，需要将 GRID1～GRID8 接数码管的位选，SEG1～SEG8 应该接数码管的段选。这样，TM1638 就可以控制数码管显示了。

TM1638 与单片机通信的引脚一共有三个，分别是 DIO、STB、CLK。在与该芯片通信时需要给这个芯片发送片选信号，这个片选信号通过 STB 引脚提供，低电平有效，这个芯片的通信时序如图 3-2-5 所示。

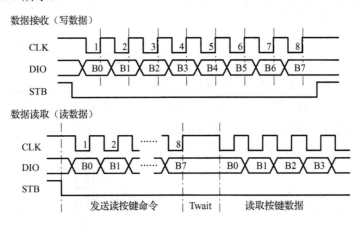

图 3-2-5　TM1638 显示驱动器通信时序

可以看到，数据总是在时钟的上升沿以 LSB 在前的方式串行传输，不管是读还是写，CLK 时钟总由主控设备控制，如 MCU。

对这个芯片的操作本质上是操作其寄存器，而操作寄存器首先需要知道其寄存器的组织结构及地址，TM1638 显示寄存器如图 3-2-6 所示。

SEG1	SEG2	SEG3	SEG4	SEG5	SEG6	SEG7	SEG8	SEG9	SEG10	×	×	×	×	×	×
××HL（低四位）				××HU（高四位）				××HL（低四位）				××HU（高四位）			
B0	B1	B2	B3	B4	B5	B6	B7	B0	B1	B2	B3	B4	B5	B6	B7
00HL				00HU				01HL				01HU			GRID1
02HL				02HU				03HL				03HU			GRID2
04HL				04HU				05HL				05HU			GRID3
06HL				06HU				07HL				07HU			GRID4
08HL				08HU				09HL				09HU			GRID5
0AHL				0AHU				0BHL				0BHU			GRID6
0CHL				0CHU				0DHL				0DHU			GRID7
0EHL				0EHU				0FHL				0FHU			GRID8

图 3-2-6　TM1638 显示寄存器

该寄存器存储通过串行接口从外部器件传送到 TM1638 的数据，地址 00H～0FH 共 16 字节单元，分别与芯片 SGE 和 GRID 引脚所接的 LED 灯对应。写入 LED 显示数据时，按照从显示地址的低位到高位，从数据字节的低位到高位操作。可以看到，每一位 GRID 都对应了 SEG 每 8 位一个地址，而 SEG9 和 SEG10 则与另外 6 个空位结合，在使用的时候设置为 0 即可。本实验仅仅用到 SEG 的 8 位，所以，仅需要 00H、02H、04H、06H、08H、0AH、0CH 和 0EH 这 8 个寄存器，将数码管显示的段码写入这几个寄存器，对应 GRID 各位连接的数码管位将会显示写入的数据。

那么怎么发送这样一个数据呢？这里有一个控制字的概念，操作寄存器首先需要发送一个控制字，这个控制字可能包含某些信息，见表 3-2-2。

表 3-2-2 TM1638 显示驱动器控制字结构（发送指令）

B7	B6	指 令
0	1	数据命令设置
1	0	显示控制命令设置
1	1	地址命令设置

这个控制字的最高位和次高位表示接下来的操作类型，对于每一种操作类型，其他位的具体设置见表 3-2-3。

表 3-2-3 TM1638 显示驱动器控制字结构（功能控制）

B7	B6	B5	B4	B3	B2	B1	B0	功 能	说 明
0	1					0	0	数据读/写模式设置	写数据到显示寄存器
0	1					1	0		读键扫数据
0	1	无关项，填 0			0			地址增加模式设置	自动地址增加
0	1				1				固定地址
0	1			0				测试模式设置	普通模式
0	1			1				（内部使用）	测试模式

值得一提的是这个自动地址增加模式，实际上芯片内部有一个寄存器保存着当前操作的地址，如果使能了地址自增，那么每次读取数据，这个保存地址的寄存器会自动指向下一个寄存器，也就是连续写模式。其命令控制见表 3-2-4。

表 3-2-4 TM1638 显示驱动器控制字结构（命令控制）

B7	B6	B5	B4	B3	B2	B1	B0	显示地址
1	1			0	0	0	0	00H
1	1			0	0	0	1	01H
1	1			0	0	1	0	02H
1	1			0	0	1	1	03H
1	1			0	1	0	0	04H
1	1	无关项，填 0		0	1	0	1	05H
1	1			0	1	1	0	06H
1	1			0	1	1	1	07H
1	1			1	0	0	0	08H
1	1			1	0	0	1	09H

B7	B6	B5	B4	B3	B2	B1	B0	显示地址
1	1	无关项，填0		1	0	1	0	0AH
1	1			1	0	1	1	0BH
1	1			1	1	0	0	0CH
1	1			1	1	0	1	0DH
1	1			1	1	1	0	0EH
1	1			1	1	1	1	0FH

当 B6、B7 都为 1 时，将 B0 和 B3 作为发送显示数据的地址，一共 16 个，本实验用到 8 个（表 3-2-5）。

表 3-2-5　TM1638 显示驱动器控制字结构（显示控制）

B7	B6	B5	B4	B3	B2	B1	B0	功　能	说　　明
1	0	无关项，填0			0	0	0	消光数量设置	设置脉冲宽度为 1/16
1	0				0	0	1		设置脉冲宽度为 2/16
1	0				0	1	0		设置脉冲宽度为 4/16
1	0				0	1	1		设置脉冲宽度为 10/16
1	0				1	0	0		设置脉冲宽度为 11/16
1	0				1	0	1		设置脉冲宽度为 12/16
1	0				1	1	0		设置脉冲宽度为 13/16
1	0				1	1	1		设置脉冲宽度为 14/16
1	0			0				显示开关设置	显示关
1	0			1					显示开

当将 B6、B7 设置为 10 时，就可以设置显示亮度和开关显示状态。

2. 硬件设计

打开硬件原理图，找到关于数码管的部分（图 3-2-7）。

可以看到，其芯片接法与我们前面提到的一致，按照前面的方法找到控制 TM1638 的 IO 口，其对应关系如下：

STB→PD13
DIO→PD14
CLK→PD15

3. 软件设计

打开实验工程，找到 TM1638 的头文件，查看 TM1638 模块提供哪些接口，然后分析源码：

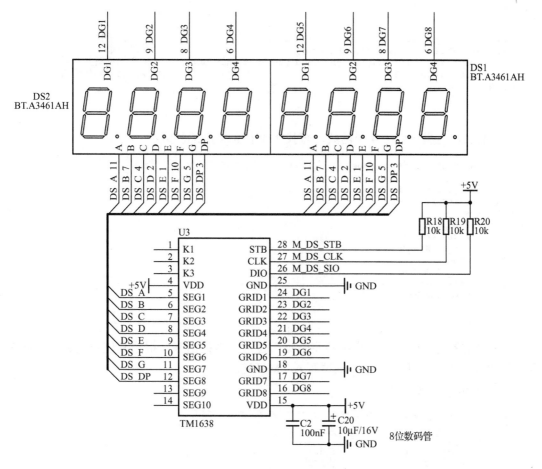

图 3-2-7 TM1638 硬件原理图

```
1  #ifndef _TM1638_H
2  #define _TM1638_H           //防止重复包含同一文件，通用做法
3
4  #include "main.h"
5  #include "stm32f1xx_hal.h"
6
7  #define DATA_COMMAND  0X40    //
8  #define DISP_COMMAND  0x80
9  #define ADDR_COMMAND  0XC0
10
11 //TM1638模块引脚定义
12 #define M_DS_STB_Pin          GPIO_PIN_13
13 #define M_DS_STB_Port         GPIOD
14 #define M_DS_CLK_Pin          GPIO_PIN_15
15 #define M_DS_CLK_Port         GPIOD
16 #define M_DS_SIO_Pin          GPIO_PIN_14
17 #define M_DS_SIO_Port         GPIOD
18
19 #define M_DS_STB_H            (M_DS_STB_Port->BSRR = M_DS_STB_Pin) //定义STB的置1操作
20 #define M_DS_STB_L            (M_DS_STB_Port->BRR  = M_DS_STB_Pin) //定义STB的置0操作
21
22 #define M_DS_CLK_H            (M_DS_CLK_Port->BSRR = M_DS_CLK_Pin) //定义CLK的置1操作
23 #define M_DS_CLK_L            (M_DS_CLK_Port->BRR  = M_DS_CLK_Pin) //定义CLK的置0操作
24
25 #define M_DS_SIO_H            (M_DS_SIO_Port->BSRR = M_DS_SIO_Pin) //定义DIO的置1操作
26 #define M_DS_SIO_L            (M_DS_SIO_Port->BRR  = M_DS_SIO_Pin) //定义DIO的置0操作
```

```
27
28
29   void TM1638_Write(unsigned char DATA);                    //写数据函数
30   void Write_COM(unsigned char cmd);                        //发送命令字
31   void Write_DATA(unsigned char add,unsigned char DATA);    //指定地址写入数据
32   void init_TM1638(void);                                   //TM1638初始化函数
33
34   #endif
35
```

可以看到，这里声明了 4 个函数，查找 TM1638_Write()函数：

```
 8  void TM1638_Write(unsigned char DATA)       //写数据函数
 9  {
10    unsigned char i;
11    for(i=0;i<8;i++)
12    {
13      M_DS_CLK_L;
14      if(DATA&0X01)
15        M_DS_SIO_H;
16      else
17        M_DS_SIO_L;
18      DATA>>=1;
19      M_DS_CLK_H;
20    }
21  }
```

对照之前的通信时序，这个函数将数据一位一位地拆出来，根据其值设置数据线电平，然后令 CLK 产生一个上升沿，将数据写入 TM1638。

查找 Write_COM()函数：

```
23  void Write_COM(unsigned char cmd)   //发送命令字
24  {
25    M_DS_STB_L;          //拉低片选
26    TM1638_Write(cmd);   //发送命令
27    M_DS_STB_H;          //释放片选
28  }
29
```

这个函数很简单，其实就是对前面的定义做了一些封装，仅此而已。

查找 Write_DATA()函数：

```
30  void Write_DATA(unsigned char add,unsigned char DATA)   //指定地址写入数据
31  {
32    Write_COM(0x44);          //发送数据命令设置控制字
33    M_DS_STB_L;               //拉低片选
34    TM1638_Write(0xc0|add);   //发送地址
35    TM1638_Write(DATA);       //发送数据
36    M_DS_STB_H;               //释放片选
37  }
```

这个函数用于发送一个数据给寄存器，其实现很简单，首先发送数据命令设置控制字，设置为固定地址，拉低片选后发送地址，紧接着发送数据，最后释放片选信号。

查找 init_TM1638()函数：

```
39  void init_TM1638(void)      //TM1638初始化函数
40  {
41    unsigned char i;
42    Write_COM(0x8b);          //8级亮度可调
43    Write_COM(0x40);          //采用地址自动加1
44    M_DS_STB_L;
45    TM1638_Write(0xc0);       //设置起始地址
```

```
46
47   for(i=0;i<16;i++)        //传送16字节数据
48     TM1638_Write(0x00);
49   M_DS_STB_H;
50 }
51
```

这个函数设置了一些基本的配置，首先设置亮度，然后使用地址自增方式连续清空显示寄存器中的数据。

这个文件还定义了 0~F 数码管的段码（由于数码管显示的限制，b 和 d 均为小写）。

```
4 //共阴数码管显示代码
5 uint8_t const tab[]={0x3F,0x06,0x5B,0x4F,0x66,0x6D,0x7D,0x07,
6                      0x7F,0x6F,0x77,0x7C,0x39,0x5E,0x79,0x71};
```

将这个数组定义为 const（只读）变量，使得其值在初始化之后不再改变，这是一种保护数据的方法。

我们看 main()函数：

```
92     /* Initialize all configured peripherals */
93     MX_GPIO_Init();
94
95     /* USER CODE BEGIN 2 */
96
97     init_TM1638();              //初始化TM1638
98     for(i=0;i<8;i++)
99       Write_DATA(i<<1,0x00);    //初始化寄存器
100
101    /* USER CODE END 2 */
102
103    /* Infinite loop */
104    /* USER CODE BEGIN WHILE */
105    while (1)
106    {
107    /* USER CODE END WHILE */
108      for(i=0;i<16;i++)          //循环显示0~F
109      {
110        for(j=0;j<8;j++)          //每显示一个数字需要发送8个显示数据
111        {
112          num[j] = i;
113          Write_DATA(j*2,tab[num[j]]);   //将数据发送到TM1638
114
115        }
116        HAL_Delay(500);           //延时500ms
117      }
118
119    /* USER CODE BEGIN 3 */
120
121    }
122    /* USER CODE END 3 */
123
124  }
125
```

这个函数先进行初始化，然后在 while 里编写逻辑。该函数在芯片内部建立了一个数组 num，用于缓存数码管显示的数据，只要一直更新这个数据，就可以改变显示的内容，读者可以试着修改源码以便理解。

3.2.4 实验步骤

（1）正确连接主机箱，打开主板电源，用 USB 线连接 Jlink。

（2）编译工程，将代码烧录到开发板中，可以看到，数码管以 500ms 的间隔从 0 显示到 F。或打开实验例程，在文件夹"\实验例程\b_主板显示模块实验\SEG\Project"下双击打开工程，单击 重新编译工程。

（3）将连接好的硬件平台上电（务必按下开关上电），然后单击 将程序下载到 STM32F103 单片机里。

（4）下载完后可以单击 → ，使程序全速运行；也可以将机箱重新上电，让刚才下载的程序重新运行。

（5）程序运行后，数码管以 500ms 的间隔从 0 显示到 F，达到实验目的。

3.3 OLED 显示实验

3.3.1 实验目的

了解 IIC 原理。

利用 OLED 扫描原理显示字符。

3.3.2 实验环境

硬件：装有 STM32F103ZE 核心板的实验箱、PC、USB 线。

软件： Windows 10/Windows 7/Windows XP、 KEIL5、 STM32CubeMX、 STM32F10x_StdPeriph_Lib_V3.5.0 固件库和 HAL 库。

学时：8 学时。

3.3.3 实验原理

OLED 又称有机发光二极管、有机发光半导体，是一种新型的显示器件。OLED 具有自发光、广视角、几乎无穷高的对比度、耗电较低、反应快等优点。

OLED 具有自发光的特性，采用非常薄的有机材料涂层和玻璃基板，当有电流通过时，这些有机材料就会发光。OLED 显示屏可视角度大，并且能够节省电能，从 2003 年开始这种显示设备就在 MP3 播放器上得到了应用。

本实验将介绍开发板板载的 0.96 寸 OLED。

1. OLED 介绍

开发板上搭载的是 0.96 寸黄蓝双色 OLED，其分辨率为 128×64。

所谓双色，实际上就是屏幕最上方的四分之一区域为黄色，其他区域为蓝色。实际上每一个像素点都是单色的，只是屏幕上有不同颜色的像素点而已。

OLED 只是一个显示器件，一般的显示屏模块由屏幕和驱动电路组成，开发板上用的 OLED 驱动器型号为 ssd1306，这款驱动芯片采用 CMOS 工艺，可作为 OLED/PLED 的驱动，该芯片专为共阴极 OLED 面板设计。

对于这类外围器件的控制，主要是控制芯片内部的寄存器，首先需要与外围芯片建立通信。ssd1306 引脚分配见表 3-3-1。

表 3-3-1　ssd1306 引脚分配

引脚 总线接口	Data/Command 接口								控 制 信 号				
	D7	D6	D5	D4	D3	D2	D1	D0	E	R/W#	CS#	D/C#	RES#
8-bit 8080	D[7:0]								RD#	WR#	CS#	D/C#	RES#
8-bit 6800	D[7:0]								E	R/W#	CS#	D/C#	RES#
3-wire SPI	Tie LOW					NC	SDIN	SCLK	Tie LOW		CS#	Tie LOW	RES#
4-wire SPI	Tie LOW					NC	SDIN	SCLK	Tie LOW		CS#	D/C#	RES#
IIC	Tie LOW					SDAout	SDAin	SCI	Tie LOW			SA0	RES#

ssd1306 提供 5 种通信模式，分别是 6800/8080 并口、3/4 线 SPI 串口、IIC 串口。开发板上用的是 IIC 串口，所以可以通过 IIC 串口控制 ssd1306 芯片，达到控制 OLED 的目的。

ssd1306 的 IIC 通信接口地址受 SA0 控制，开发板的 OLED 模块将其固定为 0x78。由于 ssd1306 的命令繁多，这里不一一介绍，仅介绍几个基本指令（表 3-3-2），如有需要，请查看 ssd1306 的官方文档。

表 3-3-2　ssd1306 基本指令

序　号	指　令	各 位 描 述								命　令	说　明
	HEX	D7	D6	D5	D4	D3	D2	D1	D0		
0	81	1	0	0	0	0	0	0	1	设置对比度	A 的值越大，屏幕越亮，A 的范围为 0X00～0XFF
	A[7:0]	A7	A6	A5	A4	A3	A2	A1	A0		
1	AE/AF	1	0	1	0	1	1	1	X0	设置显示开关	X0=0，关闭显示 X0=1，开启显示
2	8D	1	0	0	0	1	1	0	1	电荷泵设置	A2=0，关闭电荷泵 A2=1，开启电荷泵
	A[7:0]	*	*	0	1	0	A2	0	0		
3	B0～B7	1	0	1	1	0	X2	X1	X0	设置页地址	X[2:0]=0～7 对应页 0～7
4	00～0F	0	0	0	0	X3	X2	X1	X0	设置列地址低四位	设置 8 位起始列地址的低四位
5	10～1F	0	0	0	1	X3	X2	X1	X0	设置列地址高四位	设置 8 位起始列地址的高四位

- 命令 0X81：设置对比度。包含 2 字节，第一字节为命令字，第二字节为要设置的对比度的值，这个值越大，屏幕就越亮。
- 命令 0XAE/0XAF：0XAE 为关闭显示命令，0XAF 为开启显示命令。
- 命令 0X8D：包含 2 字节，第一字节为命令字，第二字节为设置值。第二字节的 BIT2 表示电荷泵的开关状态，该位为 1，则开启电荷泵，为 0 则关闭。在模块初始化的时候，电荷泵必须开启，否则看不到屏幕显示。
- 命令 0XB0～0XB7：用于设置页地址，其低三位的值对应 GRAM 的页地址。
- 命令 0X00～0X0F：用于设置显示时的起始列地址低四位。

● 命令 0X10～0X1F：用于设置显示时的起始列地址高四位。

接下来介绍 ssd1306 的显存结构，ssd1306 的显存结构有点特殊，见表 3-3-3。

表 3-3-3　ssd1306 显存结构

	列（COL0～127）						
	SEG0	SEG1	SEG2	...	SEG125	SEG126	SEG127
行（COM0～63）	PAGE0						
	PAGE1						
	PAGE2						
	PAGE3						
	PAGE4						
	PAGE5						
	PAGE6						
	PAGE7						

可以看到，ssd1306 将 OLED 显示区域分为 8 页，每一页管理着自上而下 8 行 128 列的显示空间。每一页分为 128 列，每一列的 8 个自上而下的像素点对应 1 字节的 8 位。对于页来说，逐列扫描，填满一页需要扫描 128 次。

对于画图来说，需要依次将每一页填满。

2. 硬件设计

实际上我们不需要知道 OLED 与 ssd1306 是如何连接的，只需要了解 MCU 与 OLED 模块的连接。

打开开发板原理图，找到 OLED 硬件连接部分（图 3-3-1）。

可以看到，OLED 模块与 MCU 的连接十分简单，连接两根 IIC 总线即可。

3. 软件设计

在介绍代码之前，先介绍一下代码中显示数据的产生，需要配置取模软件（图 3-3-2）。

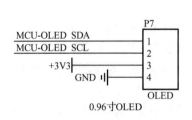

图 3-3-1　OLED 硬件连接

图 3-3-2　取模软件

输入图像的比例为 128∶64。

打开实验工程，实验工程中 OLED 有单独的模块，代码相对完善，我们只介绍基础的一小部分。可以看到，OLED 模块的头文件有两个，分别是 oled.h 和 oledfont.h。其中，oled.h 头文件供外部包含；oledfont.h 头文件中包含两种字库，这个头文件为模块的资源文件。

oled.h 头文件：

```
16  //-----------------OLED IIC端口定义----------------
17
18  #define OLED_SCLK_Clr() HAL_GPIO_WritePin(GPIOD,GPIO_PIN_12,GPIO_PIN_RESET)//SCL
19  #define OLED_SCLK_Set() HAL_GPIO_WritePin(GPIOD,GPIO_PIN_12,GPIO_PIN_SET)
20
21  #define OLED_SDIN_Clr() HAL_GPIO_WritePin(GPIOD,GPIO_PIN_11,GPIO_PIN_RESET)//SDA
22  #define OLED_SDIN_Set() HAL_GPIO_WritePin(GPIOD,GPIO_PIN_11,GPIO_PIN_SET)
23
24
25  #define OLED_CMD  0 //写命令
26  #define OLED_DATA 1 //写数据
27
28
```

这里定义了一些宏，上面 4 个宏定义了 IIC 引脚的置 1 和清零操作，下面两个宏用于标识写命令/写数据。

再看下面这段代码：

```
29  void OLED_WR_Byte(unsigned dat,unsigned cmd);    //向OLED写1字节
30  void OLED_Display_On(void);                      //开显示
31  void OLED_Display_Off(void);                     //关显示
32  void OLED_Init(void);                            //初始化
33  void OLED_Clear(void);                           //清屏幕
34  void OLED_ShowChar(uint32_t x,uint32_t y,unsigned char chr,uint32_t mode,uint32_t Char_Size); //在指定位置显示一个指定字符
35  void OLED_ShowNum(uint32_t x,uint32_t y,uint32_t num,uint32_t len,uint32_t size);  //在指定位置显示一个指定数字
36  void OLED_ShowString(uint32_t x,uint32_t y, unsigned char *p,uint32_t Char_Size);  //在指定位置显示一个指定字符串
37  void OLED_Set_Pos(unsigned char x, unsigned char y);  //设置OLED光标位置
38  void OLED_DrawBMP(unsigned char x0, unsigned char y0,unsigned char x1, unsigned char y1,unsigned char BMP[]); //在指定位置画图
39
40  void IIC_Start(void);                            //IIC的起始信号
41  void IIC_Stop(void);                             //IIC的结束信号
42  void Write_IIC_Command(unsigned char IIC_Command); //向IIC总线写一个命令
43  void Write_IIC_Data(unsigned char IIC_Data);     //向IIC总线写一项数据
44  void Write_IIC_Byte(unsigned char IIC_Byte);     //向IIC总线写1字节
45  void IIC_Wait_Ack(void);                         //忽略一个IIC应答信号
```

这个模块定义了很多接口，上半部分为应用的操作接口，应用程序可以通过这些接口方便地操作 OLED，由于篇幅限制，只介绍其中的画图函数。下半部分为 OLED 的底层函数接口，主要实现软件模拟 IIC 接口，从而实现 MCU 与 OLED 模块的通信。

在 OLED 模块的 C 文件中，首先看关于 IIC 的代码：

```
4   void IIC_Start(void)       //IIC起始信号
5   {
6     OLED_SCLK_Set() ;
7     OLED_SDIN_Set();
8     OLED_SDIN_Clr();
9     OLED_SCLK_Clr();
10  }
11
12  void IIC_Stop(void)        //IIC结束信号
13  {
14    OLED_SCLK_Set() ;
15    OLED_SDIN_Clr();
16    OLED_SDIN_Set();
17  }
18
19  void IIC_Wait_Ack(void)    //忽略IIC应答信号
```

```
20 □{
21      OLED_SCLK_Set() ;
22      OLED_SCLK_Clr();
23  }
24
25  void Write_IIC_Byte(unsigned char IIC_Byte) //IIC写1字节
26 □{
27      unsigned char i;
28      unsigned char m,da;
29      da=IIC_Byte;
30      OLED_SCLK_Clr();
31      for(i=0;i<8;i++)
32 □    {
33        m=da;
34        m=m&0x80;
35        if(m==0x80)
36        {OLED_SDIN_Set();}
37        else OLED_SDIN_Clr();
38          da=da<<1;
39        OLED_SCLK_Set();
40        OLED_SCLK_Clr();
41      }
42  }
43
```

可以看到,这几个函数实现了IIC总线的基本操作(本实验并不需要读操作,也不检测应答)。

分析下面这段代码:

```
44  void Write_IIC_Command(unsigned char IIC_Command) //写一个命令
45 □{
46      IIC_Start();
47      Write_IIC_Byte(0x78);
48      IIC_Wait_Ack();
49      Write_IIC_Byte(0x00);
50      IIC_Wait_Ack();
51      Write_IIC_Byte(IIC_Command);
52      IIC_Wait_Ack();
53      IIC_Stop();
54  }
55
56  void Write_IIC_Data(unsigned char IIC_Data)        //写一项数据
57 □{
58      IIC_Start();
59      Write_IIC_Byte(0x78);
60      IIC_Wait_Ack();
61      Write_IIC_Byte(0x40);
62      IIC_Wait_Ack();
63      Write_IIC_Byte(IIC_Data);
64      IIC_Wait_Ack();
65      IIC_Stop();
66  }
67  void OLED_WR_Byte(unsigned dat,unsigned cmd)   //向OLED发送1字节
68 □{
69      if(cmd)
70       Write_IIC_Data(dat);
71      else
72       Write_IIC_Command(dat);
73  }
```

前面两个函数用来控制 IIC 总线向 OLED 发数据/命令这种基本的操作。后面一个函数将前面两个操作结合起来，通过两个宏来标识数据/命令。

分析下面这段代码：

```
76    //坐标设置
77    void OLED_Set_Pos(unsigned char x, unsigned char y)
78  ⊟ {
79        OLED_WR_Byte(0xb0+y,OLED_CMD);
80        OLED_WR_Byte(((x&0xf0)>>4)|0x10,OLED_CMD);
81        OLED_WR_Byte((x&0x0f),OLED_CMD);
82  └ }
```

这个函数用于设置即将写显示数据的位置，使用了三个命令，首先设置页地址，然后设置列地址。

分析下面这段代码：

```
98    void OLED_Clear(void)
99  ⊟ {
100       uint32_t i,n;
101       for(i=0;i<8;i++)
102  ⊟    {
103           OLED_WR_Byte (0xb0+i,OLED_CMD);     //设置页地址（0~7）
104           OLED_WR_Byte (0x00,OLED_CMD);       //设置显示位置—列低地址
105           OLED_WR_Byte (0x10,OLED_CMD);       //设置显示位置—列高地址
106           for(n=0;n<128;n++)
107             OLED_WR_Byte(0,OLED_DATA);
108  ⊢    }
109  └ }
```

该函数用来清除显示，第 103～105 行和前面的坐标设置函数非常相似，只是固定了每次扫描的列地址，使用循环变量 i 来设置页地址，每次设置时直接、连续地写入 128 个 0，即每次循环清除一页显示，一共循环 8 次，完成清屏。

分析下面这段代码：

```
232   void OLED_DrawBMP(unsigned char x0, unsigned char y0,unsigned char x1, unsigned char y1,unsigned char BMP[])
233 ⊟ {
234    unsigned int j=0;
235    unsigned char x,y;
236
237
238  //  if(y1%8==0) y=y1/8;
239  //  else y=y1/8+1;
240     for(y=y0;y<y1;y++)      //页地址循环
241  ⊟   {
242         OLED_Set_Pos(x0,y); //设置页地址
243         for(x=x0;x<x1;x++)   //列地址扫描
244  ⊟     {
245           OLED_WR_Byte(BMP[j++],OLED_DATA);   //写数据
246  ⊢     }
247  ⊢   }
248  | }
```

这个函数是很典型的 OLED 控制函数，该函数用于在指定区域画图，图形数据由调用者提供。

下面介绍初始化函数：

```
250   //初始化ssd1306
251   void OLED_Init(void)
252 ⊟ {
253
254       GPIO_InitTypeDef  GPIO_InitStruct;
255       __HAL_RCC_GPIOD_CLK_ENABLE();                    //IO初始化
256
257       GPIO_InitStruct.Pin = GPIO_PIN_11|GPIO_PIN_12;
258       GPIO_InitStruct.Mode = GPIO_MODE_OUTPUT_PP;
```

```
259    GPIO_InitStruct.Pull = GPIO_NOPULL;
260    GPIO_InitStruct.Speed = GPIO_SPEED_FREQ_HIGH;
261    HAL_GPIO_Init(GPIOD, &GPIO_InitStruct);
262
263
264    HAL_Delay(800);                                 //延时800ms等待OLED上电稳定
265    OLED_WR_Byte(0xAE,OLED_CMD);//--display off      //发送初始化命令, 设置OLED
266    OLED_WR_Byte(0x00,OLED_CMD);//---set low column address
267    OLED_WR_Byte(0x10,OLED_CMD);//---set high column address
268    OLED_WR_Byte(0x40,OLED_CMD);//--set start line address
269    OLED_WR_Byte(0xB0,OLED_CMD);//--set page address
270    OLED_WR_Byte(0x81,OLED_CMD); // contract control
271    OLED_WR_Byte(0xFF,OLED_CMD);//--128
272    OLED_WR_Byte(0xA1,OLED_CMD);//set segment remap
273    OLED_WR_Byte(0xA6,OLED_CMD);//--normal / reverse
274    OLED_WR_Byte(0xA8,OLED_CMD);//--set multiplex ratio(1 to 64)
275    OLED_WR_Byte(0x3F,OLED_CMD);//--1/32 duty
276    OLED_WR_Byte(0xC8,OLED_CMD);//Com scan direction
277    OLED_WR_Byte(0xD3,OLED_CMD);//-set display offset
278    OLED_WR_Byte(0x00,OLED_CMD);//
279
280    OLED_WR_Byte(0xD5,OLED_CMD);//set osc division
281    OLED_WR_Byte(0x80,OLED_CMD);//
282
283    OLED_WR_Byte(0xD8,OLED_CMD);//set area color mode off
284    OLED_WR_Byte(0x05,OLED_CMD);//
285
286    OLED_WR_Byte(0xD9,OLED_CMD);//Set Pre-Charge Period
287    OLED_WR_Byte(0xF1,OLED_CMD);//
288
289    OLED_WR_Byte(0xDA,OLED_CMD);//set com pin configuartion
290    OLED_WR_Byte(0x12,OLED_CMD);//
291
292    OLED_WR_Byte(0xDB,OLED_CMD);//set Vcomh
293    OLED_WR_Byte(0x30,OLED_CMD);//
294
295    OLED_WR_Byte(0x8D,OLED_CMD);//set charge pump enable
296    OLED_WR_Byte(0x14,OLED_CMD);//
297
298    OLED_WR_Byte(0xAF,OLED_CMD);//--turn on oled panel
299  }
300
```

这个函数的流程很简单，就是先初始化通信的 IO 口，然后初始化屏幕。但是，大多数屏幕在初始化时要发送很多命令，用于设置屏幕工作状态，这一步是必不可少的。如果想了解具体初始化了什么内容，可以查阅官方手册。

关于 OLED 的驱动就介绍到这里，接下来看 main()函数：

```
92     MX_GPIO_Init();
93
94     /* USER CODE BEGIN 2 */
95     OLED_Init();
96     OLED_Clear();
97     //OLED_ShowChar(0,0,'a',1,16);
98     OLED_DrawBMP(0,0,128,8,BMP1);
99     /* USER CODE END 2 */
100
101    /* Infinite loop */
102    /* USER CODE BEGIN WHILE */
103    while (1)
```

```
104     {
105         /* USER CODE END WHILE */
106
107
108         /* USER CODE BEGIN 3 */
109
110     }
111     /* USER CODE END 3 */
112
113 }
114
```

这个函数十分简单，将 OLED 模块初始化之后清屏，然后将图片 BMP1 打印出来（查找定义可知，BMP1 为一个数组，按照前面的方法生成）。

3.3.4 实验步骤

（1）正确连接主机箱，打开主板电源，用 USB 线连接 Jlink。

（2）将程序下载到开发板上，可以看到 OLED 模块显示了一幅图像，看起来就像一个智能手表（其实智能手表的屏幕也是 OLED）。

（3）打开实验例程，在文件夹"\实验例程\b_主板显示模块实验\OLED\Project"下双击打开工程，单击 ▦ 重新编译工程。将连接好的硬件平台上电（务必按下开关上电），然后单击 ▦ 将程序下载到 STM32F103 单片机里。

（4）下载完后可以单击 ⊕ → ▤，使程序全速运行；也可以将机箱重新上电，让刚才下载的程序重新运行。

（5）程序运行后，OLED 模块显示图像。

3.4 HMI 串口 LCD 显示实验

3.4.1 实验目的

- 了解串口 LCD 使用方法。
- 了解 USART HMI 界面设置。

3.4.2 实验环境

硬件：装有 STM32F103ZE 核心板的实验箱、PC、USB 线。

软件：Windows 10/Windows 7/Windows XP、KEIL5、STM32CubeMX、STM32F10x_StdPeriph_Lib_V3.5.0 固件库和 HAL 库。

学时：12 学时。

3.4.3 实验原理

大部分 LCD 控制起来略显麻烦，需要了解其指令集、显存结构，根据这些制订合适的算法，并且显示数据相对较大。对于彩色 LCD，这一问题更加明显。

本实验将介绍一款 LCD，使用串口控制，所有显示数据事先烧录到 LCD 中，不需要单片机通过图形算法控制，只需要通过串口发送指令，能大幅降低单片机开发的难度。

1. 串口 LCD

所谓串口 LCD，实际上就是带串口控制的 LCD，通过一个简单的上位机进行显示界面的绘制，预先定义好一套指令和显示对象，控制元件通过串口发送指令对预先定义好的区域进行预先定义好的操作，实现对 LCD 的控制。

开发板搭载了一块 3.2 寸串口 LCD，可以通过上位机软件更改显示的界面（开发板的串口 LCD 已经带了界面，可以不更改），可以通过一些指令对其进行控制。

所谓的指令，其实就是一些特定的 ASCII 字符串，仅需要通过串口发送一些字符串就可以控制 LCD。开发板板载的串口 LCD 将指令分为两种：第一种为对象及系统操作指令，这类指令实现对上位机预先定义好的各个控件对象进行操作；第二种为 GUI 绘图指令，这类指令用于完成上位机软件无法实现的特殊显示要求。

接下来介绍几个常用的指令。

1）cls 清屏指令

cls color

color：十进制颜色值或颜色代号。

实例 1：cls 1024（用十进制值为 1024 的颜色刷屏）。

实例 2：cls RED（用代号为 RED 的颜色刷屏）。

这条指令是一条 GUI 指令，实现清屏操作，该指令跟随一个颜色值，可以使用数字或颜色代号，颜色代号定义见表 3-4-1。

表 3-4-1　串口 LCD 颜色代号定义

代　号	十进制值	所表示的颜色
RED	63488	红色
BLUE	31	蓝色
GRAY	33840	灰色
BLACK	0	黑色
WHITE	65535	白色
GREEN	2016	绿色
BROWN	48192	橙色
YELLOW	65504	黄色

注：所有代号均为大写。

2）page 刷新页面

page pageid

pageid：页面 ID 或页面名称。

实例 1：page 0（刷新 ID 为 0 的页面）。

实例 2：page main（刷新名称为 main 的页面）。

这条指令是一条对象及系统操作指令。在上位机中可以创建页，并为其设置编号、名称及显示内容。通过 page 命令可以控制该页是否显示，page 后面跟一个参数，用于指定操作的页，这个参数可以是名称或 ID。

除了使用这些指令操作串口 LCD，还支持使用控件名的方式操作屏幕预先在上位机上定义的控件。

需要注意，串口 LCD 的所有指令之后必须有 3 个 0xff 的结束标志。

串口 LCD 的存在极大地简化了 MCU 开发，可以使用上位机的图形界面方便地生成图形，而不需要通过一系列图形算法。但其功能也受到了上位机的限制，不能在串口 LCD 上实现上位机中没有的图形界面。串口屏的效率很低，在实际开发中应该平衡取舍。

2. 硬件设计

串口 LCD 电路原理图如图 3-4-1 所示。

实际上，串口 LCD 有一个选择开关和一组排针，选择开关用于选择 MCU 的串口 1 接到 LCD 或外部模块接口，将开关拨到左边，串口 LCD 被连接到 MCU 的串口 1。一组排针用来选择串口 LCD 接 USB 转串口模块或 MCU，接 USB 模块可以方便地与上位机通信，接 MCU 模块可以受控于 MCU。将两个排针悬空，则串口屏接入 MCU。

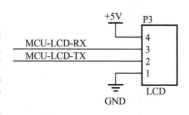

图 3-4-1　串口 LCD 电路原理图

3. 软件设计

串口 LCD 的图形界面通过上位机写好之后，控制就成了一件非常简单的事情，本实验不讲解上位机的内容，有兴趣的读者可以查找官方资料。

打开实验工程，由于用到了串口，所以先看串口的初始化：

```
162 /* USART1 init function */
163 static void MX_USART1_UART_Init(void)
164 {
165
166    huart1.Instance = USART1;                          //串口1，波特率9600，8位数据，1位停止，不校验
167    huart1.Init.BaudRate = 9600;
168    huart1.Init.WordLength = UART_WORDLENGTH_8B;
169    huart1.Init.StopBits = UART_STOPBITS_1;
170    huart1.Init.Parity = UART_PARITY_NONE;
171    huart1.Init.Mode = UART_MODE_TX_RX;
172    huart1.Init.HwFlowCtl = UART_HWCONTROL_NONE;
173    huart1.Init.OverSampling = UART_OVERSAMPLING_16;
174    if (HAL_UART_Init(&huart1) != HAL_OK)
175    {
176      _Error_Handler(__FILE__, __LINE__);
177    }
178
179 }
```

将串口的波特率设置为 9600，其他不变，这些配置是由串口 LCD 决定的。串口 LCD 模块包含一些简单的测试串口 LCD 的代码。下面这个模块提供了一些函数用于测试串口 LCD：

```
43   void HMISendS(char *buf1);
44   void HMISendB(uint8_t buf);
45   void HMI_LCD_DIS(void);
```

下面这个函数用于确保串口 LCD 正常通信：

```
37   void HMISendstart(void)
38   {
39       HAL_Delay(200);
40       HMISendB(0xff);
41       HAL_Delay(200);
42   }
```

下面这两个函数用于具体操作串口，控制 LCD。第一个函数用于发送字符串，串口 LCD 的指令都是通过字符串组织的，以 0 作为字符串的结尾。第二个函数主要用于发送结束符。

```
99   /*********************************************************************
100  * Function Name : void HMISends(char *buf)
101  * Description : 字符串发送函数
102  * Input : None
103  * Output : None
104  * Return : None
105  *********************************************************************/
106  void HMISendS(char *buf)        //字符串发送函数
107  {
108      uint8_t i=0;
109      while(1)
110      {
111          if(buf[i]!=0)
112          {
113              //Uart1_Send_Byte(buf[i]); //发送1字节
114              HAL_UART_Transmit(&huart1, &buf[i], 1, 100);
115              i++;
116          }
117          else
118              return ;
119      }
120  }
121  /*********************************************************************
122  * Function Name : IIC_Star
123  * Description : IIC Star
124  * Input : None
125  * Output : None
126  * Return : None
127  *********************************************************************/
128  void HMISendB(uint8_t DataByte)                //字节发送函数
129  {
130      uint8_t i;
131      for(i=0;i<3;i++)
132      {
133          if(DataByte!=0)
134          {
135              HAL_UART_Transmit(&huart1, &DataByte, 1, 100);  //发送1字节
136          }
137          else
138          return ;
139  
140      }
141  }
```

HMI_LCD_DIS()函数如下：

```
void HMI_LCD_DIS(void)
{
  //delay_init();            //延时函数初始化
  //NVIC_Configuration();      //设置NVIC中断分组
  //uart_init(9600);          //串口初始化为9600
  HMISendstart();            //为确保串口HMI正常通信
  //{
```

```
    HMISendS("cls RED");    //发送串口指令
    HMISendB(0xff);         //发送结束符
    //HMISendB(0xff);
    //HMISendB(0xff);
    HAL_Delay(1000);
    HMISendS("cls GREEN");
    HMISendB(0xff);
    //HMISendB(0xff);
    //HMISendB(0xff);
    HAL_Delay(1000);
    HMISendS("cls BLUE");
    HMISendB(0xff);
    //HMISendB(0xff);
    //HMISendB(0xff);
    HAL_Delay(1000);
    HMISendS("cls BLACK");
    HMISendB(0xff);
    //HMISendB(0xff);
    //HMISendB(0xff);
    HAL_Delay(1000);
    HMISendS("page 4");
    HMISendB(0xff);
    //HMISendB(0xff);
    //HMISendB(0xff);
    HMISendS("t0.txt=\"世界技能大赛\"");
    HMISendB(0xff);
    HMISendS("t1.txt=\"电子技术\"");
    HMISendB(0xff);
    HMISendS("t2.txt=\"中国\"");
    HMISendB(0xff);
    }
  //while(1);
}
```

我们看 main()函数：

```
79   HAL_Init();
80
81   /* USER CODE BEGIN Init */
82
83   /* USER CODE END Init */
84
85   /* Configure the system clock */
86   SystemClock_Config();
87
88   /* USER CODE BEGIN SysInit */
89
90   /* USER CODE END SysInit */
91
92   /* Initialize all configured peripherals */
93   MX_GPIO_Init();
94   MX_USART1_UART_Init();
95
96   /* USER CODE BEGIN 2 */
97
98     HMI_LCD_DIS();
99   /* USER CODE END 2 */
100
101  /* Infinite loop */
```

```
102   /* USER CODE BEGIN WHILE */
103   while (1)
104   {
105   /* USER CODE END WHILE */
106
107   /* USER CODE BEGIN 3 */
108
109   }
110   /* USER CODE END 3 */
111
112 }
113
```

main()函数很简单，初始化之后直接调用测试 LCD 函数，将需要显示的内容显示在 LCD 上。

3.4.4　实验步骤

（1）正确连接主机箱，打开主板电源，用一根 USB 线连接 Jlink，另一根 USB 线接实验箱 USB2 接口和 PC 的 USB 接口，将拨动开关 S19 拨到模块接口一，拨动开关 S20 拨到模块接口三，短接 J6 接头。

（2）先根据提示安装 USART HMI 软件，然后打开 USART HMI 软件，选择一张 400×240 的图片进行界面设计，字符添加完成后再下载，等待下载完毕，将拨动开关 S19 拨到串口 LCD，断开 J6 短接头。

（3）编译程序并下载进开发板，可以看到串口 LCD 以红→绿→蓝→黑→图片加汉字的顺序显示，点击空白区域进入串口 LCD 的默认界面。

（4）打开实验例程，在文件夹 "\实验例程\主板显示模块实验\HMILCD\Project" 下双击打开工程，单击 🔳 重新编译工程。

（5）将连接好的硬件平台上电（务必按下开关上电），然后单击 🔧 将程序下载到 STM32F103 单片机里。

（6）下载完后可以单击 ⊘ → 🔧，使程序全速运行；也可以将机箱重新上电，让刚才下载的程序重新运行。

（7）程序运行后可以看到串口 LCD 显示设置的内容。

3.5　LCD12864 显示实验

3.5.1　实验目的

● 了解串口 LCD12864 的使用方法。
● 了解 LCD12864 界面设置。

3.5.2　实验环境

硬件：装有 STM32F103ZE 核心板的实验箱、PC、USB 线。

软件：Windows 10/Windows 7/Windows XP、KEIL5、STM32CubeMX、STM32F10x_StdPeriph_Lib_V3.5.0 固件库和 HAL 库。

学时：12 学时。

3.5.3 实验原理

本实验将介绍另外一种显示模块——LCD12864，实现在 LCD12864 上画出"world skills China"的 Logo 图案。

1. LCD12864 介绍

LCD12864 的显示分辨率为 128×64。也就是说，这个屏幕的横方向最多显示 128 个点，纵方向最多显示 64 个点，基本满足一般需求。

LCD12864 的指令分为两组，基本指令包含了最基本的操作（表 3-5-1）。

表 3-5-1 LCD12864 基本指令

指 令	指 令 码										功 能
	RS	R/W	D7	D6	D5	D4	D3	D2	D1	D0	
清除显示	0	0	0	0	0	0	0	0	0	1	将 DDRAM 填满"20H"，并且设定 DDRAM 的地址计数器（AC）到"00H"
地址归位	0	0	0	0	0	0	0	0	1	X	设定 DDRAM 的地址计数器（AC）到"00H"，并且将游标移到开头原点位置，这个指令不改变 DDRAM 的内容
显示状态开/关	0	0	0	0	0	0	1	D	C	B	D=1，整体显示 ON；C=1，游标 ON；B=1，游标位置允许反白
进入点设定	0	0	0	0	0	0	0	1	I/D	S	在读取与写入数据时，设定游标的移动方向及指定显示的移位
游标或显示移位控制	0	0	0	0	0	1	S/C	R/L	X	X	设定游标的移动与显示的移位控制位，这个指令不改变 DDRAM 的内容
功能设定	0	0	0	0	1	DL	X	RE	X	X	DL=0/1，4/8 位数据；RE=1，扩充指令操作；RE=0，基本指令操作
设定 CGRAM 地址	0	0	0	1	AC5	AC4	AC3	AC2	AC1	AC0	设定 CGRAM 地址
设定 DDRAM 地址	0	0	1	0	AC5	AC4	AC3	AC2	AC1	AC0	设定 DDRAM 地址；第一行：80H～87H；第二行：90H～97H
读取忙标志和地址	0	1	BF	AC6	AC5	AC4	AC3	AC2	AC1	AC0	读取忙标志（BF）可以确认内部动作是否完成，同时可以读出地址计数器（AC）的值
写数据到 RAM	1	0	数据								将数据 D7～D0 写入内部 RAM（DDRAM/CGRAM/IRAM/GRAM）
读出 RAM 的数据	1	1	数据								从内部 RAM 读取数据 D7～D0

功能设定指令可以决定是否启用扩充指令。对于本实验，将使用部分扩充指令（表 3-5-2）来显示图案。

表 3-5-2　LCD12864 扩充指令

指　令	指　令　码										功　能
	RS	R/W	D7	D6	D5	D4	D3	D2	D1	D0	
待命模式	0	0	0	0	0	0	0	0	0	1	进入待命模式
卷动地址开关开启	0	0	0	0	0	0	0	0	1	SR	SR=1，允许输入垂直卷动地址 SR=0，允许输入 IRAM 和 CGRAM 地址
反白选择	0	0	0	0	0	0	0	1	R1	R0	选择两行中的任一行进行反白显示，并可决定反白与否。初始值 R1R0=00，第一次设定为反白显示，再次设定变回正常
睡眠模式	0	0	0	0	0	0	1	SL	X	X	SL=0，进入睡眠模式 SL=1，脱离睡眠模式
扩充功能设定	0	0	0	0	1	CL	X	RE	G	0	CL=0/1，4/8 位数据 RE=1，扩充指令操作 RE=0，基本指令操作 G=1/0，绘图开关
设定绘图RAM 地址	0	0	1	0 AC6	0 AC5	0 AC4	AC3 AC3	AC2 AC2	AC1 AC1	AC0 AC0	设定绘图 RAM 先设定垂直（列）地址 AC6AC5…AC0 再设定水平（行）地址 AC3AC2AC1AC0 将以上 16 位地址连续写入即可

LCD12864 可绘图区域分为上半屏和下半屏，上半屏的水平地址为 0~7（16 位），垂直地址为 0~32；下半屏的水平地址为 8~15，垂直地址为 0~32。

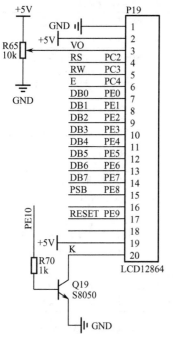

图 3-5-1　LCD12864 硬件连接

画图时，需要先通过命令设置垂直地址，其范围为 0~127，只用到 0~32，对应上下半屏的垂直地址，再设置水平地址。实验工程中由于需要画全图，水平地址为上下半屏的起始地址，设置完画点的起始地址之后，就可以连续地发送 16 字节数据，成功地画一整行，然后重新设置起始地址，画下一行。注意，LCD12864 的水平方向地址自增，而垂直方向则没有这个功能，所以需要以行为单位画点。

由于 LCD12864 的安装方法是在原来的基础上旋转 180°，所以 LCD12864 的(0,0)地址在右下角，而不在左上角，这点需要注意。

2. 硬件设计

打开开发板的原理图，LCD12864 硬件连接如图 3-5-1 所示。可以看到，LCD12864 模块的 3 脚接了一个电位器，用于调节显示对比度。4~14 脚为通信接口。15 脚 PSB 接 MCU 的 PE8，该引脚用于选择模块通信接口，高电平为 8 位/4 位并口，低电平为串口。17 脚接 PE9，可由 MCU 控制模块复位。19 和 20 脚为背光电源，通过 MCU 的一个引脚控制背光电源的开关。

3. 软件设计

打开实验工程，首先可以看到 main.c 中有一个庞大的数组，这个数组的内容就是一张图片的显示数据，这个数据是怎么来的呢？

打开 image2Lcd 软件（图 3-5-2）。

图 3-5-2　image2Lcd 软件

首先，将一张图片裁剪成 128×64 的大小（或者同比例），通过左上角的"打开"按钮添加图片，这里选择的是世界技能大赛的 Logo；然后，将输出数据类型设置为"C 语言数组"，扫描模式为"水平扫描"，输出灰度为"单色"，最大宽度和高度设置为 128 和 64，单击"保存"按钮即可得到这个数组，将这个数组添加进工程，就得到了图片的显示数据。

接下来看以下几个函数：

```
134    //写数据
135    void WriteDataLCD(uint8_t WDLCD)
136  ┌{
137      HAL_GPIO_WritePin(RS_GPIO_Port,RS_Pin,GPIO_PIN_SET);
138      LCD_DATA_Port->ODR = LCD_DATA_Port->ODR&0XFF00;
139      LCD_DATA_Port->ODR = LCD_DATA_Port->ODR|WDLCD;
140      HAL_GPIO_WritePin(E_GPIO_Port,E_Pin,GPIO_PIN_SET);
141      HAL_Delay(1);
142      HAL_GPIO_WritePin(E_GPIO_Port,E_Pin,GPIO_PIN_RESET);
143      HAL_Delay(1);
144  └}
145    //写指令
146    void WriteCommandLCD(uint8_t WCLCD)
147  ┌{
148      HAL_GPIO_WritePin(RS_GPIO_Port,RS_Pin,GPIO_PIN_RESET);
149      LCD_DATA_Port->ODR = LCD_DATA_Port->ODR&0XFF00;
150      LCD_DATA_Port->ODR = LCD_DATA_Port->ODR|WCLCD;
151      HAL_GPIO_WritePin(E_GPIO_Port,E_Pin,GPIO_PIN_SET);
152      HAL_Delay(1);
153      HAL_GPIO_WritePin(E_GPIO_Port,E_Pin,GPIO_PIN_RESET);
154      HAL_Delay(1);
155  └}
```

可以看到，这两个底层的函数不需要进行读操作，所以在初始化时固定为写。

我们看 LCD12864 的初始化函数：

```
156    //LCD初始化
157    void LCDInit(void)
158  □{
159        LCD_DATA_Port->ODR = 0;                                              //清空数据
160        HAL_GPIO_WritePin(LED_12864_GPIO_Port,LED_12864_Pin,GPIO_PIN_SET);   //打开背光
161        HAL_GPIO_WritePin(RW_GPIO_Port,RW_Pin,GPIO_PIN_RESET);               //RW信号固定为写
162        HAL_GPIO_WritePin(PSB_GPIO_Port,PSB_Pin,GPIO_PIN_SET);               //使用并口与LCD通信
163        HAL_GPIO_WritePin(RESET_GPIO_Port,RESET_Pin,GPIO_PIN_SET);           //拉高复位信号
164
165        WriteCommandLCD(0x30);        //8位数据
166        WriteCommandLCD(0x01);        //清屏
167        WriteCommandLCD(0x06);        //进入点设定
168        WriteCommandLCD(0x0C);        //开显示，不显示游标
169  └}
```

这个函数将一些 IO 口设置为合适的状态，然后写入一些命令，使 LCD12864 在合适的条件下工作。

我们看画图函数：

```
171        //图片显示
172        void LCD_Picture(uint8_t *q)
173  □{
174            uint8_t x,y,a,b,c;
175            uint16_t num=0;
176            uint8_t data=0,i;
177
178            WriteCommandLCD(0x36);    //开启扩充指令模式
179            x = 0x80;
180            y = 0x80;
181            for(a=0;a<2;a++)          //上下半屏
182  □        {
183                for(b=0;b<32;b++)     //每进入一次循环在LCD12864上画一行
184  □            {
185                    WriteCommandLCD(y + b);  //垂直地址
186                    WriteCommandLCD(x);       //水平地址
187                    for(c=0;c<16;c++)         //连续16字节
188  □                {
189                      WriteDataLCD(q[1023-num]);    //逆序写数据
190                      num++;
191                    }
192                }
193                x=0x88;
194            }
195  //        WriteCommandLCD(0x36);
196  //        WriteCommandLCD(0x30);
197    }
198
```

该函数和我们前面介绍的画图流程一致。值得注意的是，逆序写数据是因为数据的生成是从左上到右下水平扫描的，而由于开发板上 LCD12864 的差异，需要数据从右下到左上水平扫描，所以需要逆序写数据。

接下来我们看 main() 函数：

```
228    LCDInit();         //初始化
229    HAL_Delay(1);      // LCD12864属于慢速器件
230
231    LCD_Picture(tab); //画图片
232    /* USER CODE END 2 */
233
234    /* Infinite loop */
235    /* USER CODE BEGIN WHILE */
236    while (1)
237    {
238    /* USER CODE END WHILE */
239
240    /* USER CODE BEGIN 3 */
241
242    }
243    /* USER CODE END 3 */
244
245    }
```

main()函数很简单,仅仅调用了两个函数将图片画出来。

3.5.4　实验步骤

（1）正确连接主机箱,打开主板电源,用 USB 线连接 Jlink。

（2）将程序编译并下载到开发板上,可以看到,在 LCD12864 上显示了世界技能大赛的 Logo 图案。打开实验例程,在文件夹"\实验例程\b_主板显示模块实验\LCD12864\Project"下双击打开工程,单击 ▦ 重新编译工程。

（3）将连接好的硬件平台上电（务必按下开关上电）,然后单击 ▩ 将程序下载到 STM32F103 单片机里。

（4）下载完后可以单击 ⊕ → ▤,使程序全速运行;也可以将机箱重新上电,让刚才下载的程序重新运行。

（5）程序运行后,就可显示世界技能大赛的 Logo 图案。

我们也可以在画点语句后加上一个 20ms 的延时,这样就可以清晰地看到 LCD12864 的扫描方向。

3.6　LCD1602 显示实验

3.6.1　实验目的

● 了解 LCD1602 的使用方法。
● 掌握编写 LCD1602 显示程序的方法。

3.6.2　实验环境

硬件:装有 STM32F103ZE 核心板的实验箱、PC、USB 线。

软件:Windows 10/Windows 7/Windows XP、KEIL5、STM32CubeMX、STM32F10x_

StdPeriph_Lib_V3.5.0 固件库和 HAL 库。

学时：8 学时。

3.6.3 实验原理

LCD1602 是一种工业字符型液晶显示模块，能够同时显示 16×2 即 32 个字符。LCD1602 的显示原理是利用液晶的物理特性，通过电压对其显示区域进行控制，即可显示图形。

本实验将介绍 LCD1602 的控制及使用方法。

1. LCD1602 介绍

LCD1602 是一种专门用来显示字母、数字、符号等的点阵型液晶模块。它由若干个 5×7 或 5×11 等点阵字符位组成，每个点阵字符位都可以显示一个字符，每位之间有一个点距的间隔，每行之间也有间隔，起到了字符间距和行间距的作用。正因为如此，它不能很好地显示图形。

LCD1602 可以显示两行，每行 16 个字符。

开发板提供的 LCD1602 模块一共有 11 根线用于与 MCU 通信，具体功能如下。

RS：0—状态/命令，1—数据。

RW：0—写，1—读。

E（通信使能）：0—使能，1—失能。

DB0～DB7：数据命令总线。

LCD1602 的基本操作可以分为以下 4 种。

① 读状态：输入 RS=0，RW=1，E=0。

② 读数据：输入 RS=1，RW=1，E=0。

③ 写命令：输入 RS=0，RW=0，E=0。

④ 写数据：输入 RS=1，RW=0，E=0。

其读/写时序如图 3-6-1、图 3-6-2 所示，其时序图参数对照表见表 3-6-1。

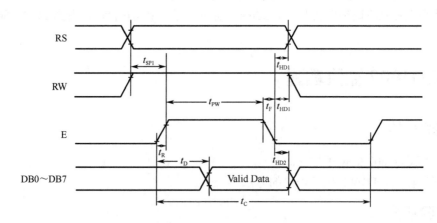

图 3-6-1　LCD1602 读时序

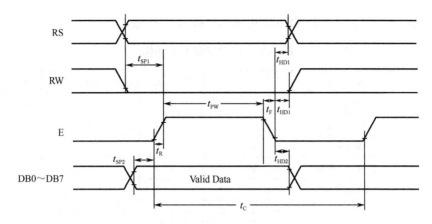

图 3-6-2　LCD1602 写时序

表 3-6-1　LCD1602 时序图参数对照表

时序参数	符　号	极　限　值			单　位	测试条件
		最 小 值	典 型 值	最 大 值		
E 信号周期	t_C	400	—	—	ns	引脚 E
E 脉冲宽度	t_{PW}	150	—	—	ns	
E 上升沿/下降沿时间	t_R，t_F	—	—	25	ns	
地址建立时间	t_{SP1}	30	—	—	ns	引脚 E、RS、RW
地址保持时间	t_{HD1}	10	—	—	ns	
数据建立时间（读操作）	t_D	—	—	100	ns	引脚 DB0～DB7
数据保持时间（读操作）	t_{HD2}	20	—	—	ns	
数据建立时间（写操作）	t_{SP2}	40	—	—	ns	
数据保持时间（写操作）	t_{HD2}	10	—	—	ns	

我们知道，本质上对 LCD1602 的操作就是对寄存器的操作，LCD1602 显存结构如图 3-6-3 所示。

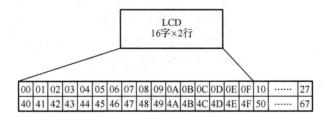

图 3-6-3　LCD1602 显存结构

从这张图可以看出来，实际上控制器支持更大的显示范围，而 LCD1602 只有两行，每行 16 个字。正常情况下，只有 0x00～0x0F 和 0x40～0x4F 上的值会显示出来，每一个地址上的值就是 LCD1602 所支持的 ASCII 码值，这给编程提供了很大的便利，只需要对这些地址以 ASCII 码的形式进行读/写，即可改变其显示的内容。

那这些显存如何操作呢？LCD1602内部模块提供了11条指令（表3-6-2）。

表3-6-2　LCD1602指令结构

序　号	指　令	RS	RW	DB7	DB6	DB5	DB4	DB3	DB2	DB1	DB0
1	清显示	0	0	0	0	0	0	0	0	0	1
2	光标返回	0	0	0	0	0	0	0	0	1	*
3	置输入模式	0	0	0	0	0	0	0	1	I/D	S
4	显示开/关控制	0	0	0	0	0	0	1	D	C	B
5	光标或字符移位	0	0	0	0	0	1	S/C	R/L	*	*
6	置功能	0	0	0	0	1	DL	N	F	*	*
7	置字符发生存储器地址	0	0	0	1	字符发生存储器地址					
8	置数据存储器地址	0	0	1	显示数据存储器地址						
9	读忙标志或地址	0	1	BF	计数器地址						
10	写数到CGRAM或DDRAM	1	0	要写的数据内容							
11	从CGRAM或DDRAM读数	1	1	读出的数据内容							

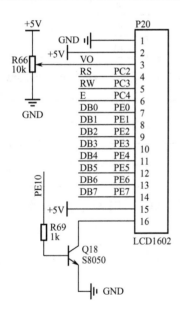

图3-6-4　LCD1602原理图

2. 硬件设计

打开开发板原理图，LCD1602原理图如图3-6-4所示。

可以看到，11根与MCU通信的信号线被分别接到了MCU的各个IO口。另外，模块的3引脚接一个电位器，可以用来调节显示对比度（显示与不显示颜色的对比）。我们看到，模块的15脚接5V，16脚接一个三极管的集电极，该三极管射极接地，基极经过限流电阻接到MCU的IO口，这样做的目的是使MCU能够控制LCD的背光。LCD发光实际上是改变液晶的透明度等参数，背光投射到液晶上产生不同亮度等级和颜色。所以，背光实际上是LCD的光源，但本质上背光就是一组发光二极管阵列，将这个背光引脚接到可调电阻即可改变亮度。而开发板的接法使得MCU可以控制LCD的亮灭；同样，向背光控制引脚输出PWM信号可以改变LCD的亮度。

3. 软件设计

打开实验工程，首先看LCD初始化代码：

```
86   void LCDInit(void) //LCD初始化
87 □{
88     LCD_DATA_Port->ODR = 0;                                        //清空数据
89     HAL_GPIO_WritePin(LED_1602_GPIO_Port,LED_1602_Pin,GPIO_PIN_SET);   //打开背光
90     HAL_GPIO_WritePin(RW_GPIO_Port,RW_Pin,GPIO_PIN_RESET);            //因为我们不需要读取数据,所以RW为0
91
92
93     WriteCommandLCD(0x38); //三次显示模式设置,不检测忙信号
94     HAL_Delay(5);
```

```
95    WriteCommandLCD(0x38);
96    HAL_Delay(5);
97    WriteCommandLCD(0x38);
98    HAL_Delay(5);
99
100   WriteCommandLCD(0x38); //显示模式设置
101   WriteCommandLCD(0x08); //关闭显示
102   WriteCommandLCD(0x01); //显示清屏
103   WriteCommandLCD(0x06); // 显示光标移动设置
104   WriteCommandLCD(0x0C); // 显示开及光标设置
105  }
```

这个函数很简单,按部就班地完成一些既定的工作。需要注意第 90 行,程序中并没有读的部分,也就是说 RW 信号始终为 0,不需要在任何程序中使用它。

为保证 LCD1602 工作稳定,连续三次发送显示模式设置命令,最后连续地发送一组命令,在各种显示设备的驱动上,经常能看到这些内容。需要通过一些命令将刚刚上电的 LCD1602 设置成我们需要的工作模式。

初始化函数中频繁调用了函数 WriteCommandLCD(),从名字很容易知道这个函数的作用是向 LCD1602 发送命令,查找其定义:

```
64    //写数据
65    void WriteDataLCD(uint8_t WDLCD)
66   {
67      LCD_DATA_Port->ODR = LCD_DATA_Port->ODR&0XFF00;        //低8位清零
68      LCD_DATA_Port->ODR = LCD_DATA_Port->ODR|WDLCD;         //低8位写数据
69      HAL_GPIO_WritePin(RS_GPIO_Port,RS_Pin,GPIO_PIN_SET);   //写数据(RW信号已在初始化时置为0)
70      HAL_GPIO_WritePin(E_GPIO_Port,E_Pin,GPIO_PIN_RESET);   //E通信使能
71      HAL_Delay(1);                                          //必要的延时,防止LCD速度跟不上
72      HAL_GPIO_WritePin(E_GPIO_Port,E_Pin,GPIO_PIN_SET);     //通信失能
73    }
74
75    //写指令
76    void WriteCommandLCD(uint8_t WCLCD) //BuysC为0时忽略忙检测
77   {
78      LCD_DATA_Port->ODR = LCD_DATA_Port->ODR&0XFF00;        //低8位清零
79      LCD_DATA_Port->ODR = LCD_DATA_Port->ODR|WCLCD;         //低8位数据
80      HAL_GPIO_WritePin(RS_GPIO_Port,RS_Pin,GPIO_PIN_RESET); //写命令(RW信号已在初始化时置为0)
81      HAL_GPIO_WritePin(E_GPIO_Port,E_Pin,GPIO_PIN_RESET);   //E通信使能
82      HAL_Delay(1);                                          //必要的延时,防止LCD速度跟不上
83      HAL_GPIO_WritePin(E_GPIO_Port,E_Pin,GPIO_PIN_SET);     //通信失能
84    }
85
```

将写命令和写数据放在一起,可以看到,它们仅有一行代码不同。它们的实现流程是一样的,首先将数据装载到 IO 口,然后设置信号类型和方向,向通信使能发送一个长度为 1ms 的脉冲,完成操作。

接下来我们看 DisplayOneChar() 函数,该函数在指定位置写入一个指定的字符:

```
107   //按指定位置显示一个字符
108   void DisplayOneChar(uint8_t X, uint8_t Y, uint8_t DData)
109  {
110    Y &= 0x1;
111    X &= 0xF; //限制X不能大于15,Y不能大于1
112    if (Y) X |= 0x40; //当要显示第二行时地址码+0x40
113    X |= 0x80; // 算出指令码
114    WriteCommandLCD(X); //这里不检测忙信号,发送地址码
115    WriteDataLCD(DData);
116  }
```

这个函数很简单,第 110 和 111 行将入口参数 X 的值限定在 15 以内,将 Y 的值限定在 1 以内,然后通过坐标计算其在显存中的地址,将地址的最高位置 1,使其成为一个包含地址信息的 "DDRAM 地址设置" 命令,发送这个命令,光标移动到指定地址,发送显示数据,将字

符显示在 LCD1602 上。

接下来我们看依托于 DisplayOneChar()函数实现的 DisplayListChar()函数，DisplayListChar()函数对 DisplayOneChar()函数做了一层包装，该函数可以在指定位置显示一个字符串，其具体实现如下：

```
118    //按指定位置显示一串字符
119    void DisplayListChar(uint8_t X, uint8_t Y, uint8_t *DData)
120    {
121      uint8_t ListLength;
122
123      ListLength = 0; //当前发送计数
124      Y &= 0x1;
125      X &= 0xF; //限制x不能大于15，Y不能大于1
126      while (DData[ListLength]>=0x20) //若到达字符串尾则退出
127      {
128        if (X <= 0xF) //X坐标应小于0xF
129        {
130          DisplayOneChar(X, Y, DData[ListLength]); //显示单个字符
131          ListLength++;
132          X++;
133        }
134      }
135    }
```

可以看到，这个函数也有前面提到的参数限定，然后循环判断字符串是否结尾、X 是否超范围，如果一切正常，则在指定位置显示这个字符串。注意，这里判断字符串结尾不用 "\0" 字符，而用 0x20，因为 0x20 之前的所有字符都是带有特殊功能的字符。

我们看 main()函数：

```
162    /* Initialize all configured peripherals */
163    MX_GPIO_Init();
164
165    /* USER CODE BEGIN 2 */
166    LCDInit();                              //初始化
167    HAL_Delay(1);
168    DisplayListChar(2,0,"World Skills");    //显示字符串
169    DisplayListChar(5,1,"ELECTRONICS");
170    /* USER CODE END 2 */
171
172    /* Infinite loop */
173    /* USER CODE BEGIN WHILE */
174    while (1)
175    {
176    /* USER CODE END WHILE */
177
178    /* USER CODE BEGIN 3 */
179
180    }
181    /* USER CODE END 3 */
```

main()函数里的代码很简单，仅仅是初始化之后将字符串通过 DisplayListChar()函数显示在 LCD1602 上，而 while 循环中没有任何内容。注意，在单片机程序中，为了安全起见，永远不要让 main()函数返回。

3.6.4 实验步骤

（1）正确连接主机箱，打开主板电源，用 USB 线连接 Jlink。

（2）将代码编译并下载到开发板上，可以看到 LCD1602 第一行的第 2 个位置显示了"World Skills"字符串，第二行的第 5 个位置显示了"ELECTRONICS"，达到我们的实验目的。或者打开实验例程，在文件夹"\实验例程\b_主板显示模块实验\LCD1602\Project"下双击打开工程，单击 重新编译工程。

（3）将连接好的硬件平台上电（务必按下开关上电），然后单击 将程序下载到 STM32F103 单片机里。

（4）下载完后可以单击 ◎ → ， 使程序全速运行；也可以将机箱重新上电，让刚才下载的程序重新运行。

（5）程序运行后，LCD1602 就会显示字符。

3.7 旋转编码器驱动实验

3.7.1 实验目的

● 了解旋转编码器工作原理。

● 熟悉旋转编码器驱动。

3.7.2 实验环境

硬件：装有 STM32F103ZE 核心板的实验箱、PC、USB 线。

软件：Windows 10/Windows 7/Windows XP、KEIL5、STM32CubeMX、STM32F10x_StdPeriph_Lib_V3.5.0 固件库和 HAL 库。

学时：8 学时。

3.7.3 实验原理

旋转编码器又称旋转编码开关，旋转编码器的应用非常广泛，经常出现在一些仪器仪表、各种设备的控制面板、人机界面上。它在特定情况下可以替代电位器。

本实验将介绍旋转编码器的使用方法。

1. 旋转编码器介绍

旋转编码器本质上就是一个开关，只不过它根据旋转的角度输出脉冲。开发板上的旋转编码器旋转一周可以输出 24 个脉冲，其原理图如图 3-7-1 所示。

可以看到，它有 7 个引脚。开发板上的旋转编码器可以直接按下，会触发 4 和 5 脚上开关的闭合。重点看 1、2、3 脚，这三个引脚为旋转编码器的脉冲输出脚，2 脚为公共端。编码器旋转时，1 和 3 脚会输出一串脉冲信号，且 1、3 脚之间存在相位差，并以此来判断旋转量和旋转方向。其波形如图 3-7-2 所示。

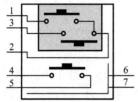

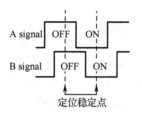

图 3-7-1　旋转编码器原理图　　　　图 3-7-2　旋转编码器输出脉冲理论波形

假设旋转编码器顺时针旋转，A 线脉冲先到，而 B 线脉冲后到，即可判断为顺时针旋转，反之亦然。注意，这里的 A 线、B 线就是 1、3 脚。

2. 硬件设计

旋转编码器硬件连接如图 3-7-3 所示。

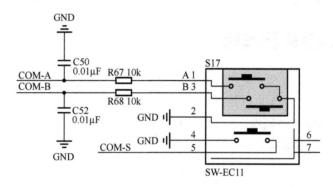

图 3-7-3　旋转编码器硬件连接

可以看到，旋转编码器的所有公共端都接到了 GND，在检测脉冲时检测低电平的存在即可。值得注意的是，这里串联电阻后又对地接了一个 0.01μF 电容，这是为了做消抖处理。只不过前面按键实验采用的是软件消抖，而这里采用硬件方法消抖，实际上就是对脉冲做整形处理。

COM-A、COM-B、COM-S 分别接到了 MCU 的 PD8、PD9、PD10。

3. 软件设计

实验工程中实现了对旋转编码器的控制，具体功能是：旋转编码器左转（逆时针），数码管 0～F 逆序显示；旋转编码器右转（顺时针），数码管 0～F 顺序显示；按下旋转编码器则数码管归零。

打开实验工程，由于用到了数码管，所以在工程里添加了 TM1638 模块，看 main.c：

```
43    uint8_t sw_val[2];           //定义旋转编码器顺序数组
44    uint8_t num = 0;             //记录脉冲位置
45    int8_t sw_data = 0;          //显示数据
46
47
48    unsigned char buf[8];        //各个数码管显示的值
49    extern uint8_t const tab[];  //数码管段码
50
```

这里定义了一些全局变量和数组，控制旋转编码器的算法基于这些变量和数组实现。由于我们使用了外部中断，所以在 stm32f1xx_it.c 和 main.c 中有如下代码：

```
189    void EXTI9_5_IRQHandler(void)
190  ⊟ {
191      /* USER CODE BEGIN EXTI9_5_IRQn 0 */
192
193      /* USER CODE END EXTI9_5_IRQn 0 */
194      HAL_GPIO_EXTI_IRQHandler(GPIO_PIN_8);  //中断回调函数
195      HAL_GPIO_EXTI_IRQHandler(GPIO_PIN_9);
196      /* USER CODE BEGIN EXTI9_5_IRQn 1 */
197
198      /* USER CODE END EXTI9_5_IRQn 1 */
199    }
```

我们看外部中断的回调函数：

```
73    void HAL_GPIO_EXTI_Callback(uint16_t GPIO_Pin)
74  ⊟ {
75      if(GPIO_Pin == GPIO_PIN_8)   //如果A线脉冲到了
76  ⊟   {
77        if(num<2)                  //没有超范围，则标记为1
78          sw_val[num] = 1;
79      }
80
81      if(GPIO_Pin == GPIO_PIN_9)   //如果B线脉冲到了
82  ⊟   {
83        if(num<2)
84          sw_val[num] = 2;   //没有超范围，则标记为2
85      }
86      if(++num >= 2)               //每次进中断，num自增记录脉冲数
87  ⊟   {
88        if((sw_val[0]==1) && (sw_val[1]==2))   //如果A线脉冲先到，判断为顺时针
89  ⊟     {
90          if(++sw_data == 16)        //显示加1，并做出越界处理
91            sw_data = 0;
92        }
93        if((sw_val[0]==2) && (sw_val[1]==1))   //如果B线脉冲先到，判断为逆时针
94  ⊟     {
95          if(--sw_data == -1)         //显示减1，并做出越界处理
96            sw_data = 15;
97        }
98        sw_val[0] = 0;          //清空数据，以便下次判断
99        sw_val[1] = 0;
100       num = 0;
101     }
102   }
103
```

这个函数其实很简单，用 num 指示当前为第几个脉冲，并在指定位置标记，判断标记即可判断方向，并做出相应处理。

我们看 main()函数：

```
131      /* Initialize all configured peripherals */
132      MX_GPIO_Init();
133
134      /* USER CODE BEGIN 2 */
135
```

```
136     init_TM1638();                      //初始化TM1638
137     for(j=0;j<8;j++)
138       Write_DATA(i<<1,0x00);            //初始化寄存器
139
140     /* USER CODE END 2 */
141
142     /* Infinite loop */
143     /* USER CODE BEGIN WHILE */
144     while (1)
145     {
146     /* USER CODE END WHILE */
147
148       for(j=0;j<8;j++)                   //从sw_data更新显示数据
149       {
150         buf[j] = sw_data;
151         Write_DATA(j*2,tab[buf[j]]);
152       }
153       HAL_Delay(50);                     //延时，不需要一直写TM1638
154       if(HAL_GPIO_ReadPin(GPIOD,GPIO_PIN_10) == 0)     //如果按下旋转编码器
155       {
156         sw_data = 0;                     //清空显示数据
157       }
158     /* USER CODE BEGIN 3 */
159
160     }
161     /* USER CODE END 3 */
```

可以看到，main()函数仅仅实现了按下清零的工作，其他都交给中断完成。这是MCU编程架构之一：将系统的逻辑功能分割成两块，一是在main()中无限循环的后台任务，二是在各种中断中处理的前台任务。这种编程架构就是前后台系统，在MCU编程中用得十分广泛，在小型到稍大型的系统中都可以应用。

3.7.4 实验步骤

（1）正确连接主机箱，打开主板电源，用USB线连接Jlink。

（2）将代码烧录到开发板上，转动旋转编码器，数码管显示的数值发生改变，按下旋转编码器，数码管清零。打开实验例程，在文件夹"\实验例程\显示模块实验\SW \Project"下双击打开工程，单击 🔨 重新编译工程。

（3）将连接好的硬件平台上电(务必按下开关上电)，然后单击 🔩 将程序下载到STM32F103单片机里。

（4）下载完后可以单击 🔍 → 🗐，使程序全速运行；也可以将机箱重新上电，让刚才下载的程序重新运行。

3.8 电机测速实验

3.8.1 实验目的

● 了解L298的使用方法。
● 掌握L298驱动、控制步进电机的方法。

3.8.2 实验环境

硬件：装有 STM32F103ZE 核心板的实验箱、PC、USB 线。

软件：Windows 10/Windows 7/Windows XP、KEIL5、STM32CubeMX、STM32F10x_StdPeriph_Lib_V3.5.0 固件库和 HAL 库。

学时：8 学时。

3.8.3 实验原理

本节主要分为两部分：一是电机驱动部分，涉及 L298 芯片和步进电机驱动；二是测速部分，涉及光电传感器和旋转编码盘的原理。

本实验将在实验箱上实现用按键控制电机并将转速实时显示在数码管上。

1. 电机驱动、测速原理及相关器件介绍

实验箱上的步进电机如图 3-8-1 所示。

步进电机无法直接接在直流电源上工作，而是需要特定的脉冲电流驱动。通常步进电机需要一个专用的驱动电路，通过电路或 MCU 输出特定脉冲至驱动电路来实现对步进电机的控制。实验箱上就有一个二相步进电机，并且有一块小型的步进电机驱动芯片——L298。L298是一块集成了双路 H 桥的电机驱动芯片，其引脚图如图 3-8-2 所示。

图 3-8-1　步进电机实物图

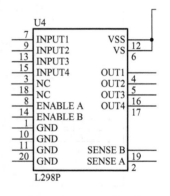

图 3-8-2　L298 引脚图

L298 可以用来控制两个直流电机或一个步进电机，每一路驱动桥都可以达到 2A 的额定电流，允许的短时间峰值电流可达 3A，具有比较强的驱动能力。该芯片具有两个使能端，ENABLE A 对应 INPUT1、INPUT2 两个输入信号和 OUT1、OUT2 两个输出信号。同样，ENABLE B 对应 INPUT3、INPUT4 和 OUT3、OUT4。L298 逻辑功能表见表 3-8-1。

表 3-8-1　L298 逻辑功能表

INPUT1	INPUT2	ENABLE A	电机状态
X	X	0	停止
1	0	1	顺时针
0	1	1	逆时针

INPUT1	INPUT2	ENABLE A	电 机 状 态
0	0	0	停止
1	1	0	

INPUT3、INPUT4 的逻辑与表 3-8-1 相同。当 ENABLE A 为低电平时，输入电平对电机控制起作用。当 ENABLE A 为高电平时，输入电平为一高一低，电机正转或反转；同为低电平，电机停止；同为高电平，电机刹停。

电机测试有很多种方法，实验箱是利用旋转编码盘（也称光栅盘）和光电传感器实现的。测速原理为：将旋转编码盘置于光电传感器的发射管和接收管之间，电机旋转时，旋转编码盘周期性地阻挡发射管发射到接收管的红外光信号。这样，接收管将得到一个脉冲信号，该信号的频率与转速成比例，通过计算该信号的频率便可以得出转速。

2. 硬件设计

查看实验箱的原理图可以获取需要使用的 IO 口，电机原理图如图 3-8-3 所示。

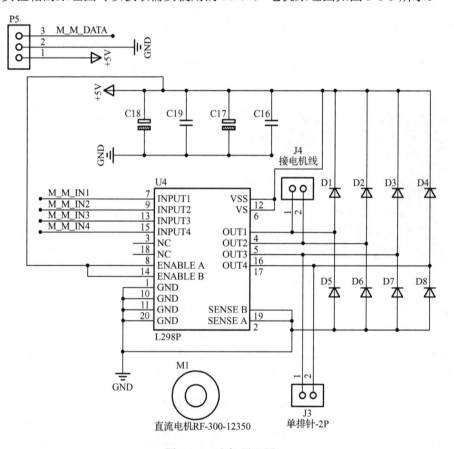

图 3-8-3　电机原理图

可以看到，U4 就是电机驱动芯片，输入端接到了 MCU 的 IO 口，使能端直接接到了高电平，输出端反接了 8 个二极管，用于续流。P5 就是光电传感器的接收管输出端，也连接了 MCU。

3. 软件设计

依然使用 STM32CubeMX 配置工程，该实验除了配置一些基本的 IO 口和时钟，还配置了定时器 4 以 5ms 的溢出周期计数及 PB1 的上升沿中断。

打开实验工程，可以看到，实验中加入了 Delay 模块用于实现毫秒和微秒延时功能，加入了 Motor 模块用于实现步进电机的驱动，加入了数码管模块用于实现数码管的显示。延时和数码管以前讲过，在此不再赘述。打开电机模块的头文件：

```
33
34   /*******************************************************
35   ==============================子函数声明==================
36   *******************************************************
37   void Motor_Init(void);                        //控制电机的IO口初始化
38   void Motor_Control(uint8_t ControlValue);     //电机的驱动和控制方向
39
```

这里主要声明两个函数，用于实现对电机的控制。

打开电机模块的 C 文件，查看这两个函数的实现部分：

```
36   void Motor_Init(void)
37   {
38      GPIO_InitTypeDef  GPIO_InitStructure;        //控制电机的IO口初始化
39
40      __HAL_RCC_GPIOF_CLK_ENABLE();
41      GPIO_InitStructure.Pin = GPIO_PIN_12 | GPIO_PIN_13 | GPIO_PIN_14 | GPIO_PIN_15;
42      GPIO_InitStructure.Mode = GPIO_MODE_OUTPUT_PP;
43      GPIO_InitStructure.Speed = GPIO_SPEED_FREQ_HIGH;
44      HAL_GPIO_Init(GPIOF, &GPIO_InitStructure);
45
46      __HAL_RCC_GPIOB_CLK_ENABLE();
47      GPIO_InitStructure.Pin = GPIO_PIN_1;
48      GPIO_InitStructure.Mode = GPIO_MODE_INPUT;
49      GPIO_InitStructure.Pull = GPIO_PULLUP;
50      HAL_GPIO_Init(GPIOB, &GPIO_InitStructure);
51   }
```

这里初始化了 IO 口，将连接到 L298 驱动桥的 IO 口设置为推挽输出模式，用于控制电机。下面这 4 个函数用于设置连接到 L298 的 4 个输入端的电平。

```
47   static inline void MOTOR_INPUT1(uint8_t level) {   //控制电机的IO口电平设置
48
49      GPIOF->BSRR = GPIO_PIN_12 << (level ? 0 : 16);
50   }
51
52   static inline void MOTOR_INPUT2(uint8_t level) {   //控制电机的IO口电平设置
53
54      GPIOF->BSRR = GPIO_PIN_13 << (level ? 0 : 16);
55   }
56
57   static inline void MOTOR_INPUT3(uint8_t level) {   //控制电机的IO口电平设置
58
59      GPIOF->BSRR = GPIO_PIN_14 << (level ? 0 : 16);
60   }
61
62   static inline void MOTOR_INPUT4(uint8_t level) {   //控制电机的IO口电平设置
63
64      GPIOF->BSRR = GPIO_PIN_15 << (level ? 0 : 16);
65   }
```

下面这个函数用于产生控制步进电机所需要的脉冲，需要周期性地调用。该函数接收一个参数：ControlValue_1，该参数为 1 则电机正转，为 2 则电机反转，为 0 则不处理，为其他值则停止电机。

```
74    void Motor_Control(uint8_t ControlValue_1)
75    {
76            //static uint8_t Time=0XFC;
77
78
79            switch(ControlValue_1)
80            {
81                case 0:
82                    //MOTOR_INPUT1=0;        //为0不做处理
83                    //MOTOR_INPUT2=0;
84                    //MOTOR_INPUT3=0;
85                    //MOTOR_INPUT4=0;
86                    break;
87                case 1:
88                    MOTOR_INPUT1(0);        //为1则电机正转
89                    MOTOR_INPUT2(0);        //L298上输入为0
90                    MOTOR_INPUT3(0);
91                    MOTOR_INPUT4(0);
92                    delay_ms(50);
93                    MOTOR_INPUT1(1);        //L298上输入为1010，产生两路脉冲
94                    MOTOR_INPUT2(0);
95                    MOTOR_INPUT3(1);
96                    MOTOR_INPUT4(0);
97                    break;
98                case 2:
99                    MOTOR_INPUT1(0);        //为2则电机反转
100                   MOTOR_INPUT2(0);
101                   MOTOR_INPUT3(0);
102                   MOTOR_INPUT4(0);
103                   delay_ms(50);
104                   MOTOR_INPUT1(0);
105                   MOTOR_INPUT2(1);
106                   MOTOR_INPUT3(0);
107                   MOTOR_INPUT4(1);
108                   break;
109               default:
110                   MOTOR_INPUT1(0);        //为其他值则停止电机
111                   MOTOR_INPUT2(0);
112                   MOTOR_INPUT3(0);
113                   MOTOR_INPUT4(0);
114                   break;
115           }
116
117   }
118
```

本实验用到了按键，先来看按键程序：

```
237   /* USER CODE BEGIN 4 */
238   uint8_t KeyScan(void)          //按键扫描
239   {
240       uint16_t Buff=0;
241       if((GPIOD->IDR&0x00F0)!=0x00F0)//读取按键IO口值
```

```
242 ┌       {
243 │         if((GPIOD->IDR&0x00F0)!=0x00F0)
244 ┌       {
245 │             Buff=GPIOD->IDR&0x00F0;
246 │
247 │           if( Buff==0x00E0)
248 ┌         {
249 │               Buff=1;
250 ├         }
251 │         else if( Buff==0x00D0)
252 ┌         {
253 │               Buff=2;
254 ├         }
255 │         else if( Buff==0x00B0)
256 ┌         {
257 │               Buff=3;
258 ├         }
259 │         else if( Buff==0x0070)
260 ┌         {
261 │               Buff=4;
262 ├         }
263 │       }
264 ├     }
265 │     return Buff&0xff;     //返回按键值
266 └ }
```

可以看到，这个函数用于读取 GPIOD 的位 4～位 7 这 4 个 IO 口，也就是实验箱的 4 个按键，分别返回 1～4 的键值。

测速主要由以下两个函数实现：

```
267 ┌ void HAL_GPIO_EXTI_Callback(uint16_t GPIO_Pin) {      //外部中断的回调函数
268 │
269 │     Count++;        //每次进中断都计数一次
270 └ }
271 ┌ void HAL_TIM_PeriodElapsedCallback(TIM_HandleTypeDef *htim) { //定时器更新中断的回调函数
272 │
273 │   if(htim->Instance == TIM4) {
274 │
275 │     if(++tick_cnt>20)    //每秒查询Count计数，并更新最新的速度至Buff_1变量
276 ┌     {
277 │       tick_cnt=0;
278 │       Buff_1=Count/12;
279 │       Count=0;
280 ├     }
281 ├   }
282 └ }
```

第一个函数是外部中断回调函数，该函数的原型由 HAL 库定义，在中断服务函数中调用，并传入 Pin 号信息。由于只开启了一个外部中断引脚，所以不需要确认 Pin 号信息，这个函数每次自增 Count 变量。

第二个函数是 Tim4 定时器的更新中断回调函数，该函数的原型也由 HAL 库定义，在中断服务函数中调用，传入定时器句柄。根据定时器配置，该函数会每 5ms 执行一次，对此计数，满 20 次则进行一次电机转速的计算，根据 Count 计数，除以 12（旋转编码盘为 12 个脉冲一圈）即可得出转速，将其保存在 Buff_1 变量中。

将所有的中断放在 stm32f1xx_it.c 中实现，调用对应的 IRQHandler()函数，将中断事件统一交给 HAL 库管理，由 HAL 库的 IRQHandler()函数分析具体产生中断的原因，并调用对应的

中断回调函数。

```
190 /**
191  * @brief This function handles EXTI line1 interrupt.
192  */
193 void EXTI1_IRQHandler(void)//外部中断
194 {
195   /* USER CODE BEGIN EXTI1_IRQn 0 */
196
197   /* USER CODE END EXTI1_IRQn 0 */
198   HAL_GPIO_EXTI_IRQHandler(GPIO_PIN_1);
199   /* USER CODE BEGIN EXTI1_IRQn 1 */
200
201   /* USER CODE END EXTI1_IRQn 1 */
202 }
203
204 /**
205  * @brief This function handles TIM4 global interrupt.
206  */
207 void TIM4_IRQHandler(void)//定时器中断
208 {
209   /* USER CODE BEGIN TIM4_IRQn 0 */
210
211   /* USER CODE END TIM4_IRQn 0 */
212   HAL_TIM_IRQHandler(&htim4);
213   /* USER CODE BEGIN TIM4_IRQn 1 */
214
215   /* USER CODE END TIM4_IRQn 1 */
216 }
217
```

我们看 main()函数：

```
70 int main(void)
71 {
72
73   /* USER CODE BEGIN 1 */
74
75   /* USER CODE END 1 */
76
77   /* MCU Configuration--------------------------------------------------------
78
79   /* Reset of all peripherals, Initializes the Flash interface and the Syst
80   HAL_Init();
81
82   /* Configure the system clock */
83   SystemClock_Config();
84
85   /* Initialize all configured peripherals */
86   MX_GPIO_Init();      //IO口初始化，配置按键和用于外部中断的IO口
87   MX_TIM4_Init();      //初始化定时器，使其产生5ms更新中断
88
89   /* USER CODE BEGIN 2 */
90   delay_init(72);      //延时初始化
91   Motor_Init();        //电机初始化
92   TM1638_Init();       //数码管驱动芯片的初始化
93   /* USER CODE END 2 */
94
```

```
95      /* Infinite loop */
96      /* USER CODE BEGIN WHILE */
97      HAL_TIM_Base_Start_IT(&htim4);      //启动定时器4并打开更新中断
98      while (1)
99      {
100     /* USER CODE END WHILE */
101
102     /* USER CODE BEGIN 3 */
103         Motor_Control(KeyScan());    //读取按键键值作为电机控制的参数
104         NixieTube_Dis(5,Buff_1/100);     //将速度显示到数码管上
105         NixieTube_Dis(6,Buff_1/10%10);
106         NixieTube_Dis(7,Buff_1%10);
107         delay_ms(1000);                  //延时，控制执行时间
108     }
109     /* USER CODE END 3 */
110
111 }
```

该函数做了一些基本的初始化工作，配置了 IO 口，然后在主循环中调用电机控制函数，其参数由按键扫描函数的返回值决定，然后将当前速度显示到数码管上，延时 1s，控制执行事件。这样，可以用按键控制电机，并在数码管上显示速度。

3.8.4　实验步骤

（1）正确连接主机箱，打开主板电源，用 USB 线连接 Jlink。

（2）将代码烧录到开发板上。或打开实验例程，在文件夹"\实验例程\显示模块实验\MOTOR\Project"下双击打开工程，单击 🛠 重新编译工程。

（3）将连接好的硬件平台上电（务必按下开关上电），然后单击 🗲 将程序下载到 STM32F103 单片机里。

（4）下载完后可以单击 ⓠ → 🗐，使程序全速运行；也可以将机箱重新上电，让刚才下载的程序重新运行。程序运行后，可以看到数码管上显示的速度为 0，按下按键，电机正转，数码管上显示相应的速度。再按下另外一个按键，电机反转。按下停止按键，电机停止转动，数码管上的数值回 0，完成实验。

第4章

扩展传感器实验

4.1 温度传感器实验

4.1.1 实验目的

● 了解单线通信原理。
● 掌握 DS18B20 温度传感器的使用方法。

4.1.2 实验环境

硬件：装有 STM32F103ZE 核心板的实验箱、温度模块、PC、USB 线。

软件：Windows 10/Windows 7/Windows XP、KEIL5 集成开发环境、STM32F10x_StdPeriph_Lib_V3.5.0 固件库与 HAL 库。

学时：6 学时。

4.1.3 实验原理

基本上所有系列的 STM32 都自带温度传感器，但其温度传感器测量误差大，且测量目标为内核温度，与实际的环境温度差别较大，无法满足测量环境温度的需求。所以，本实验将介绍单总线技术，通过它来实现 STM32 与外部传感器的通信，并将温度数据实时地显示在数码管上。

1. DS18B20 温度传感器介绍

DS18B20 是由 DALLAS 半导体公司推出的一种"一线总线"接口的温度传感器。与传统的热敏电阻等测温元件相比，它是一种新型的体积小、适用电压宽、与微处理器接口简单的数字化温度传感器。一线总线结构具有简捷且经济的特点，可使用户轻松地组建传感器网络，从而为测量系统的构建引入全新概念，测量温度范围为-55～+125℃，精度为±0.5℃。现场温度直接以"一线总线"的数字方式传输，大大提高了系统的抗干扰性。它能直接读出被测温度，并且可根据实际要求通过简单的编程实现 9～12 位的数字值读数方式。它工作在 3～5.5V 的电压范围，采用多种封装形式，从而使系统设计灵活、方便。设定分辨率及用户设定的报警温度存储在 EEPROM 中，掉电后依然保存。

DS18B20 的 ROM 中有 64 位序列号是出厂前存储的，可以将它当作 DS18B20 的地址序列码，每个 DS18B20 的 64 位序列号均不相同。64 位 ROM 的排列是：前 8 位是产品家族码，接着 48 位是 DS18B20 的序列号，最后 8 位是前面 56 位的循环冗余校验码。ROM 的作用是使每一个 DS18B20 都不相同，这样就可实现一根总线上挂接多个 DS18B20。

单总线由于缺少时钟线，需要采用严格的信号时序，以保证数据的完整性。DS18B20 共有 6 种信号类别：复位脉冲、应答脉冲、写 0、写 1、读 0 和读 1。所有的信号，除了应答脉冲，都是由主机发起的，所有的命令数据都以字节的低位在前、高位在后的次序依次发送。下面介绍 DS18B20 单总线的信号时序。

1）复位脉冲和应答脉冲

单总线上所有的通信都是以初始化序列开始的。主机输出低电平至少 480μs，以产生复位脉冲。接着主机释放总线，上拉电阻将总线拉高，延时 15～60μs，并进入接收模式。接着 DS18B20 拉低总线 60～240μs，以产生低电平应答脉冲，若为低电平，则再延时 480μs。

2）写时序

写时序包括写 0 时序和写 1 时序，所有的写时序至少需要 60μs，并且在两次独立的写时序之间至少需要 1μs 的恢复时间，两种写时序均起始于主机拉低总线。写 1 时序：主机输出低电平，延时 2μs，然后释放总线，延时 60μs。写 0 时序：主机输出低电平，延时 60μs，然后释放总线，延时 2μs。

3）读时序

单总线器件仅在主机发出读时序时，才向主机传输数据，所以，在主机发出读数据命令后，必须马上产生读时序，以便从机能够传输数据。所有读时序至少需要 60μs，并且在两次独立的读时序之间至少需要 1μs 的恢复时间。每个读时序都由主机发起，至少拉低总线 1μs。主机在读时序期间必须释放总线，并且在时序起始后的 15μs 之内采样总线状态。典型的读时序过程为：主机输出低电平，延时 2μs，然后主机转入输入模式，延时 12μs，然后读取单总线当前的电平，延时 50μs。

在了解了单总线时序之后，我们来看 DS18B20 的典型温度读取过程。DS18B20 的典型温度读取过程为：复位→发 SKIP ROM 命令（0XCC）→发开始转换命令（0X44）→延时→复位→发送 SKIP ROM 命令（0XCC）→发读存储器命令（0XBE）→连续读出两字节数据（即温度）→结束。实际上，如果一根总线上仅有一个 DS18B20，可以跳过验证 ROM 的步骤。

2. 硬件设计

实验箱并没有 DS18B20，需要找到实验箱配套的温度传感器模块。可以看到，温度传感器模块上的 DS18B20 是一个 8 脚的贴片封装，这与平时见到的 DS18B20 在封装上有很大区别，不过对于本实验，两种封装的传感器在使用方面是没有任何区别的。

将该模块对应地插入实验箱的任意一个模块接口上，对于本实验工程，将此模块插在模块接口 5 上。通过图 4-1-1 可知，将 DS18B20 接在模块接口 5 上，对应 DS18B20 的数据线就接在了 F103 的 PF6 口上。

3. 软件设计

打开实验工程的 STM32CubeMX 生成的文件 Project.ioc，可以看到仅配置了时钟，打开实验工程。

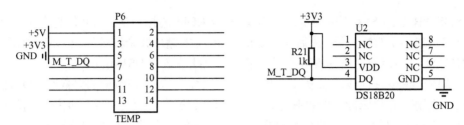

图 4-1-1　实验电路图

本实验工程读取 DS18B20 温度数据并实时显示到数码管上，所以除了必要的 HAL 库部分和 delay 模块，还添加了关于数码管显示的部分 NixieTube 模块。

头文件 DS18B20.h 包含了操作这个模块的接口和设置。

```
13    /* 定义__DS18B20_H__宏防止头文件重复包含 */
14    #ifndef  __DS18B20_H__
15     #define  __DS18B20_H__
16    /*******************************************************
17    =================================include head==============================
18    *******************************************************
19     /* 包含HAL库必要的头文件 */
20     #include "main.h"
21     #include "stm32f1xx_hal.h"
22
23    /*******************************************************
24    ================================Define IO==================================
25    *******************************************************
26
27     /* 定义 DHT11 引脚 */
28     #define DS18B_GPIO      GPIOF
29     #define DS18B_GPIO_PIN  GPIO_PIN_6
30    /*******************************************************
31    ===============================Define Data=================================
32    *******************************************************
33
34    /*******************************************************
35    ================================变量定义==================================
36    *******************************************************
37
38
39    /*******************************************************
40    ================================子函数声明=================================
41    *******************************************************
42     uint8_t DS18B20_Init(void);      //初始化DS18B20
43     uint16_t DS18B20_Get_Temp(void); //获取温度
44     void DS18B20_Start(void);     //开始温度转换
45     void DS18B20_Write_Byte(uint8_t dat);//写入一字节
46     uint8_t DS18B20_Read_Byte(void);   //读出一字节
47     uint8_t DS18B20_Read_Bit(void);    //读出一位
48     uint8_t DS18B20_Check(void);       //检测是否存在DS18B20
49     void DS18B20_Rst(void);       //复位DS18B20
```

以上是该文件的全部内容，可以看到，除了一些必要的格式，就是一些引脚的定义和接口函数的声明。

我们看 DS18B20 的 C 文件，看看这些函数具体是怎么实现的。

首先介绍操作 IO 口的函数：

```
65    void DS18B_Set_Output(void)
66  □ {
67      GPIO_InitTypeDef  GPIO_InitStructure;
68      GPIO_InitStructure.Pin = DS18B_GPIO_PIN;
69      GPIO_InitStructure.Mode = GPIO_MODE_OUTPUT_PP;
70      GPIO_InitStructure.Speed = GPIO_SPEED_FREQ_HIGH;
71      HAL_GPIO_Init(DS18B_GPIO, &GPIO_InitStructure);
72    }
73
74    void DS18B_Set_Input(void)
75  □ {
76      GPIO_InitTypeDef  GPIO_InitStructure;
77      GPIO_InitStructure.Pin = DS18B_GPIO_PIN;
78      GPIO_InitStructure.Mode = GPIO_MODE_INPUT;
79      GPIO_InitStructure.Pull = GPIO_PULLUP;
80      HAL_GPIO_Init(DS18B_GPIO, &GPIO_InitStructure);
81    }
```

DS18B_Set_Output()将 IO 口初始化为推挽输出模式，这使 IO 口具有比较强的输出能力，用于大部分时序的建立。同样，DS18B_Set_Input()函数将 IO 口设置为输入模式，从 DS18B20 中读取数据就需要这个函数的支持。

接下来我们看操作 IO 口的两个函数：

```
33  □ /**********************************************************************
34    * Function Name :  DS18B_Set_IO
35    * Description :设置IO口状态
36    * Input : IO口状态，  0: 低电平  非0: 高电平
37    * Output : None
38    * Return : None
39    **********************************************************************
40    void DS18B_Set_IO(uint8_t sta)
41  □ {
42      DS18B_GPIO->BSRR = DS18B_GPIO_PIN << (sta != 0 ? 0 : 16);
43    }
44
45  □ /**********************************************************************
46    * Function Name :  DS18B_Read_IO
47    * Description :读取IO口数据
48    * Input :None
49    * Output : None
50    * Return : 0: 低电平  非0: 高电平
51    **********************************************************************
52    uint8_t DS18B_Read_IO(void)
53  □ {
54      return (DS18B_GPIO->IDR & DS18B_GPIO_PIN) == 0 ? 0 : 1;
55    }
56
```

通过注释可以看出，这两个函数一个负责设置 IO 口状态，一个负责读取 IO 口数据，这里用到了寄存器操作，有关这部分的寄存器可以查阅 LED 实验或官方参考手册。

上述四个函数提供了相对完备的 IO 口操作，只要重新实现 delay_ms()、delay_us()和以上四个函数，本例程就可以移植到任何平台上。

与 DS18B20 通信的代码如下：

```
92  /***********************************************************************
93  * Function Name : DS18B20_Rst
94  * Description : 复位DS18B20
95  * Input : None
96  * Output : None
97  * Return : None
98  ************************************************************************
99  void DS18B20_Rst(void)
100 {
101     DS18B_Set_Output(); //设置输出
102     DS18B_Set_IO(0);    //拉低DQ
103     delay_us(480);      //拉低750μs
104     DS18B_Set_IO(1);    //DQ=1
105     delay_us(15);       //15μs
106 }
```

这个函数用于产生总线复位脉冲，可以对比前面我们提到的复位时序。对 DS18B20 的每一个操作都是从复位脉冲开始的。

分析下面这段代码：

```
107 /***********************************************************************
108 * Function Name : DS18B20_Check
109 * Description : 等待DS18B20的回应
110 * Input : None
111 * Output : None
112 * Return : 返回1:未检测到DS18B20的存在,返回0:存在
113 ************************************************************************
114 uint8_t DS18B20_Check(void)
115 {
116     uint8_t   retry=0;
117     DS18B_Set_Input();//SET PG11 INPUT
118     while (DS18B_Read_IO()&&retry<200)//检测低电平, DS18B20是否拉低总线
119     {
120       retry++;
121       delay_us(2);
122     };
123     if(retry>=200)return 1;              //检测失败返回1
124     else retry=0;                        //否则清空计数
125     while (!DS18B_Read_IO()&&retry<240)//检测高电平DS18B20是否释放总线
126     {
127       retry++;
128       delay_us(2);
129     };
130     if(retry>=240)return 1;              //超时不释放说明未检测到DS18B20
131     return 0;                            //检测成功则返回成功标志0
132 }
```

这个函数检测 DS18B20 的应答信号，并将检测结果返回。在检测 IO 口状态时必须将 IO 口设置为输入状态。

分析下面这段代码：

```
101 /
182 * Function Name : DS18B20 Check
183 * Description : 写一字节到DS18B20
184 * Input : 要写入的字节
185 * Output : None
186 * Return :
187 ************************************************************************
188 void DS18B20 Write Byte(uint8 t dat)
```

```
189 ┌ {
190 │       uint8_t j;
191 │       DS18B_Set_Output();//设置IO口为输出
192 │       for (j=1;j<=8;j++)   //串行数据, 8bit一个一个传输
193 ├     {
194 │           if (dat&0x01)
195 ├         {
196 │               DS18B_Set_IO(0);//写1时序, MCU拉低总线
197 │               delay_us(3);    //延时3μs
198 │               DS18B_Set_IO(1);//MCU拉高总线
199 │               delay_us(60);   //延时60μs
200 ┤          }
201 │           else
202 ├         {
203 │               DS18B_Set_IO(0);//写0时序, MCU拉低总线
204 │               delay_us(60);   //延时60μs
205 │               DS18B_Set_IO(1);//MCU拉高总线
206 │               delay_us(2);    //延时2μs
207 │          }
208 │           dat=dat>>1;         //数据移位
209 ┤     }
210 └ }
```

这个函数用来向DS18B20写入一字节, 可以对比前面介绍过的DS18B20总线时序, 基本上保持一致。

分析下面这段代码:

```
162  uint8_t DS18B20_Read_Byte(void)    // read one byte
163 ┌ {
164 │       uint8_t i,dat=0;
165 │       for (i=1;i<=8;i++)   //串行总线, 8bit数据一位一位地读取
166 ├     {
167 │           dat>>=1;            //在开始读取数据前先移位, 为了不丢失最后一bit
168 │           DS18B_Set_Output(); //设置IO口为输出
169 │           DS18B_Set_IO(0);    //MCU拉低总线
170 │           delay_us(3);        //延时3μs
171 │           DS18B_Set_Input();  //设置IO口为输入
172 │           delay_us(12);       //延时12μs
173 │           if(DS18B_Read_IO()) //读取IO口状态
174 ├         {
175 │               dat |=0x80;     //将此bit保存在最高位(LSB在前)
176 ┤          }
177 │           delay_us(48);       //延时(读时序最少持续60μs)
178 ┤     }
179 │       return dat;         //通过返回值传递读取的数据
180 └ }
```

这个函数用来从DS18B20读取一字节, 需要注意的是, 如果数据移位在读取数据之后(第167行), 最后一次循环会将第一次读取到的数据移走, 从而造成数据紊乱。

分析下面这段代码:

```
218  void DS18B20_Start(void)// ds1820 start convert
219 ┌ {
220 │       DS18B20_Rst();          //复位总线, 准备开始通信
221 │       DS18B20_Check();        //检测DS18B20
222 │       DS18B20_Write_Byte(0xcc);//本实验不需要验证ROM, 发送指令跳过ROM操作
```

```
223        DS18B20_Write_Byte(0x44);//发送指令，DS18B20开始温度转换
224    }
```

DS18B20_Start()用来开始一次温度转换，首先复位单总线，调用 DS18B20_Rst()函数产生复位时序，DS18B20 的每一个操作必须由复位时序开始。由于 IO 口仅挂载了一个 DS18B20，所以不需要验证 ROM（如果有多个 DS18B20 挂载在一条总线上，在操作某个器件时，必须验证 ROM 加以区分，类似于 IIC 的地址概念），发送 0xcc 指令跳过 ROM 验证，发送 0x44 开始温度转换（DS18B20 必须发送指令令其内部的 ADC 开始转换，并在转换结束之后才能读取到有效的数据）。

分析下面这段代码：

```
233    uint16_t DS18B20_Get_Temp(void)
234    {
235        uint8_t temp;
236        uint8_t TL,TH;
237        uint16_t tem;
238        DS18B20_Start();    //开始温度转换
239        delay_ms(20);       //延时等待转换完成
240        DS18B20_Rst();      //复位总线，准备开始通信
241        DS18B20_Check();    //检测DS18B20
242        DS18B20_Write_Byte(0xcc); //本实验不需要验证ROM，发送指令跳过ROM操作
243        DS18B20_Write_Byte(0xbe); //发送读取温度的命令
244        TL=DS18B20_Read_Byte();   //读取温度低位
245        TH=DS18B20_Read_Byte();   //读取温度高位
246
247        tem=TH<<8|TL;             //合成数据
248        temp=(uint8_t)(tem>>4);   //去掉小数部分
249
250        return temp ;            //返回值
251    }
252
```

这个函数读取 DS18B20 的温度数据并通过返回值传递温度信息。这个函数很简单，就是开始温度的转换，等待一会儿发送命令 0xbe 读取温度，连续读取两字节，将数据的低四位去除（低四位表征小数），返回温度数据。

接下来我们看 main()函数是如何调用这些 API 函数的。

```
69   int main(void)
70   {
71
72       /* USER CODE BEGIN 1 */
73
74       /* USER CODE END 1 */
75
76       /* MCU Configuration--------------------------------------------
77
78       /* Reset of all peripherals, Initializes the Flash interface and the S
79       HAL_Init();
80
81       /* USER CODE BEGIN Init */
82
83       /* USER CODE END Init */
84
85       /* Configure the system clock */
86       SystemClock_Config();
87
88       /* USER CODE BEGIN SysInit */
```

```
89
90      /* USER CODE END SysInit */
91
92      /* Initialize all configured peripherals */
93      MX_GPIO_Init();
94
95      /* USER CODE BEGIN 2 */
96      delay_init(72);//初始化延时
97  /*--------------数码管模块-------------------*/
98      TM1638_Init();
99      /*--------------温度模块-------------------*/
100     DS18B20_Init();
101     /* USER CODE END 2 */
102
103     /* Infinite loop */
104     /* USER CODE BEGIN WHILE */
105
```

首先初始化各部分，对于每一个实验都是如此。

```
106     while (1)
107     {
108     /* USER CODE END WHILE */
109
110     /* USER CODE BEGIN 3 */
111       uint16_t Buff = DS18B20_Get_Temp();   //获取温度信息到缓存
112       NixieTube_Dis(0, Buff/1000);          //在第0个数码管上显示温度最高位
113       Buff %= 1000;                         //去除最高位
114       NixieTube_Dis(1, Buff/100);           //在第1个数码管上显示温度次高位
115       Buff %= 100;                          //去除次高位
116       NixieTube_Dis(2, Buff/10);            //在第2个数码管上显示温度次低位
117       Buff %= 10;                           //去除次低位
118       NixieTube_Dis(3, Buff%10);            //在第3个数码管上显示温度最低位
119       delay_ms(100);                        //隔100ms循环一次
120     }
121     /* USER CODE END 3 */
122  }
```

进入 while 主循环，可以看到，通过 DS18B20_Get_Temp()函数获取温度，并通过 NixieTube_Dis()函数将温度的信息显示到数码管上，完成温度采集和显示。

4.1.4 实验步骤

（1）正确连接主机箱，打开主板上的电源，用 USB 线连接 Jlink。

（2）将模块插到主板上的模块接口 5 上。

（3）打开实验例程，在文件夹"\实验例程\扩展传感器模块实验\ DS18B20\Project"下双击打开工程，单击 重新编译工程。

（4）将连接好的硬件平台上电（务必按下开关上电），然后单击 将程序下载到 STM32F103 单片机里。

（5）下载完后可以单击 → ，使程序全速运行；也可以将机箱重新上电，让刚才下载的程序重新运行。

（6）程序运行后，可以看到数码管上显示了当前的室内温度。

4.2 温湿度传感器实验

4.2.1 实验目的

- 了解单线通信原理。
- 掌握 DHT11 温湿度传感器的使用方法。

4.2.2 实验环境

硬件：装有 STM32F103ZE 核心板的实验箱、温湿度模块、PC、USB 线。

软件：Windows 10/Windows 7/Windows XP、KEIL5 集成开发环境、STM32F10x_StdPeriph_Lib_V3.5.0 固件库与 HAL 库。

学时：6 学时。

4.2.3 实验原理

单片机在很多应用中作为一个数据采集终端应用于系统，需要读取传感器数据，经过计算发送到上位机系统，而这个过程中必不可少的就是传感器。

本实验将介绍一种温湿度传感器的使用方法。

1. DHT11 温湿度传感器介绍

DHT11 温湿度传感器是一款含有已校准数字信号输出的温湿度复合传感器，含有专用的数字模块采集技术和温湿度传感技术，确保产品具有极高的可靠性和长期稳定性。传感器包括一个电阻式感湿元件和一个 NTC 测温元件，该产品具有超快响应、抗干扰能力强、性价比极高等优点。每个 DHT11 传感器都在极为精确的湿度校验室中进行校准。校准系数以程序的形式存在 OTP 内存中，传感器内部在检测信号的处理过程中要调用这些校准系数。该产品为 4 针单排引脚封装，连接方便。

其主要技术性能如图 4-2-1 所示。

工作电压范围：3.3～5.5V
工作电流：平均0.5mA
输出：单总线数字信号
测量范围：湿度20%～90%RH，温度0～5℃
精度：湿度±5%，温度±2℃
分辨率：湿度1%，温度1℃

DHT11 pins	
1	VCC
2	DATA
3	NC
4	GND

图 4-2-1　DHT11 技术性能

DHT11 的串行接口 DATA 用于微处理器与 DHT11 之间的通信和同步，采用单总线数据格式，一次通信时间为 4ms 左右，数据分小数部分和整数部分，具体格式在下面说明，当前小数部分用于以后扩展。

传感器数据输出的是未编码的二进制数据。数据（湿度、温度、整数、小数）之间应该分开处理。

CC2530 发送一次开始信号后，DHT11 从低功耗模式转换到高速模式，等待主机开始信号结束后，DHT11 发送响应信号，送出 40bit 的数据，并触发一次信号采集，用户可选择读取部分数据。从模式下，DHT11 接收到开始信号触发一次温湿度采集，如果没有接收到主机发送开始信号，DHT11 不会主动进行温湿度采集。采集数据后转换到低速模式。

通信过程如图 4-2-2～图 4-2-5 所示。

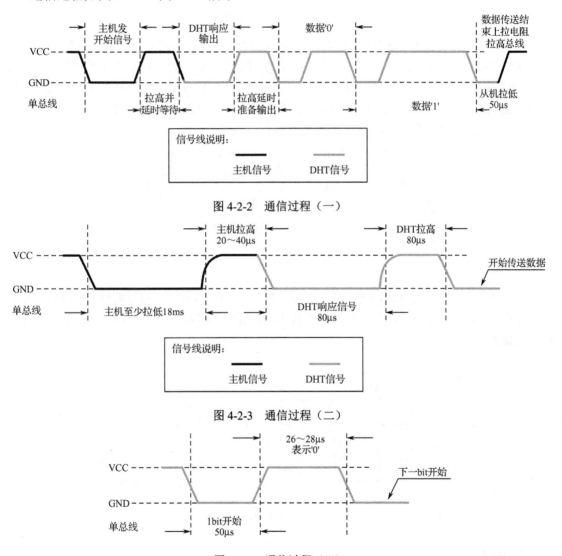

图 4-2-2　通信过程（一）

图 4-2-3　通信过程（二）

图 4-2-4　通信过程（三）

总线空闲状态为高电平，主机把总线拉低等待 DHT11 响应，主机把总线拉低必须大于18ms，保证 DHT11 能检测到起始信号。DHT11 接收到主机的开始信号后，等待主机开始信号结束，然后发送 80μs 低电平响应信号。主机发送开始信号结束后，延时等待 20～40μs 后，读取 DHT11 的响应信号。主机发送开始信号后，可以切换到输入模式，或者输出高电平，总线由上拉电阻拉高。

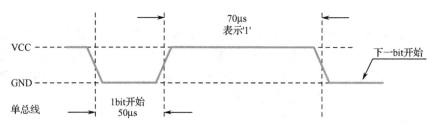

图 4-2-5　通信过程（四）

总线为低电平，说明 DHT11 发送响应信号，DHT11 发送响应信号后，再把总线拉高 80μs，准备发送数据，每一 bit 数据都以 50μs 低电平时隙开始，高电平的长短决定了数据位是 0 还是 1。如果读取响应信号为高电平，则 DHT11 没有响应，应检查线路连接是否正常。最后 1bit 数据传送完毕后，DHT11 拉低总线 50μs，随后总线由上拉电阻拉高进入空闲状态。

例如，某次从 DHT11 读取到的数据如图 4-2-6 所示。

Byte4	Byte3	Byte2	Byte1	Byte0
00101101	00000000	00011100	00000000	01001001
整数	小数	整数	小数	校验和
湿度		温度		校验和

图 4-2-6　DHT11 接收数据实例

2. 硬件设计

本实验将 DHT11 模块插到接口 5 上（图 4-2-7），这样，DHT11 的数据线就被接到了单片机的 PF6 引脚上。对于这种包装得很好的传感器，通常不需要接外围电路，只需要做一些简单的电源滤波即可。

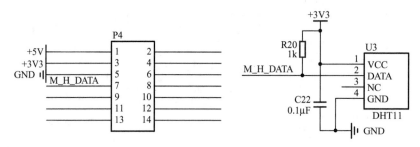

图 4-2-7　DHT11 电路接线图

3. 软件设计

本实验仅需要用到 IO 口操作，所以关于 STM32CubeMX 的部分就不再讲解了，直接打开软件工程，首先看到其工程结构，整个工程分为三个模块，在 main.c 中得到调用，分别是 printf.c、delay.c 和 DHT11.c。

打开 DHT11.h 头文件，略去格式的部分：

```
27 | /* 定义 DHT11 引脚 */
28 | #define DHT_RCC()        __HAL_RCC_GPIOF_CLK_ENABLE()
29 | #define DHT_GPIO         GPIOF
30 | #define DHT_GPIO_PIN     GPIO_PIN_6
```

通用做法，定义引脚，如果接到 DHT11 的 IO 口更换，只需要更改这里就可以使用，保证了代码的兼容性。

```
34 | typedef struct _DHT11
35 | {
36 |    char Tem_H;     //温度整数部分
37 |    char Tem_L;     //温度小数部分
38 |    char Hum_H;     //湿度整数部分
39 |    char Hum_L;     //湿度小数部分
40 |
41 | }DHT11_TypeDef;
```

这里定义了一个结构体类型_DHT11，并为这个结构体声明了一个别名，这种做法比较通用，也很常见。这个类型包含了 4 个数据，使用复合数据类型（例如这里的结构体）最大的好处就是使得程序中数据的组织更有规律，甚至可以组合出一些很高级的语法（C 语言高级编程和 C 模拟面向对象），这里使用了一个结构体类型存储 DHT11 的原始数据。

```
50 | /**
51 |  * @brief   初始化IO口和参数
52 |  * @param   none.
53 |  * @retval  none.
54 |  */
55 | void DHT11_Init(void);
56 |
57 |
58 | /**
59 |  * @brief   读取40bit数据
60 |  * @param   none.
61 |  * @retval  1表示读取成功，0表示读取失败
62 |  */
63 | int DHT11_ReadData(void);
64 |
65 | /**
66 |  * @brief   获取温度
67 |  * @param   none.
68 |  * @retval  Temp, 温度值，高八位为整数部分，低八位为小数部分
69 |  */
70 | int DHT11_GetTem(void);
71 |
72 | /**
73 |  * @brief   获取湿度
74 |  * @param   none.
75 |  * @retval  Hum,湿度值,高八位为整数部分，低八位为小数部分
76 |  */
77 | int DHT11_GetHum(void);
78 |
```

接下来声明了一些函数，很显然，这些都是操作 DHT11 的接口。打开 DHT11.c 文件，可

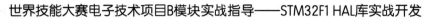

以查看这些函数的实现。

```
25  #define DHT_SetBit()      HAL_GPIO_WritePin(DHT_GPIO, DHT_GPIO_PIN,GPIO_PIN_SET)    //设置接到DHT11上的引脚为高电平
26  #define DHT_ResetBit()    HAL_GPIO_WritePin(DHT_GPIO, DHT_GPIO_PIN,GPIO_PIN_RESET)  //DHT11上的引脚为低电平
27  #define DHT_ReadBit()     HAL_GPIO_ReadPin(DHT_GPIO, DHT_GPIO_PIN)                  //读取IO口的电平
28
29  static void DHT_Set_Output(void);       //设置为输出模式
30  static void DHT_Set_Input(void);        //设置为输入模式
31
32  DHT11_TypeDef DHT11;            //全局变量
```

首先这里定义了一系列针对 IO 口的操作，如设置 IO 口的电平、设置 IO 口的方向等。需要注意的是，第 29 和 30 行的两个函数被定义为 static 类型，这个关键字在这里出现主要是为了实现函数的隐藏。在实际开发中，每个人各司其职，负责不同模块的编写，当模块内的某个函数不希望被外部调用，而仅仅用于模块内部时，通常通过这种方式将函数声明为静态，使得这个函数的作用域仅仅为这一个 C 文件。我们看第 32 行，这里利用了之前头文件中定义的结构体定义了一个全局变量，用其保存 DHT11 的原始数据。

```
95   int DH21_ReadByte(void)        //读取一字节数据
96  □{
97       int data=0;
98       char i;
99       char cout;
100
101      for(i=0; i<8; i++)
102  □   {
103          //读取50µs的低电平
104          cout=1;
105          while(!DHT_ReadBit() && cout++);
106
107          //延时30µs之后读取IO口的状态
108          delay_us(30);
109
110          //先把上次的数据移位，再保存本次的数据位
111          data = data << 1;
112
113          if(DHT_ReadBit() == GPIO_PIN_SET)
114  □       {
115              data |= 1;
116          }
117
118          //等待输入的是低电平，进入下一位数据接收
119          cout=1;
120          while(DHT_ReadBit() && cout++);
121      }
122
123      return data;
124  }
```

这个函数实现了从 DHT11 中读取一字节数据的功能，大家可以仔细地将这个函数与之前的读时序进行对比。注意，cout 变量用于计算超时，char 数据类型的范围为-128～127，每运行一次 DHT_ReadBit()函数 cout 加 1。接下来看 DHT11 读取温湿度数据到缓存的函数，这个函数有点长，我们分开来讲解：

```
133  int DHT11_ReadData(void)
134 □{
135      unsigned int cout = 1;
```

```
136    unsigned int T_H, T_L, H_H, H_L, Check;
137
138    //设置为Io口输出模式
139    DHT_Set_Output();
140
141    //1、起始信号
142    DHT_ResetBit();
143    delay_ms(25);      //拉低至少18ms
144    DHT_SetBit();
145    delay_us(20);      //拉高20~40μs
146
147    //设置为Io口输入模式
148    DHT_Set_Input();
```

可以看到，在这个函数的最前面，将 IO 口设置为输出模式，然后发起始信号，设置 IO 口为输入模式，检测DHT11应答，看下面的代码：

```
147    //设置为Io口输入模式
148    DHT_Set_Input();
149
150    //2、读取DH21响应
151    if(DHT_ReadBit() == GPIO_PIN_RESET)
152    {
153      //等待80μs的低电平
154      cout = 1;
155      while(!DHT_ReadBit() && cout++);
156
157      //等待80μs的高电平
158      cout = 1;
159      while(DHT_ReadBit() && cout++);
160
161      //读取8bit的湿度整数数据
162      H_H = DH21_ReadByte();
163
164      //读取8bit的湿度小数数据
165      H_L = DH21_ReadByte();
166
167      //读取8bit的温度整数数据
168      T_H = DH21_ReadByte();
169
170      //读取8bit的温度小数数据
171      T_L = DH21_ReadByte();
172
173      //读取8bit的校验和
174      Check = DH21_ReadByte();
175
176      if(Check == (H_H + H_L + T_H + T_L))
177      {
178        DHT11.Hum_H = H_H;
179        DHT11.Hum_L = H_L;
180        DHT11.Tem_H = T_H;
181        DHT11.Tem_L = T_L;
182        return 1;
183      }
184      else
185      {
186        return 0;
187      }
```

```
188 -    }
189      return 0;
190 }
```

这里用 if 判断是否应答，如果有应答则等待应答完成开始读数据，连续读取 5 次，最后利用前面提到的校验方法对数据进行校验，成功则保存原始数据，并且返回 1 作为成功标志。如果前面提到的任一环节失败，则返回 0 作为失败标志。

我们看接下来的两个函数：

```
193 ⊟/**
194      * @brief   获取温度
195      * @param   none.
196      * @retval  Temp, 温度值
197 └    */
198   int DHT11_GetTem(void)
199 ⊟{
200      return (DHT11.Tem_H << 8 | DHT11.Tem_L);
201   }
202
203 ⊟/**
204      * @brief   获取湿度
205      * @param   none.
206      * @retval  Hum,湿度值
207 └    */
208   int DHT11_GetHum(void)
209 ⊟{
210      return (DHT11.Hum_H << 8 | DHT11.Hum_L);
211   }
```

这两个函数很简单，只是提供了一个接口（函数）用于读取温湿度数据，将原始数据整合在一起并返回。

可以从这个 DHT11.c 和 DHT11.h 文件中看到一种很优秀的编程思想。这个模块对外提供的接口很完善，并且对一些内部的操作做了隐藏，基本避免了使用这个模块的编程人员意外操作底层和更改内部数据，这是一种通用的编程思想。

我们看 main()函数，直接看 while 部分：

```
102     while (1)
103 ⊟   {
104     /* USER CODE END WHILE */
105
106        if(DHT11_ReadData())
107 ⊟      {
108          printf("Temperature = %d.%d°C\r\n",DHT11_GetTem()/256,DHT11_GetTem()%256);
109          printf("Humidity    = %d.%d%\r\n",DHT11_GetHum()/256,DHT11_GetHum()%256);
110 -      }
111       delay_ms(100);
112     /* USER CODE BEGIN 3 */
113
114 -   }
```

这几行代码很简单，每进入一次循环将读取一次数据，如果读取成功，则打印这两个数据（之前的读取温湿度函数将数据打包，这里需要解包），然后延时。

4.2.4 实验步骤

（1）正确连接主机箱，打开主板上的电源，用 USB 线连接 Jlink。

（2）将模块插到主板上的模块接口 5 上，将 S20 串口 3 选择开关打到 USB 转串口一侧。

（3）打开实验例程，在文件夹"\实验例程\扩展传感器模块实验\ DHT11\Project"下双击打开工程，单击 ▦ 重新编译工程。

（4）将连接好的硬件平台上电（务必按下开关上电），然后单击 ▦ 将程序下载到 STM32F103 单片机里。

（5）下载完后可以单击 ⊕ → ▤，使程序全速运行；也可以将机箱重新上电，让刚才下载的程序重新运行。

（6）程序运行后，可以看到串口调试助手收到来自 STM32F103 的数据，显示当前的温湿度（图 4-2-8）。

```
sys_init_ok
Temperature = 27.9° C
Humidity     = 69.0%
Temperature = 27.9° C
Humidity     = 71.0%
Temperature = 27.9° C
Humidity     = 73.0%
Temperature = 27.9° C
Humidity     = 72.0%
Temperature = 27.9° C
Humidity     = 71.0%
Temperature = 27.9° C
Humidity     = 70.0%
Temperature = 27.9° C
Humidity     = 70.0%
```

图 4-2-8　实验结果

4.3　超声波测距实验

4.3.1　实验目的

● 了解 SR04 传感器原理。
● 掌握 SR04 传感器的使用方法。

4.3.2　实验环境

硬件：装有 STM32F103ZE 核心板的实验箱、SR04 模块、PC、USB 线。

软件：Windows 10/Windows 7/Windows XP、KEIL5 集成开发环境、STM32F10x_StdPeriph_Lib_V3.5.0 固件库与 HAL 库。

学时：8 学时。

4.3.3 实验原理

超声波指向性强，能量消耗缓慢，在介质中传播距离较远，因此，超声波常用于测距场合。本实验将讲解一种超声波测距模块——SR04。

1. SR04 超声波测距模块简介

SR04 是一款测距模块（图 4-3-1），利用超声波进行测距，测距精度可达 3mm，提供 2～400cm 的非接触式距离测量功能。它板载了超声波发生器、接收器和控制电路，提供了对单片机非常友好的接口。

图 4-3-1　SR04 模块实物图

SR04 模块有 4 个引脚，其中两个为 VCC 和 GND，SR04 模块可以兼容 5V 和 3.3V 电平系统。另外两个为 Trig 和 Echo，Trig 为触发端，在 Trig 上产生一个 10μs 以上的高电平，超声波模块开始工作，它将发出 8 个 40kHz 的超声波脉冲序列探测周围物体（探测角度为 15°），碰到物体返回。超声波模块检测是否有信号返回，并在 Echo 上输出一个回响高电平，该电平持续时间为超声波发射到成功接收的时间。模块工作时序如图 4-3-2 所示。

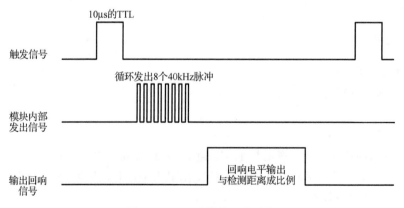

图 4-3-2　SR04 模块工作时序

可以看到，程序只需要在 Trig 输出一个 10μs 以上（通常为 12μs）的高电平脉冲，然后在 Echo 引脚上检测高电平时间，即可通过声速计算距离。

2. 硬件设计

实验箱将所有模块通过转接板统一了接口形式，本实验介绍的超声波模块也不例外，超声波模块可以插在模块接口 5 上。

SR04 电路原理图如图 4-3-3 所示。

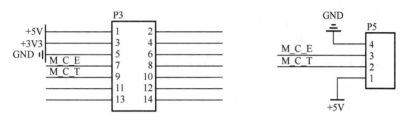

图 4-3-3　SR04 电路原理图

SR04 模块的 Trig 引脚连接到了 STM32F103 的 PF7 引脚，Echo 引脚连接到了 STM32F103 的 PF6 引脚。

3. 软件设计

打开实验工程的 Ultrasonic.ioc 文件，可以看到，在 STM32CubeMX 中配置了 72MHz 时钟和两个 IO 口的模式。

本实验工程将超声波模块采集的数据显示到数码管上，所以除了实验工程必要的 HAL 库和 delay 模块，还添加了关于数码管显示的 NixieTube 模块。

打开实验工程，本实验并没有将超声波测距归为一个模块，而是直接在主函数里实现了整个逻辑过程，所以可以直接看 main()函数：

```
101    while (1)
102    {
103    /* USER CODE END WHILE */
104
105    /* USER CODE BEGIN 3 */
106      uint16_t i = 0;        //定义计数变量
107      uint16_t Buff;         //数码管显示数据buff
108      HAL_GPIO_WritePin(GPIOF,GPIO_PIN_7, GPIO_PIN_SET);    //产生高电平
109      delay_us(12);                                         //延时12μs
110      HAL_GPIO_WritePin(GPIOF,GPIO_PIN_7, GPIO_PIN_RESET);  //产生低电平
111
112      if(HAL_GPIO_ReadPin(GPIOF, GPIO_PIN_6) == GPIO_PIN_RESET) //检测Echo为低电平
113      {
114        while(HAL_GPIO_ReadPin(GPIOF, GPIO_PIN_6) == GPIO_PIN_RESET)//等待Echo为高电平
115        {
116          i++;
117          delay_us(10);    //延时，不必频繁调用
118        }
119      }
120      i=0;
121      if(HAL_GPIO_ReadPin(GPIOF, GPIO_PIN_6) != GPIO_PIN_RESET) //检测Echo高电平
122      {
```

```
123        while(HAL_GPIO_ReadPin(GPIOF, GPIO_PIN_6) != GPIO_PIN_RESET)//检测Echo高电平结束
124        {
125          i++;
126          delay_us(20);          //延时20µs，20µs计数一次
127        }
128        Buff=i*340/1000;          //通过高电平时间和声速计算距离，单位为cm
129        NixieTube_Dis(0,Buff/10000);    //将距离显示到数码管上
130        Buff=Buff%10000;
131        NixieTube_Dis(1,Buff/1000);
132        Buff=Buff%1000;
133        NixieTube_Dis(2,Buff/100);
134        Buff=Buff%100;
135        NixieTube_Dis(3,Buff/10);
136        NixieTube_Dis(4,Buff%10);
137      }
138      delay_ms(1000);    //1s获取一次距离信息即可
139    }
140    /* USER CODE END 3 */
141
142  }
```

可以看到，超声波测距的代码十分简单，基本分为三个步骤：①给出触发信号；②检测高电平时间，可以通过计算来实现；③通过计算得出距离，再显示到数码管上。

这里着重讲解关于超声波时间转换为距离的算法。

物理学中有

$$s=vt$$

式中，s——物体运动的路程；

v——物体运动的速度（匀速度值或平均速度值）；

t——运动时间。

我们知道声音在空气中传播的速度为340m/s（15℃）。基于这点，可以将测量的时间与声速相乘得到路程，也就是距离。考虑到该时间为超声波来回的信号，需要将时间或最终结果除以2才能得到正确的距离。

由于路程 s 单位为 cm，给出的时间单位为 µs，且计数变量 i 代表了 20µs，所以，$s=vt$ 公式应变形为以下形式：

$$s = 340 \times (20 \times i) \times 10^{-6} \times 100/2$$

以上公式中，340 为声速；

$20 \times i$ 为时间，单位为 µs；

10^{-6} 为对时间单位 s 转换为 µs 的补偿；

100 为对距离单位 m 转换为 cm 的补偿；

将以上公式简化可得

$$s = i \times 340/1000$$

这与实验工程 main() 函数的第 128 行吻合。

将计算结果保存在 Buff 中，并在数码管上显示出来。

4.3.4　实验步骤

（1）正确连接主机箱，打开主板上的电源，用 USB 线连接 Jlink。

（2）将模块插到主板上的模块接口 5 上。

（3）打开实验例程，在文件夹"\实验例程\扩展传感器模块实验\ SR04\Project"下双击打开工程，单击 ■ 重新编译工程。

（4）将连接好的硬件平台上电（务必按下开关上电），然后单击 ▦ 将程序下载到 STM32F103 单片机里。

（5）下载完后可以单击 ◉ → ▤，使程序全速运行；也可以将机箱重新上电，使刚才下载的程序重新运行。

（6）程序运行后，可以看到数码管上的数值在跳动，我们用一张 A4 纸接近超声波探头，数码管会显示超声波探头到 A4 纸的距离，慢慢将 A4 纸接近探头，在小于 2cm 的范围内，可以发现数码管上的数值出现了无规则的跳动，因为超声波模块的探测范围为 2～400cm，所以，当 A4 纸在 400cm 之外时，也会发生这种情况。

4.4 24C02 实验

4.4.1 实验目的

- 了解 24C02 传感器原理。
- 掌握 24C02 传感器的使用方法。

4.4.2 实验环境

硬件：装有 STM32F103ZE 核心板的实验箱、24C02 模块、PC、USB 线。

软件：Windows 10/Windows 7/Windows XP、KEIL5 集成开发环境、STM32F10x_StdPeriph_Lib_V3.5.0 固件库与 HAL 库。

学时：8 学时。

4.4.3 实验原理

在实际的开发中，系统需要及时存储某些运行参数等重要数据，并且保证掉电不丢失，下次系统上电还能读取这些数据。实现这一功能需要使用掉电不丢失的存储器，24C02 就是其中最常用的一种。本实验将通过 IO 口模拟 IIC 接口时序来实现与 24C02 的通信，从而实现 24C02 的读/写，并将结果打印到串口。

1. 24C02 介绍

在介绍 24C02 前先简单介绍一下 IIC 总线。IIC 总线规定各个 IIC 设备间使用两根线进行双向数据通信，分别是 SCL 时钟线（24C02 的 6 脚）和 SDA 数据线（24C02 的 5 脚）。IIC 设备分为主机和从机，一根总线上可以挂载多个主机和多个从机（多主机的 IIC 接口具有一定的复杂性，本节不讲解多主机）。IIC 总线在传输数据时共定义如下几种信号。

开始信号：SCL 为高电平时，SDA 由高电平向低电平跳变，开始传送数据。

结束信号：SCL 为高电平时，SDA 由低电平向高电平跳变，结束传送数据。

应答信号：接收数据的 IC 在接收到 8bit 数据后，向发送数据的 IC 发出特定的低电平脉冲，表示已收到数据。CPU 向受控单元发出一个信号后，等待受控单元发出一个应答信号，CPU 接收到应答信号后，根据实际情况做出是否继续传递信号的判断。若未收到应答信号，则判断为受控单元出现故障。

IIC 的时序图如图 4-4-1 所示。

目前大部分 MCU 都带有 IIC 总线接口，STM32F103 也不例外。但是这里我们不使用 STM32F103 的硬件 IIC 来读/写 24C02，而是通过软件模拟。ST 为了规避 IIC 专利问题，将 STM32 的硬件 IIC 设计得比较复杂，而且稳定性不好，所以这里我们不推荐使用。有兴趣的读者可以研究一下 STM32F103 的硬件 IIC。

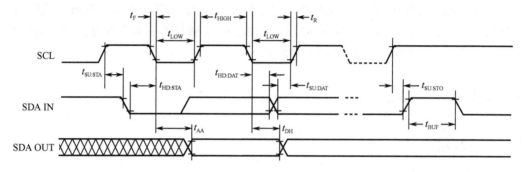

图 4-4-1 IIC 的时序图

用软件模拟 IIC，最大的好处就是方便移植，同一段代码兼容所有 MCU，任何一个单片机只要有 IO 口，就可以很快地移植过去，而且不需要特定的 IO 口。而硬件 IIC 移植是比较麻烦的。

24C02 是一个 2K 位串行 EEPROM，内部含有 256 个 8 位字节，利用 CATALYST 公司的 CMOS 技术减少了器件的功耗。24C02 有一个 16 字节页写缓冲器，最多可以一次写入 16 字节的数据。

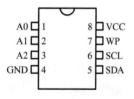

24C02 的引脚图如图 4-4-2 所示，其中 A0～A2 为 24C02 的地址选择脚，用于设置 24C02 的 IIC 地址，该地址由 0xA0 加上 A0～A2 组成，也就是说一根 IIC 总线最多挂载 8 个 IIC 器件。

图 4-4-2 24C02 引脚图

24C02 的 WP 引脚用于写保护，该引脚为低电平时，24C02 拒绝任何器件的写入操作，用于保护数据不被修改。只有当该引脚为高电平时，主机才能写入数据，但是读取数据不受影响。

（1）写 24C02 的流程如下。

① 发送 IIC 的起始信号，启动一次 IIC 传输。

② 发送写器件地址，0xA0 + A[0～2]。

③ 等待应答，可以判断器件是否受控。

④ 发送写入 EEPROM 的地址，256Byte，最大为 0xff。

⑤ 等待应答，可以判断器件是否受控。

⑥ 发送需要写入的数据。

⑦ 等待应答，可以判断器件是否受控（如果为页写，则回到第 6 步）。

⑧ 发送停止信号，停止 IIC 传输。

（2）读 24C02 的流程如下。

① 发送 IIC 起始信号，启动一次 IIC 传输。

② 发送器件地址，0xA0 + A[0～2]。

③ 等待应答，可以判断器件是否受控。

④ 发送读取的 EEPROM 的地址，最大为 0xff。

⑤ 等待应答，可以判断器件是否受控。

⑥ 发送 IIC 起始信号，重启 IIC 传输。

⑦ 发送读器件地址，0xA0 + A[0～2] + 1。

⑧ 等待应答，可以判断器件是否受控。

⑨ 从 IIC 总线读取一字节。

⑩ 主机产生一个不应答信号（如果为连续读，可以回到第 9 步，并且非末尾数据读取出来要产生一个应答信号）。

⑪ 发送停止信号，停止 IIC 传输。

2. 硬件设计

24C02 原理图如图 4-4-3 所示。

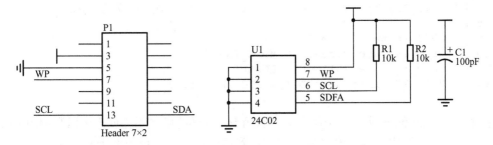

图 4-4-3　24C02 原理图

将这个模块插到实验箱的模块接口 5 上，通过查询实验箱底板和核心板原理图，或者查看实验箱模块接口 5 上的丝印可以看到，24C02 与 MCU 的连接如下：

24C02 的 SCL 连接 PB6；

24C02 的 SDA 连接 PB7；

24C02 的 WP 连接 PF6。

3. 软件设计

本实验将 0～255 依次写入 24C02 对应地址中，再将这些数据读取出来并显示到串口上。打开实验工程，可以看到，将 24C02 的驱动程序用一个模块独立出来，串口也是如此。首先看 24cxx.h 文件，这是 24C02 模块的头文件，这里声明了一些接口，用来操作 24C02。

```
1  #ifndef _24CXX_H
2  #define _24CXX_H
3
4  #include "stdint.h"
5
6  #define AT24CXX_ADDR (0XA0)      //24C02的地址
7
```

```
 8  #define SCL_PORT       (GPIOB)         //SCL线操作接口
 9  #define SCL_PIN        (GPIO_PIN_6)
10  #define SCL_RCC_ENABLE()  __HAL_RCC_GPIOB_CLK_ENABLE()
11
12  #define SDA_PORT       (GPIOB)         //SDA线操作接口
13  #define SDA_PIN        (GPIO_PIN_7)
14  #define SDA_RCC_ENABLE()  __HAL_RCC_GPIOB_CLK_ENABLE()
15
16  #define WP_PORT        (GPIOF)         //WP线操作接口
17  #define WP_PIN         (GPIO_PIN_6)
18  #define WP_RCC_ENABLE() __HAL_RCC_GPIOF_CLK_ENABLE()
19
20  void at24c02_init(void);              //24C02初始化函数
21  void at24cxx_write(uint32_t addr, const uint8_t *src, uint32_t length); //24C02写字节
22  void at24cxx_read(uint32_t addr, uint8_t *dst, uint32_t length);         //24C02读字节
23
```

可以看到，操作 24C02 的接口很简单，除了一些 IO 操作接口的定义，就是三个基本的操作函数：初始化、读、写。

接下来我们看 24C02 驱动是如何实现这些接口的，打开 24C02.c 文件。

首先来看一下关于 IIC 接口的一些函数，这些函数都带有 IIC 的前缀。

① 该函数用于将 SDA 线配置为输入模式。

```
 5  static inline void IIC_Config_SDA_IN(void) {
 6
 7      GPIO_InitTypeDef GPIO_Initure;      //配置SDA线为输入
 8
 9      GPIO_Initure.Pin=SDA_PIN;
10      GPIO_Initure.Mode=GPIO_MODE_INPUT;
11      GPIO_Initure.Pull=GPIO_PULLUP;
12      HAL_GPIO_Init(SDA_PORT,&GPIO_Initure);
13  }
```

注意，static inline 声明了一个静态的内联函数，这样的函数不需要产生函数调用，只需要占用堆栈，这类函数中的语句会在编译时被插到调用处。其作用类似于宏定义，但比宏定义多了类型检查，使用起来更加安全。

② 该函数用于将 SDA 线配置为输出模式。

```
14  static inline void IIC_Config_SDA_OUT(void) {
15
16      GPIO_InitTypeDef GPIO_Initure;      //配置SDA线为输出
17
18      GPIO_Initure.Pin=SDA_PIN;
19      GPIO_Initure.Mode=GPIO_MODE_OUTPUT_PP;
20      GPIO_Initure.Speed = GPIO_SPEED_HIGH;
21      HAL_GPIO_Init(SDA_PORT,&GPIO_Initure);
22  }
```

③ 该函数用于设置 SDA 线电平，使用寄存器操作。

```
24  static inline void IIC_Set_SDA(uint8_t level) {
25
26      SDA_PORT->BSRR = SDA_PIN << (level ? 0 : 16);
27  }
28
```

④ 该函数用于设置 SCL 线电平。

```
29  static inline void IIC_Set_SCL(uint8_t level) {
30
31      SCL_PORT->BSRR = SCL_PIN << (level ? 0 : 16);
32  }
33
```

⑤ 该函数读取 SDA 线电平。

```
34  static inline int IIC_Read_SDA(void) {
35
36      return HAL_GPIO_ReadPin(SDA_PORT,SDA_PIN);
37  }
```

⑥ 该函数用于产生 μs 级别的延时。

```
39  static inline void delay_us(uint32_t us) {
40
41      us *= 12;
42      for(uint32_t i = 0; i < us; i++);
43  }
44
```

⑦ 该函数用于初始化 IIC 的 IO 口。

```
45  void IIC_Init(void)
46  {
47      GPIO_InitTypeDef GPIO_Initure;
48
49      SCL_RCC_ENABLE();            //使能IIC占用IO口的时钟
50      SDA_RCC_ENABLE();
51
52      GPIO_Initure.Pin=SCL_PIN;        //配置为初始的输出状态
53      GPIO_Initure.Mode=GPIO_MODE_OUTPUT_PP;
54      GPIO_Initure.Speed=GPIO_SPEED_HIGH;
55      HAL_GPIO_Init(SCL_PORT,&GPIO_Initure);
56
57      GPIO_Initure.Pin=SDA_PIN;
58      GPIO_Initure.Mode=GPIO_MODE_OUTPUT_PP;
59      GPIO_Initure.Speed=GPIO_SPEED_HIGH;
60      HAL_GPIO_Init(SDA_PORT,&GPIO_Initure);
61
62      IIC_Set_SDA(1);         //拉高总线
63      IIC_Set_SCL(1);
64  }
65
```

⑧ 该函数用于产生 IIC 的起始信号。

```
66  //产生IIC起始信号
67  void IIC_Start(void)
68  {
69      IIC_Config_SDA_OUT();         //SDA线设置为输出
70      IIC_Set_SDA(1);
71      IIC_Set_SCL(1);
72      delay_us(4);      //加延时保证信号足够稳定
73      IIC_Set_SDA(0); //高到低跳变
```

```
74      delay_us(4);
75      IIC_Set_SCL(0); //钳住IIC总线，准备发送或接收数据
76  }
77
```

⑨ 该函数用于产生 IIC 的停止信号。

```
78   //产生IIC停止信号
79   void IIC_Stop(void)
80  {
81      IIC_Config_SDA_OUT();//SDA线设置为输出
82      IIC_Set_SCL(0);
83      IIC_Set_SDA(0);
84      delay_us(4);
85      IIC_Set_SCL(1);
86      IIC_Set_SDA(1); //低到高跳变
87      delay_us(4);
88  }
```

⑩ 该函数用于等待 IIC 器件应答。

```
89   //等待应答信号到来
90   //返回值：1，接收应答失败
91   //        0，接收应答成功
92   uint8_t IIC_Wait_Ack(void)
93  {
94      uint8_t ucErrTime=0;
95      IIC_Config_SDA_IN();        //SDA设置为输入
96      IIC_Set_SDA(1);
97      delay_us(1);
98      IIC_Set_SCL(1);
99      delay_us(1);
100     while(IIC_Read_SDA())
101     {
102         ucErrTime++;
103         if(ucErrTime>250) //超时检测
104         {
105             IIC_Stop();
106             return 1;
107         }
108     }
109     IIC_Set_SCL(0);//时钟输出0
110     return 0;
111 }
```

⑪ 该函数产生应答信号应答从机。

```
112  //产生ACK应答
113  void IIC_Ack(void)
114 {
115     IIC_Set_SCL(0);
116     IIC_Config_SDA_OUT();
117     IIC_Set_SDA(0);
118     delay_us(2);
119     IIC_Set_SCL(1);
120     delay_us(2);
121     IIC_Set_SCL(0);
122 }
```

⑫ 该函数产生非应答信号拒绝应答从机。

```
123    //不产生ACK应答
124    void IIC_NAck(void)
125    {
126        IIC_Set_SCL(0);
127        IIC_Config_SDA_OUT();
128        IIC_Set_SDA(1);
129        delay_us(2);
130        IIC_Set_SCL(1);
131        delay_us(2);
132        IIC_Set_SCL(0);
133    }
```

⑬ 在 IIC 总线上发送一字节数据。

```
135    void IIC_Send_Byte(uint8_t txd)
136    {
137        uint8_t t;
138        IIC_Config_SDA_OUT();
139        IIC_Set_SCL(0);//拉低时钟开始数据传输
140        for(t=0;t<8;t++)
141        {
142            IIC_Set_SDA((txd&0x80)>>7);
143            txd<<=1;
144            delay_us(2);
145            IIC_Set_SCL(1);
146            delay_us(2);
147            IIC_Set_SCL(0);
148            delay_us(2);
149        }
150    }
```

⑭ 在 IIC 总线上读取一字节，并设置读取到字节后是否应答从机。

```
151    //读1字节，ack=1时，发送ACK，ack=0，发送nACK
152    uint8_t IIC_Read_Byte(unsigned char ack)
153    {
154        unsigned char i,receive=0;
155        IIC_Config_SDA_IN();//SDA设置为输入
156        for(i=0;i<8;i++ )
157        {
158            IIC_Set_SCL(0);
159            delay_us(2);
160            IIC_Set_SCL(1);
161            receive<<=1;
162            if(IIC_Read_SDA())receive++;
163            delay_us(1);
164        }
165        if (!ack)
166            IIC_NAck();//发送nACK
167        else
168            IIC_Ack(); //发送ACK
169        return receive;
170    }
```

下面介绍 24C02 的驱动程序。

① 该函数用于使能写保护。

```
173 ┌void at24c02_enable_write_protect(void) {     //使能写保护
174
175 │   WP_PORT->BSRR = WP_PIN << 16;
176 │}
177 └
```

② 该函数用于失能写保护。

```
178 ┌void at24c02_disable_write_protect(void) {   //失能写保护
179
180 │   WP_PORT->BSRR = WP_PIN;
181 │}
182 └
```

③ 该函数用于初始化 24C02。

```
183   void at24c02_init(void)
184 ┌{
185 │   WP_RCC_ENABLE();                        //配置写保护引脚
186 │   GPIO_InitTypeDef GPIO_Initure;
187 │   GPIO_Initure.Pin=WP_PIN;
188 │   GPIO_Initure.Mode=GPIO_MODE_OUTPUT_PP;
189 │   GPIO_Initure.Speed=GPIO_SPEED_HIGH;
190 │   HAL_GPIO_Init(WP_PORT,&GPIO_Initure);
191 │   at24c02_enable_write_protect(); //使能写保护
192
193 │   IIC_Init();                             //IIC初始化
194 │}
```

④ 该函数用于向 24C02 写入一字节。

```
196 ┌static inline void at24cxx_write_byte(uint16_t addr, uint8_t byte) {
197
198 │   IIC_Start();                    //启动IIC
199 │   IIC_Send_Byte(AT24CXX_ADDR);    //发送地址
200
201 │   IIC_Wait_Ack();                 //等待应答
202 │   IIC_Send_Byte(addr%256);        //取低8位地址
203 │   IIC_Wait_Ack();                 //等待应答
204 │   IIC_Send_Byte(byte);            //写一字节
205 │   IIC_Wait_Ack();                 //等待应答
206 │   IIC_Stop();                     //发送停止信号
207 │   HAL_Delay(10);                  //延时10ms，每次写入数据都需要等待EEPROM写入
208 │}
209 └
```

⑤ 该函数用于从 24C02 读取一字节。

```
210 ┌static inline uint8_t at24cxx_read_bype(uint16_t addr) {
211
212 │   uint8_t temp = 0;
213 │   IIC_Start();                    //启动IIC
214 │   IIC_Send_Byte(AT24CXX_ADDR);    //发送地址
215
216 │   IIC_Wait_Ack();                 //等待应答
217 │   IIC_Send_Byte(addr%256);        //取低8位地址
```

```
218     IIC_Wait_Ack();                    //等待应答
219     IIC_Start();                       //重启IIC
220     IIC_Send_Byte(0XA1);               //进入接收模式
221     IIC_Wait_Ack();                    //等待应答
222     temp=IIC_Read_Byte(0);             //读取一字节，不响应从机
223     IIC_Stop();                        //产生一个停止条件
224     return temp;
225   }
```

⑥ 该函数用于将数据写入 24C02，只是对写字节函数做了简单封装。

```
227  void at24cxx_write(uint32_t addr, const uint8_t *src, uint32_t length) {
228
229     at24c02_disable_write_protect();            //失能写保护
230     for(uint32_t i = 0; i < length; i++) {      //循环写
231
232       at24cxx_write_byte(addr + i, src[i]);
233     }
234     at24c02_enable_write_protect();             //使能写保护
235   }
236
```

⑦ 该函数用于从 24C02 读取数据到 MCU。

```
237  void at24cxx_read(uint32_t addr, uint8_t *dst, uint32_t length) {
238
239    for(uint32_t i = 0; i < length; i++) {       //循环读
240
241      dst[i] = at24cxx_read_bype(addr + i);
242    }
243  }
244
```

下面看 main()函数的功能实现部分。

```
90      printf("system_init\r\n");      //打印系统初始化成功标志
91      while (1)
92      {
93      /* USER CODE END WHILE */
94
95      /* USER CODE BEGIN 3 */
96        uint8_t buf[256];                        //定义一个buf
97        for(uint16_t i = 0; i < 256; i++) {      //对buf赋值
98
99          buf[i] = i;                            //循环到255
100       }
101
102       at24cxx_write(0, buf, sizeof(buf));      //将buf写入24C02
103       memset(buf, 0, sizeof(buf));             //清空buf
104       HAL_Delay(10);
105
106       at24cxx_read(0, buf, sizeof(buf));       //读取24C02到buf
107       printf("read --> \r\n");                 //打印读取成功标志
108       for(uint16_t i = 0; i < 256; i++) {      //循环地将数据打印在串口上
109
110         printf("%d\t", buf[i]);
111         if(((i + 1) % 8) == 0)                 //一行显示8个
112           printf("\r\n");
113       }
```

```
114        while(1);                              //停止
115    }
116    /* USER CODE END 3 */
117
118 }
119
```

如果程序没问题，串口就会以 8 列 1 行的格式打印 0～255。

4.4.4　实验步骤

（1）正确连接主机箱，打开主板上的电源，用一根 USB 线连接 Jlink，另一根 USB 线连接 PC 与 USB2 接口。

（2）编译实验工程，没有任何错误。将程序烧录进开发板中，或打开实验例程，在文件夹 "\实验例程\扩展传感器实验\24C02 实验\Project" 下双击打开工程，单击 重新编译工程。

（3）将连接好的硬件平台上电（务必按下开关上电），然后单击 将程序下载到 STM32F103 单片机里。

（4）打开串口调试助手 XCOM，设置波特率为 115200，把主板上的串口 3 选择 S20 拨动开关打到 "USB 转串口" 一侧。下载完后可以单击 → ，使程序全速运行；也可以将机箱重新上电，让刚才下载的程序重新运行。

（5）我们可以看到，在开发板刚刚上电时，串口将 0～255 以 8 列 1 行的格式打印在串口调试助手界面中，如图 4-4-4 所示。

图 4-4-4　实验结果

4.5 光强度传感器实验

4.5.1 实验目的

- 了解 TSL2561 传感器原理。
- 掌握 TSL2561 传感器的使用方法。

4.5.2 实验环境

硬件：装有 STM32F103ZE 核心板的实验箱、TSL2561 模块、PC、USB 线。

软件：Windows 10/Windows 7/Windows XP、KEIL5 集成开发环境、STM32F10x_StdPeriph_Lib_V3.5.0 固件库与 HAL 库。

学时：8 学时。

4.5.3 实验原理

本实验将通过 IIC 接口读取传感器数值并显示在数码管上，TSL2561 是可以通过 SMBUS/IIC 接口直接读取内部数据的光强度传感器，本实验仅讲解使用 IIC 接口。

1. 光强度传感器简介

TSL2561 是光强度传感器，它将光强度转换成数字信号输出。本节将简要介绍 TSL2561 的基本特点、引脚功能、内部结构和工作原理，给出 TSL2561 的实用电路、软件设计流程及核心程序。

该芯片可广泛应用于各类显示屏的监控，目的是在多变的光照条件下，使显示屏提供最好的显示亮度并尽可能降低电源功耗；还能够用于街道光照控制、安全照明等众多场合。TSL2561 引脚图如图 4-5-1 所示。

该芯片有 6 个引脚，1、3 脚为电源引脚，适用于 3.3V 左右的电平系统，2 脚是一个 IIC 从机地址选择引脚，其地址对应关系见表 4-5-1。

图 4-5-1　TSL2561 引脚图

表 4-5-1　TSL2561 地址对应关系

ADDR SEL TERMINAL LEVEL	SLAVE ADDRESS	SMB ALERT ADDRESS
GND	0101001	0001100
Float	0111001	0001100
VDD	1001001	0001100

可以看到，该引脚接地则 IIC 寻址的地址为 0101001，接高电平为 1001001，浮空为 0111001。

4 脚和 6 脚为 IIC 总线的时钟数据线，该芯片使用的是标准的 IIC 协议。

5 脚为可配置的中断输出脚，可配置为光照高于或低于某个阈值时输出中断信号，可以连接 MCU 的外部中断信号引脚。

对这类芯片的操作就是通过某种通信协议操作芯片内部寄存器，达到控制/监测的目的。

我们先介绍一下 TSL2561 的数据通信结构，每一个标准的 IIC 设备通信前必须先发送该设备的 7 位地址+1 位读/写控制码，写状态下收到应答之后紧接着发送一个命令字，再进行数据的写入，一般命令字都作为该芯片的寄存器地址，而 TSL2561 有些不同，其命令字结构如图 4-5-2 所示。

7	6	5	4	3	2	1	0	
CMD	CLEAR	WORD	BLOCK	ADDRESS				COMMAND

Reset Value:　0　　0　　0　　0　　0　　0　　0　　0

FIELD	BIT	DESCRIPTION
CMD	7	Select command register, Must write as 1
CLEAR	6	Interrupt clear. Clears any pending interrupt. This bit is a write-one-to-clear bit, it is self clearing
WORD	5	SMB Write/Read Word Protocol. 1 indicates that this SMB transaction is using either the SMB Write Word or Read Word protocol
BLOCK	4	Block Write/Read Protocol, 1 indicates that this transaction is using either the Block Write or the Block Read protocol. See Note below
ADDRESS	3 : 0	Register Address. This field selects the specific control or status register for following write and read commands according to Table 2

图 4-5-2　TSL2561 命令字结构

可以看到，最高位（CMD）必须始终为 1，该命令才有效。低四位为寄存器的地址。TSL2561 通过表 4-5-2 中的寄存器实现对周围光强度的监测。

表 4-5-2　TSL2561 主要寄存器

地　址	名　称	功　能
—	COMMAND	Specifies register address
0h	CONTROL	Control of basic functions
1h	TIMING	Integration time/gain control
2h	THRESHLOWLOW	Low byte of low interrupt threshold
3h	THRESHLOWHIGH	Hight byte of low interrupt threshold
4h	THRESHHIGHLOW	Low byte of high interrupt threshold
5h	THRESHHIGHHIGH	High byte of high interrupt threshold
6h	INTERRUPT	Interrupt control
7h	—	Reserved
8h	CRC	Factory test—not a user register
9h	—	Reserved
Ah	ID	Part number/Rev ID
Bh	—	Reserved
Ch	DATA0LOW	Low byte of ADC channel 0
Dh	DATA0HIGH	High byte of ADC channel 0
Eh	DATA1LOW	Low byte of ADC channel 1
Fh	DATA1HIGH	High byte of ADC channel 1

由于篇幅原因，我们仅介绍部分寄存器，其他寄存器请读者查阅英文数据手册。

（1）控制寄存器（图 4-5-3）。

Control Register(oh)

The CONTROL register contains two bits and is primarily used to power the TSL256x device up and down as shown in Table 4.

Table 4. Control Register

	7	6	5	4	3	2	1	0	
Oh	Resv	Resv	Resv	Resv	Resv	Resv	POWER		CONTROL
Reset Value:	0	0	0	0	0	0	0	0	

FIELD	BIT	DESCRIPTION
Resv	7 : 2	Reserved. Write as 0
POWER	1 : 0	Power up/power down. By writing a 03h to this register, the device is powered up. By writing a 00h to this register, the device is powered down ***NOTE:*** *If a value of 03h is written, the value returned during a read cycle will be 03h. This feature can be used to verify that the device is communicating properly*

图 4-5-3　TSL2561 控制寄存器

该寄存器仅用于控制设备的启停，只有低两位有效，将这两位置 1，该芯片启动；如果将这两位置 0，该芯片关闭。在操作这个寄存器时，其他的保留位必须设置为 0。

（2）ADC 数据寄存器（图 4-5-4）。

ADC Channel Data Registers(Ch-Fh)

The ADC channel data are expressed as 16-bit values spread across two registers. The ADC channel 0 data registers, DATA0LOW and DATA0HIGH provide the lower and upper bytes, respectively, of the ADC value of channel 0. Registers DATA1LOW and DATA1HIGH provide the lower and upper bytes, respectively, of the ADC value of channel 1. All channel data registers are read-only and default to 00h on power up.

Table 12. ADC Channel Data Registers

REGISTER	ADDRESS	BITS	DESCRIPTION
DATA0LOW	Ch	7 : 0	ADC channel 0 lower byte
DATA0HIGH	Dh	7 : 0	ADC channel 0 upper byte
DATA1LOW	Eh	7 : 0	ADC channel 1 lower byte
DATA1HIGH	Fh	7 : 0	ADC channel 1 upper byte

The upper byte data registers can only be read following a read to the corresponding lower byte register. When the lower byte register is read, the upper eight bits are strobed into a shadow register, which is read by a subsequent read to the upper byte. The upper register will read the correct value even if additional ADC integration cycles end between the reading of the lower and upper registers.

NOTE: The Read Word protocol can be used to read byte-paired registers. For example, the DATA0LOW and DATA0HIGH registers (as well as the DTA1LOW and DATA1HIGH registers)may be read together to obtain the 16-bit ADC value in a single transaction

图 4-5-4　TSL2561 ADC 数据寄存器

ADC 的数据寄存器一共有四个。

2. 硬件设计

如图 4-5-5 所示，将 TSL2561 的 SEL 硬件接地，IIC 地址为 0x29，并且中断输出和 IIC 总线均上拉 10kΩ 电阻到 3.3V，实验箱例程将该模块插到了模块接口 5 上，模块 IIC 接口如下：

SCL——PB6

SDA——PB7

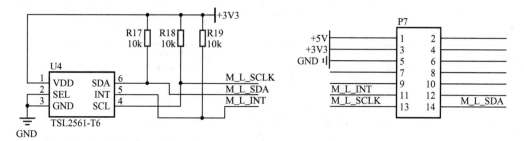

图 4-5-5　TSL2561 电路原理图

3. 软件设计

实验箱关于光环境传感器的例程使用数码管显示周围的光强度，打开例程，可以看到整个工程包含两个模块：数码管和光环境（TSL2561.c、TSL2561.h）。

我们看 TSL2561.h：

```
24  //IO方向设置
25  #define TSL_SDA_IN()   {GPIOB->CRL&=0X0FFFFFFF;GPIOB->CRL|=0X80000000;}
26  #define TSL_SDA_OUT() {GPIOB->CRL&=0X0FFFFFFF;GPIOB->CRL|=0X30000000;}
27
```

这两个宏函数实现了将 SDA 配置为输入或输出模式。

```
31  #define TSL2561_ADDR0 0x29 // address with '0' shorted on board
32  #define TSL2561_ADDR  0x39 // default address
33  #define TSL2561_ADDR1 0x49 // address with '1' shorted on board
34
```

这里定义了 TSL2561 支持的三种 IIC 设备地址。

```
38  #define TSL2561_CMD          0x80
39  #define TSL2561_TIMING       0x81
40  #define TSL2561_REG_ID       0x8A
41  #define TSL2561_DATA0_LOW    0x8C
42  #define TSL2561_DATA0_HIGH   0x8D
43  #define TSL2561_DATA1_LOW    0x8E
44  #define TSL2561_DATA1_HIGH   0x8F
45
46  #define TSL2561_POWER_ON     0x03
47  #define TSL2561_POWER_DOWN   0x00
48  //Timing Register Value.Set integration time
49                                       //最后两位设置积分时间
50  #define   TIMING_13MS      0x00       //积分时间13.7ms
51  #define   TIMING_101MS     0x01       //积分时间101ms
```

```
52  #define   TIMING_402MS        0x02    //积分时间402ms
53  #define   TIMING_GAIN_1X      0x10    //增益倍数与积分时间进行或运算
54  #define   TIMING_GAIN_16X     0x00
55
56
```

这里定义了 TSL2561 中绝大多数的寄存器和它们的参考值。

接下来我们看 TSL2561.c 文件：

```
29  void TSL_IIC_SCL(uint8_t sta)        //设置SCL线的电平
30 ┌ {
31      GPIOB->BSRR = GPIO_PIN_6 << (sta != 0 ? 0 : 16);
32 └ }
33  void TSL_IIC_SDA(uint8_t sta)        //设置SDA线的电平
34 ┌ {
35      GPIOB->BSRR = GPIO_PIN_7 << (sta != 0 ? 0 : 16);
36 └ }
37  uint8_t TSL_READ_SDA(void)           //读取SDA线的电平
38 ┌ {
39      return ((GPIOB->IDR & GPIO_PIN_7) == 0 ? 0 : 1);
40  }
41
```

这里定义了操作 IIC 总线的三个基本函数，全都是寄存器操作。

```
53   void TSL_IO_Init(void)           //连接到模块的Io口并初始化
54 ┌ {
55     GPIO_InitTypeDef  GPIO_InitStructure;
56
57     __HAL_RCC_GPIOB_CLK_ENABLE();
58
59     GPIO_InitStructure.Mode = GPIO_MODE_OUTPUT_PP;
60     GPIO_InitStructure.Speed = GPIO_SPEED_FREQ_HIGH;
61     GPIO_InitStructure.Pin = GPIO_PIN_6 | GPIO_PIN_7;
62     HAL_GPIO_Init(GPIOB, &GPIO_InitStructure);
63 └ }
```

调用这个函数初始化 IIC 总线。

```
72   void TSL_IIC_Start(void)
73 ┌ {
74     TSL_SDA_OUT();       //SDA线输出
75     TSL_IIC_SDA(1);
76     TSL_IIC_SCL(1);
77     delay_us(4);
78     TSL_IIC_SDA(0);//START:when CLK is high,DATA change form high to low
79     delay_us(4);
80     TSL_IIC_SCL(0);//钳住IIC总线，准备发送或接收数据
81
82 └ }
83 ┌/***********************************************************************
84  * Function Name : IIC_Star
85  * Description : IIC Star
86  * Input : None
87  * Output : None
88  * Return : None
89 └ ***********************************************************************
```

```
 90    //产生IIC停止信号
 91    void TSL_IIC_Stop(void)
 92   {
 93      TSL_SDA_OUT();//SDA线输出
 94      TSL_IIC_SCL(0);
 95      TSL_IIC_SDA(0);//STOP:when CLK is high DATA change form low to high
 96      delay_us(4);
 97      TSL_IIC_SCL(1);
 98      TSL_IIC_SDA(1);//发送IIC总线结束信号
 99      delay_us(4);
100   }
```

这是 IIC 总线的启停信号。

```
109    uint8_t TSL_IIC_Wait_Ack(void)
110   {
111      uint8_t ucErrTime=0;
112      TSL_SDA_IN();        //SDA设置为输入
113      TSL_IIC_SDA(1);delay_us(1);
114      TSL_IIC_SCL(1);delay_us(1);
115      while(TSL_READ_SDA())
116      {
117        ucErrTime++;
118        if(ucErrTime>250)
119        {
120          TSL_IIC_Stop();
121          return 1;
122        }
123      }
124      TSL_IIC_SCL(0);//时钟输出0
125      return 0;
126   }
```

等待 IIC 从设备应答，如果成功应答则返回 0，否则返回 1。

```
135    void TSL_IIC_Ack(void)
136   {
137      TSL_IIC_SCL(0);
138      TSL_SDA_OUT();
139      TSL_IIC_SDA(0);
140      delay_us(2);
141      TSL_IIC_SCL(1);
142      delay_us(2);
143      TSL_IIC_SCL(0);
144   }
145   /***********************************************
146    * Function Name : TSL IIC NAck
147    * Description : 不产生ACK应答
148    * Input : None
149    * Output : None
150    * Return : None
151    ***********************************************
152
153    void TSL_IIC_NAck(void)
154   {
155      TSL_IIC_SCL(0);
```

```
156      TSL_SDA_OUT();
157      TSL_IIC_SDA(1);
158      delay_us(2);
159      TSL_IIC_SCL(1);
160      delay_us(2);
161      TSL_IIC_SCL(0);
162   }
```

这里产生一个应答信号，或产生一个非应答信号。

```
171    void TSL_IIC_Send_Byte(uint8_t txd)
172    {
173        uint8_t t;
174        TSL_SDA_OUT();
175        //TSL_IIC_SCL=0;//拉低时钟开始数据传输
176        for(t=0;t<8;t++)
177        {
178            TSL_IIC_SDA((txd&0x80)>>7);
179            txd<<=1;
180            delay_us(2);      //这三个延时都是必需的
181            TSL_IIC_SCL(1);
182            delay_us(2);
183            TSL_IIC_SCL(0);
184            delay_us(2);
185        }
186
187    }
```

向 IIC 总线发送一字节数据。

```
195    uint8_t TSL_IIC_Read_Byte(unsigned char ack)
196    {
197      unsigned char i,receive=0;
198      TSL_SDA_IN();//SDA设置为输入
199      for(i=0;i<8;i++ )
200      {
201            receive<<=1;
202            TSL_IIC_SCL(1);
203            delay_us(2);
204            if(TSL_READ_SDA())receive++;
205            TSL_IIC_SCL(0);
206            delay_us(1);
207      }
208      if (!ack)
209          TSL_IIC_NAck();//发送nACK
210      else
211          TSL_IIC_Ack(); //发送ACK
212      return receive;
213    }
214
```

从 IIC 总线接收一字节数据，并选择是否应答。

```
215 /************************************************************************
216  * Function Name : TSL2561 Write
217  * Description : 写命令和数据
218  * Input : command高四位为控制位，低四位为要写入数据的地址，date为要写入的数据
219  * Output : None
220  * Return : None
221  ************************************************************************/
222  void TSL2561_Write(uint8_t command,uint8_t date)
223 {
224      TSL_IIC_Start();                        //发送起始信号
225      TSL_IIC_Send_Byte(TSL2561_ADDR0<<1);    //发送IIC设备地址
226      TSL_IIC_Wait_Ack();                     //等待应答
227      TSL_IIC_Send_Byte(command);             //发送命令/寄存器地址
228      TSL_IIC_Wait_Ack();                     //等待应答
229      TSL_IIC_Send_Byte(date);                //写入数据
230      TSL_IIC_Wait_Ack();                     //等待应答
231      TSL_IIC_Stop();                         //发送停止信号
232 }
```

上述函数用于向 TSL2561 的某个寄存器写入数据。

```
233 /************************************************************************
234  * Function Name : TSL2561 Write
235  * Description :读取一字节的数据
236  * Input : command高四位为命令，低四位为要读的数据地址
237  * Output : None
238  * Return : None
239  ************************************************************************/
240  uint16_t TSL2561_Read(uint8_t command)
241 {
242      uint16_t date;
243      TSL_IIC_Start();                        //发送起始信号
244      TSL_IIC_Send_Byte(TSL2561_ADDR0<<1);    //发送IIC设备地址
245      TSL_IIC_Wait_Ack();                     //等待应答
246      TSL_IIC_Send_Byte(command);             //发送命令/寄存器地址
247      TSL_IIC_Wait_Ack();                     //等待应答
248
249      TSL_IIC_Start();                        //重启总线
250      TSL_IIC_Send_Byte((TSL2561_ADDR0<<1)+1); //发送IIC设备地址
251      TSL_IIC_Wait_Ack();                     //等待应答
252      date=TSL_IIC_Read_Byte(1);              //读取低八位数据，并发送应答信号
253      date+=(TSL_IIC_Read_Byte(1)<<8);        //读取高八位数据，并发送应答信号
254      TSL_IIC_Stop();                         //发送停止信号
255      return date;
256 }
```

上述函数用于读取某个寄存器的数据，基本上用于读取 16 位的 ADC 数据。

```
257 /************************************************************************
258  * Function Name : TSL2561 PowerOn
259  * Description :启动TSL模块
260  * Input : None
261  * Output : None
262  * Return : None
263  ************************************************************************/
264
265  void TSL2561_PowerOn(void)
266 {
267      TSL2561_Write(TSL2561_CMD,TSL2561_POWER_ON);
268 }
269 /************************************************************************
270  * Function Name : TSL2561 PowerDown
271  * Description :关闭TSL模块
272  * Input : None
```

```
273     * Output : None
274     * Return : None
275     **************************************************************************/
276
277     void TSL2561_PowerDown(void)
278     {
279         TSL2561_Write(TSL2561_CMD,TSL2561_POWER_ON);
280     }
```

这两个函数主要用于 TSL2561 的启动和关闭。

TSL2561 中有一个温度传感器,由于环境温度必然会对传感器内部数据造成影响,势必产生误差,因此这个温度传感器用于补偿该误差,用于较为精密的检测。该补偿算法在数据手册中以伪码的形式体现出来,本实验例程中有这部分算法,由于篇幅问题,请读者自行对照数据手册和实验例程学习。

```
457     void TSL2561_Get_Out(void)
458     {
459         //uint16_t temp;
460         uint16_t Chane10_Val,Chane11_Val;
461         Chane10_Val=TSL2561_Chane10Read();    //读取通道0数据
462         Chane11_Val=TSL2561_Chane11Read();
463         //CalculateLux(GAIN_1X,TIMING_13MS,Chane10_Val,Chane11_Val,T_PACKGE);
464         NixieTube_Dis(0,Chane10_Val/10000);  //数码管依次显示
465         Chane10_Val=Chane10_Val%10000;
466         NixieTube_Dis(1,Chane10_Val/1000);
467         Chane10_Val=Chane10_Val%1000;
468         NixieTube_Dis(2,Chane10_Val/100);
469         Chane10_Val=Chane10_Val%100;
470         NixieTube_Dis(3,Chane10_Val/10);
471         NixieTube_Dis(4,Chane10_Val%10);
472     }
```

这个函数用来读取光照信息,然后显示在数码管上。主函数只需要定期地调用就行了。

我们看主函数:

```
95      /* USER CODE BEGIN 2 */
96      /*--------------数码管模块--------------------*/
97      delay_init(72);//初始化延时
98      TM1638_Init();
99      /*--------------光强模块--------------------*/
100     TSL_IO_Init();       //光强度传感器IIC接口IO初始化
101     TSL2561_Init(TIMING_402MS); //设置积分时间
102     /* USER CODE END 2 */
103
104     /* Infinite loop */
105     /* USER CODE BEGIN WHILE */
106     while (1)
107     {
108         /* USER CODE END WHILE */
109
110         /* USER CODE BEGIN 3 */
111         TSL2561_Get_Out();       //读取光照信息并显示
112         delay_ms(1000);          //隔一秒循环一次
113     }
114     /* USER CODE END 3 */
```

```
115
116 }
```

以上是主函数的部分内容。

4.5.4 实验步骤

（1）正确连接主机箱，打开主板上的电源，用 USB 线连接 Jlink。

（2）将模块插到主板上的模块接口 5 上。

（3）打开实验例程，在文件夹"\实验例程\扩展传感器模块实验\ TSL2561\Project"下双击打开工程，单击▦重新编译工程。

（4）将连接好的硬件平台上电（务必按下开关上电），然后单击⚙将程序下载到STM32F103 单片机里。

（5）下载完后可以单击⚙→▥，使程序全速运行；也可以将机箱重新上电，让刚才下载的程序重新运行。

（6）程序运行后，可以在数码管上显示当前环境的光照信息，并且 1s 更新一次数据。用手遮住光线或使用手机闪光灯照射，可以看到传感器数值发生了变化。

4.6 MPU6050 实验

4.6.1 实验目的

- 了解 MPU6050 传感器原理。
- 掌握 MPU6050 传感器的使用方法。

4.6.2 实验环境

硬件：装有 STM32F103ZE 核心板的实验箱、MPU6050 模块、PC、USB 线。

软件：Windows 10/Windows 7/Windows XP、KEIL5 集成开发环境、STM32F10x_StdPeriph_Lib_V3.5.0 固件库与 HAL 库。

学时：8 学时。

4.6.3 实验原理

MPU6050（6000）是整合性 6 轴运动处理组件，相较于多组件方案，免除了组合陀螺仪与加速器时间轴之差的问题，减少了大量的封装空间。

本实验将介绍这款 6 轴传感器，MPU6050 采集的各个轴数据通过串口发送到串口调试助手上。

1. MPU6050 介绍

MPU6050 内置 3 轴陀螺仪和 3 轴加速度传感器，并且含有第二 IIC 接口，用于连接外部磁力传感器，组成 9 轴传感器。它自带数字运动处理器、硬件加速引擎，通过主 IIC 接口可以向应用端输出完整的 9 轴姿态融合演算数据。它广泛应用于姿态控制领域，如手持设备、无人机等。

MPU6050 具备如下特点：

① 自带数字运动处理器，可以输出 6 轴或 9 轴（需要外接磁传感器）姿态计算数据。

② 集成可程序控制，测量范围为±250°/s、±500°/s、±1000°/s 与±2000°/s 的 3 轴角速度感测器。

③ 集成可程序控制，测量范围为±2g、±4g、±8g 和±16g 的 3 轴加速度传感器。

④ 自带数字温度传感器。

⑤ 可输出中断，支持姿势识别、摇摄、画面放大/缩小、滚动、快速下降中断、high-G 中断、零动作感应、触击感应、摇动感应功能。

⑥ 自带 1024 字节 FIFO，有助于降低系统功耗。

⑦ 高达 400kHz 的 IIC 通信接口。

⑧ 超小封装尺寸：4mm×4mm×0.9mm（QFN）。

MPU6050 内部框图如图 4-6-1 所示。

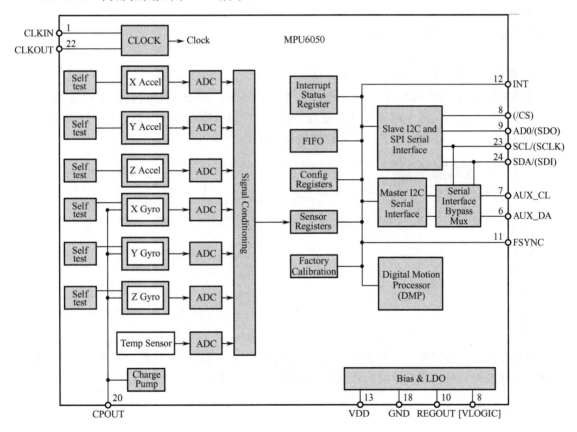

图 4-6-1 MPU6050 内部框图

MPU6050 分为三大部分，第一部分是传感器部分，该部分主要完成将姿态信号转换为电信号模拟量输出。第二部分将传感器输出的模拟量转换为数字量写入 MPU 的寄存器组。第三部分用于协调各个模块，控制 IIC 总线与其他设备通信。

由图 4-6-1 可以看到，主 IIC 等待控制主机（如 MCU）读取数据，该 IIC 总线为芯片的 23 和 24 脚，从机地址由芯片的 9 脚确定，该脚为低电平则地址为 0x68，该脚为高电平则地址为 0x69。注意，MPU6050 不可以将 23、24 脚复用为 SPI 接口。

第二 IIC 总线为芯片的 6 脚和 7 脚，MPU6050 通过该 IIC 接口控制第三方传感器，如磁力计、压力计等。

对于这类芯片的控制本质上是通过该芯片给出的通信接口对其寄存器进行读/写。MPU6050 内部寄存器如下：

① 电源管理寄存器 1（0x6B）；

② 陀螺仪采样率分频寄存器（0x19）；

③ 配置寄存器（0x1A）；

④ 陀螺仪配置寄存器（0x1B）；

⑤ 加速度传感器配置寄存器（0x1C）；

⑥ 中断引脚配置寄存器（0x37）；

⑦ 中断使能寄存器（0x38）；

⑧ 控制寄存器（0x6A）；

⑨ 加速度值寄存器（0x3B～0x40）；

⑩ 温度值寄存器（0x41～0x42）；

⑪ 陀螺仪值寄存器（0x43～0x48）。

读者可以查阅 MPU6050 的数据手册，或本实验的 MPU6050.h 文件，其中对用到的寄存器进行了详细的讲解。以电源管理寄存器 1 为例，在 MPU6050.h 中找到宏 MPU6050_RA_PWR_MGMT_1，可以看到，宏代表的数值就是地址 0x6B：

```
542  /*允许用户配置电源模式和时钟源。还提供了复位整个设备和禁用温度传感器的位*/
543  #define MPU6050_RA_PWR_MGMT_1        0x6B
544  //bit7  触发一个设备的完整重置
545  //bit6  寄存器的SLEEP位设置使设备处于非常低功率的休眠模式
546  //bit5  唤醒周期启用状态,当此位设为1且SLEEP禁用时,在休眠模式和唤醒模式间循环,以此从活跃的传感器中获取数据样本
547  //bit3  温度传感器启用状态,控制内部温度传感器的使用
548  //bit2-bit0 时钟源设置,一个频率为8MHz的内部振荡器,基于陀螺仪的时钟或外部信息源都可以被选为MPU6050的时钟源
549  ┌                                /* CLK_SEL | 时钟源
550  │                                * --------+------------------------------------------------
551  │                                * 0       | 内部振荡器
552  │                                * 1       | PLL with X Gyro reference
553  │                                * 2       | PLL with Y Gyro reference
554  │                                * 3       | PLL with Z Gyro reference
555  │                                * 4       | PLL with external 32.768kHz reference
556  │                                * 5       | PLL with external 19.2MHz reference
557  │                                * 6       | Reserved
558  │                                * 7       | Stops the clock and keeps the timing generator in reset
559  │                                * */
560
```

可以看到，这里讲解了电源管理寄存器 1 的每一位，可以得知这些位的功能。如果觉得讲解得不够清晰，可以翻阅原版的英文资料或中文翻译资料。

2. 硬件设计

MPU6050 模块硬件连接如图 4-6-2 所示。

这是很常见的接法，基本上所有的信号都会依据功能上拉或下拉，再加上一些滤波电容，MPU6050 只有三根信号线被引出，除了 IIC 接口的两根线，还有一根 INT 线，这意味着可以使用 MPU6050 的可编程中断输出功能。

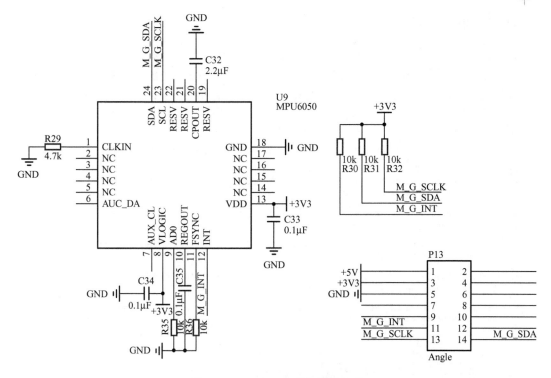

图 4-6-2　MPU6050 模块硬件连接

3. 软件设计

实验工程实现了每 100ms 从 MPU6050 读取一次数据并发送到串口的功能。首先打开实验工程，看 MPU6050 模块的头文件：

```
37  #define MPU_SCL(x)   x>0?    (GPIOB->BSRR = GPIO_PIN_6) : (GPIOB->BRR = GPIO_PIN_6)
38  #define MPU_SDA(x)   x>0?    (GPIOB->BSRR = GPIO_PIN_7) : (GPIOB->BRR = GPIO_PIN_7)
39  #define MPU_READ_SDA()       HAL_GPIO_ReadPin(GPIOB,GPIO_PIN_7)
40
```

这里做了一些可移植性的工作，这三行定义了 MPU6050 最基本的操作，也就是 IIC 总线操作，如需要更改硬件连接，只需要更改这里即可。

```
42  #define MPU_ACK_WAIT_TIME               200      //μs
43  #define MPU6050_ADDRESS_AD0_LOW         0xD0     //AD0为低的时候设备的写地址
44  #define MPU6050_ADDRESS_AD0_HIGH        0XD2     //AD0为高的时候设备的写地址
45  #define MPU_ADDR                        0xD0     //IIC写入时的地址字节数据
```

这里定义了 MPU6050 的地址。对于 IIC 总线，高 7 位为设备地址。对于本实验中的 MPU6050，该地址为 0x68/0x69，最低位为读/写操作，结合这两个信息得出的写地址为 0xD0/0xD2，读地址为写地址加 1。对于本实验中的 MPU6050 模块，写地址应为 0xD0。

```
48  #define MPU_DEBUG                       1
49
```

这里定义了一个宏 MPU_DEBUG，其值为 1，意为打开 MPU6050 的调试功能，该模块的某些函数运行时会发送一些调试信息，例如打印某些寄存器的值，设置为 1 即打开，在后面的函数中会有一些打印数据的语句在该宏为 1 时才会编译源码。实验工程默认打开，我们需要将数据通过串口发送到 PC 端。

```
50  //技术文档未公布的寄存器 主要用于官方DMP操作
51  #define MPU6050_RA_XG_OFFS_TC      0x00 //[bit7] PWR_MODE, [6:1] XG_OFFS_TC, [bit 0] OTP_BNK_VLD
52  #define MPU6050_RA_YG_OFFS_TC      0x01 //[7] PWR_MODE, [6:1] YG_OFFS_TC, [0] OTP_BNK_VLD
53  //bit7的定义,当设置为1,辅助IIC总线高电平是VDD。当设置为0,辅助IIC总线高电平是VLOGIC
54
55  #define MPU6050_RA_ZG_OFFS_TC      0x02 //[7] PWR_MODE, [6:1] ZG_OFFS_TC, [0] OTP_BNK_VLD
56  #define MPU6050_RA_X_FINE_GAIN     0x03 //[7:0] X_FINE_GAIN
57  #define MPU6050_RA_Y_FINE_GAIN     0x04 //[7:0] Y_FINE_GAIN
58  #define MPU6050_RA_Z_FINE_GAIN     0x05 //[7:0] Z_FINE_GAIN
59
60  #define MPU6050_RA_XA_OFFS_H       0x06 //[15:0] XA_OFFS 两个寄存器合在一起
61  #define MPU6050_RA_XA_OFFS_L_TC    0x07
62
63  #define MPU6050_RA_YA_OFFS_H       0x08 //[15:0] YA_OFFS 两个寄存器合在一起
64  #define MPU6050_RA_YA_OFFS_L_TC    0x09
65
66  #define MPU6050_RA_ZA_OFFS_H       0x0A //[15:0] ZA_OFFS 两个寄存器合在一起
67  #define MPU6050_RA_ZA_OFFS_L_TC    0x0B
68
69  #define MPU6050_RA_XG_OFFS_USRH    0x13 //[15:0] XG_OFFS_USR 两个寄存器合在一起
70  #define MPU6050_RA_XG_OFFS_USRL    0x14
71
72  #define MPU6050_RA_YG_OFFS_USRH    0x15 //[15:0] YG_OFFS_USR 两个寄存器合在一起
73  #define MPU6050_RA_YG_OFFS_USRL    0x16
74
75  #define MPU6050_RA_ZG_OFFS_USRH    0x17 //[15:0] ZG_OFFS_USR 两个寄存器合在一起
76  #define MPU6050_RA_ZG_OFFS_USRL    0x18
77
78  /*陀螺仪的采样频率*/
79  /*传感器的寄存器输出、FIFO输出、DMP采样、运动检测、
80   *零运动检测和自由落体检测都基于采样率
81   *通过SMPLRT_DIV把陀螺仪输出率分频即可得到采样率
82   *采样率=陀螺仪输出率/ (1 + SMPLRT_DIV)
83   *禁用DLPF的情况下(DLPF_CFG = 0或7),陀螺仪输出率为8kHz
84   *在启用DLPF(见寄存器26)时,陀螺仪输出率为1kHz
85   *加速度传感器输出率是1kHz。这意味着,采样率大于1kHz时,
86   *同一个加速度传感器的样品可能会多次输入FIFO、DMP和传感器寄存器*/
87  #define MPU6050_RA_SMPLRT_DIV      0x19 //[0-7] 陀螺仪输出分频采样率
88
```

该头文件的中间有一大段通过一些宏定义了 MPU6050 内部寄存器的地址,并对这些寄存器做了详细的解释,可以通过这个头文件来了解 MPU6050 内部寄存器信息。

我们看最下面,这里声明了一些接口和结构:

```
633  typedef struct ACCELSTRUCT      //加速度结构
634  {
635      int16_t accelX;
636      int16_t accelY;
637      int16_t accelZ;
638  }ACCELSTRUCT;
639
640  typedef struct GYROSTRUCT        //陀螺仪结构
641  {
642      int16_t gyroX;
643      int16_t gyroY;
644      int16_t gyroZ;
645  }GYROSTRUCT;
646
647  extern struct ACCELSTRUCT        accelStruct ; //全局变量,保存加速度计的数值
648  extern struct GYROSTRUCT         gyroStruct ;  //保存陀螺仪的数值
649
650
651  uint8_t MpuInit(void);           //初始化MPU6050
652
653  void MpuGetData(void);           //读取数据到全局变量
654
```

可以看到，该模块通过一些结构来组织 MPU6050 的数据，提供了两个基本的接口，接下来我们看该模块的 C 文件：

```c
40   void MPU5883IOInit(void)              //IO初始化
41 □ {
42     GPIO_InitTypeDef GPIO_InitStruct;
43
44     /* GPIO Ports Clock Enable */
45     __HAL_RCC_GPIOB_CLK_ENABLE();
46
47     /*Configure GPIO pin : PB7 */
48
49     GPIO_InitStruct.Pin = GPIO_PIN_6|GPIO_PIN_7;
50     GPIO_InitStruct.Mode = GPIO_MODE_OUTPUT_PP;
51     GPIO_InitStruct.Speed = GPIO_SPEED_FREQ_HIGH;
52     GPIO_InitStruct.Pull = GPIO_PULLUP;
53     HAL_GPIO_Init(GPIOB, &GPIO_InitStruct);
54
55   }
```

IIC 接口采用软件模拟方式，需要对用到的 GPIO 进行初始化。

```c
57   void MPU_SDA_OUT(void)                //设置SDA线为输出
58 □ {
59     GPIO_InitTypeDef GPIO_InitStruct;
60
61     /* GPIO Ports Clock Enable */
62     __HAL_RCC_GPIOB_CLK_ENABLE();
63
64     /*Configure GPIO pin : PB7 */
65
66     GPIO_InitStruct.Pin = GPIO_PIN_7;
67     GPIO_InitStruct.Mode = GPIO_MODE_OUTPUT_PP;
68     GPIO_InitStruct.Speed = GPIO_SPEED_FREQ_HIGH;
69     GPIO_InitStruct.Pull = GPIO_PULLUP;
70     HAL_GPIO_Init(GPIOB, &GPIO_InitStruct);
71   }
72
73   void MPU_SDA_IN(void)      //设置SDA线为输入
74 □ {
75     GPIO_InitTypeDef GPIO_InitStruct;
76
77     /* GPIO Ports Clock Enable */
78     __HAL_RCC_GPIOB_CLK_ENABLE();
79
80     /*Configure GPIO pin : PB7 */
81
82     GPIO_InitStruct.Pin = GPIO_PIN_7;
83     GPIO_InitStruct.Mode = GPIO_MODE_INPUT;
84     GPIO_InitStruct.Speed = GPIO_SPEED_FREQ_HIGH;
85     GPIO_InitStruct.Pull = GPIO_PULLUP;
86     HAL_GPIO_Init(GPIOB, &GPIO_InitStruct);
87   }
88
89
```

IIC 接口的 SDA 数据线是双向的，通过这两个函数进行设置。

```
98   static void ComStart(void)          //IIC总线起始信号
99   {
100      MPU_SDA_OUT();        //SDA线输出
101      MPU_SDA(1);
102      MPU_SCL(1);
103      delay_us(5);
104      MPU_SDA(0);//START:when CLK is high,DATA change form high to low
105      delay_us(5);
106      MPU_SCL(0);//钳住IIC总线，准备发送或接收数据
107   }
108   //发送IIC停止信号
109   static void ComStop(void)          //IIC总线停止信号
110   {
111      MPU_SDA_OUT();//SDA线输出
112      MPU_SDA(0);//STOP:when CLK is high DATA change form low to high
113      MPU_SCL(1);
114      delay_us(5);
115      MPU_SDA(1);//发送IIC总线结束信号
116      delay_us(5);
117   }
```

MPU6050 使用的是标准的 IIC 接口。这两个函数一个产生起始信号，通知 IIC 设备通信开始；另一个产生停止信号，通知 IIC 设备通信结束。

```
118   //等待ACK,为1代表无ACK,为0代表等到了ACK
119   static uint8_t ComWaitAck(void)          //等待IIC总线应答信号
120   {
121          uint8_t waitTime = 0;
122          MPU_SDA_OUT();//SDA线输出
123          MPU_SDA(1);
124          delay_us(5);
125          MPU_SDA_IN();         //SDA设置为输入
126          MPU_SCL(1);
127          delay_us(5);
128          while(MPU_READ_SDA())
129          {
130                  waitTime++;
131                  delay_us(1);
132                  if(waitTime > MPU_ACK_WAIT_TIME)
133                  {
134                          ComStop();
135                          return 1;
136                  }
137          }
138          MPU_SCL(0);
139          return 0;
140
141   }
```

该函数用于等待 IIC 设备应答，如果无应答则发送停止信号，结束这次通信，等待时间通过宏 MPU_ACK_WAIT_TIME 设置，该宏在头文件中声明。

```
155   static void ComSendNoAck(void)          //发送非应答信号
156   {
```

```
157        MPU_SCL(0);
158        MPU_SDA_OUT();
159        MPU_SDA(1);
160        delay_us(2);
161        MPU_SCL(1);
162        delay_us(5);
163        MPU_SCL(0);
164        delay_us(5);
165    }
```

该函数用于发送非应答信号。注意，前面的函数是等待从机的应答，而 ComSendNoAck
是从机等待主机应答时，主机发送不应答信号。

```
166    //返回0写入收到ACK,返回1写入未收到ACK
167    static uint8_t ComSendByte(uint8_t byte)    //在IIC总线上发送一字节，并等待应答
168    {
169        uint8_t t;
170        MPU_SDA_OUT();
171        for(t=0;t<8;t++)
172        {
173            if(byte&0x80)
174              MPU_SDA(1);
175            else
176              MPU_SDA(0);
177            //MPU_SDA((byte&0x80)>>7);
178            byte<<=1;
179            MPU_SCL(1);
180            delay_us(5);
181            MPU_SCL(0);
182            delay_us(5);
183        }
184        return ComWaitAck();
185    }
186
```

该函数可在 IIC 总线上发送一字节，返回是否应答。

```
187    static void ComReadByte(uint8_t* byte)         //在IIC总线上读取一字节
188    {
189        uint8_t i,receive=0;
190        MPU_SDA_IN();//SDA设置为输入
191        for(i=0;i<8;i++ )
192        {
193            receive <<= 1;
194            MPU_SCL(1);
195            delay_us(5);
196            if(MPU_READ_SDA())receive++;
197            MPU_SCL(0);
198            delay_us(5);
199        }
200        *byte = receive;
201    }
202
```

该函数从 IIC 总线读取一字节，保存在调用者提供的内存中，以上为 IIC 总线接口的程序，
下面来看看 MPU6050 的驱动程序：

```
205    //向MPU6050写入一字节，定义未收到应答信号为失败
206    //失败返回1，成功返回0
207    uint8_t MPUWriteReg(uint8_t regValue,uint8_t setValue)
208    {
209        uint8_t res;
210
211        ComStart();                              //起始信号
212        res = ComSendByte(MPU_ADDR);       //发送设备地址+写信号
213        if(res)
214        {
215                #ifdef MPU_DEBUG
216                //printf("file=%s,func=%s,line=%d\r\n",__FILE__,__FUNCTION__,__LINE__);
217                #endif
218                return res;
219        }
220        res = ComSendByte(regValue);      //内部寄存器地址
221        if(res)
222        {
223                #ifdef MPU_DEBUG
224                //printf("file=%s,func=%s,line=%d\r\n",__FILE__,__FUNCTION__,__LINE__);
225                #endif
226                return res;
227        }
228        res = ComSendByte(setValue);      //内部寄存器数据
229        if(res)
230        {
231                #ifdef MPU_DEBUG
232                //printf("file=%s,func=%s,line=%d\r\n",__FILE__,__FUNCTION__,__LINE__);
233                #endif
234                return res;
235        }
236        ComStop();                              //发送停止信号
237        return res;
238    }
```

该函数用于向 MPU6050 的某个寄存器写入一字节数据，其过程为：发送起始信号，连续写入 IIC 设备地址、寄存器地址，最后发送停止信号，在写数据的过程中检测是否有应答，无应答则输出调试信息（在 MPU_DEBUG 不为 0 的情况下）。#ifdef 和#ifndef 一样，与最近的#end 结合构成一个区域，#ifdef 后面跟的表达式为真则编译这个区域的内容，实现通过一个宏将调试功能关闭的功能。printf()后面的参数也是 MDK 提供的宏，在代码编译前期的预处理阶段，将__FILE__替换成当前文件，__FUNCTION__替换成当前函数，__LINE__替换成当前行。可以看到，本实验工程并没有使用这一功能。

```
240    //**********************************************
241    //从IIC设备读取一字节数据，返回值为读取成功或失败
242    //**********************************************
243    uint8_t MPUReadReg(uint8_t regAddr,uint8_t* readValue)
244    {
245        uint8_t res;
246        ComStart();                              //起始信号
247        res = ComSendByte(MPU_ADDR);       //发送设备地址+写信号
248        if(res)
249        {
250                #ifdef MPU_DEBUG
251                printf("file=%s,func=%s,line=%d\r\n",__FILE__,__FUNCTION__,__LINE__);
252                #endif
253                return res;
254        }
```

```
255         res = ComSendByte(regAddr);              //发送存储单元地址，从0开始
256         if(res)
257         {
258             #ifdef MPU_DEBUG
259             printf("file=%s,func=%s,line=%d\r\n",__FILE__,__FUNCTION__,__LINE__);
260             #endif
261             return res;
262         }
263         ComStart();                              //起始信号
264         res = ComSendByte(MPU_ADDR+1);           //发送设备地址+读信号
265         if(res)
266         {
267             #ifdef MPU_DEBUG
268             printf("file=%s,func=%s,line=%d\r\n",__FILE__,__FUNCTION__,__LINE__);
269             #endif
270             return res;
271         }
272         ComReadByte(readValue);                  //读出寄存器数据
273         ComSendNoAck();                          //发送非应答信号
274         ComStop();                               //停止信号
275         return res;
276     }
```

这个函数可以读取 MPU6050 的某个寄存器的值，其大致实现流程为：发送 IIC 起始信号，发送设备地址和写信号，发送寄存器地址，发送起始信号（改变 IIC 总线通信方向需要重启总线），发送设备地址和读信号，读取一字节并保存在调用者提供的内存中，发送非应答信号，发送停止信号。几乎所有标准的 IIC 设备都采用这样一个通信流程。

```
278     //MPU读取两字节数据
279     int16_t MpuReadTwoByte(uint8_t addr)
280     {
281         uint8_t H,L;
282         MPUReadReg(addr,&H);
283         MPUReadReg(addr+1,&L);
284         return (int16_t)((((uint16_t)H)<<8)+L);     //合成数据
285     }
286
```

该函数用于读取两字节数据，主要用于读取传感器数据（MPU6050 的传感器数据寄存器分为高位和低位）。该函数读取两字节拼在一起。

```
287     /*
288      *初始化，返回0代表失败 返回1代表成功
289      **/
290     uint8_t MpuInit(void)
291     {
292         uint8_t result;
293         uint8_t id = 0;
294         MPU6883IOInit();
295         result = MPUReadReg(MPU6050_RA_WHO_AM_I,&id);
296         if(result)        return result;        //IIC总线错误
297         else
298         {
299             id &= 0x7e;//除去最高位最低位
300             id>>= 1;
301             if(id != 0x34) return 1;            //获取到的芯片ID错误
302         }
303         //初始化成功，设置参数
304         MPUWriteReg(MPU6050_RA_PWR_MGMT_1,0x01);     // 退出睡眠模式，设取样时钟为陀螺x轴
305         MPUWriteReg(MPU6050_RA_SMPLRT_DIV,0x04);     // 取样时钟4分频，1k/4，取样率为25Hz
306         MPUWriteReg(MPU6050_RA_CONFIG,2);            // 低通滤波，截止频率100Hz左右
307         MPUWriteReg(MPU6050_RA_GYRO_CONFIG,3<<3);    // 陀螺量程，2000dps
308         MPUWriteReg(MPU6050_RA_ACCEL_CONFIG,2<<3);   // 加速度计量程
309         MPUWriteReg(MPU6050_RA_INT_PIN_CFG,0x32);    // 中断信号为高电平，推挽输出，直到有读取操作才消失，直通辅助IIC
310         MPUWriteReg(MPU6050_RA_INT_ENABLE,0x01);     // 使用"数据准备好"中断
311         MPUWriteReg(MPU6050_RA_USER_CTRL,0x00);      // 不使用辅助I2C
312         return 0;
313     }
314
```

这个函数主要用于初始化 MPU6050，首先初始化 IO 口，然后验证模块身份，成功则一

一设置各个控制寄存器的数值，使 MPU6050 工作在合适的条件下。

```
316    //获取相应的测量数据
317    void MpuGetData(void)
318  □ {
319        int16_t temp = 0;
320        accelStruct.accelX = MpuReadTwoByte(MPU6050_RA_ACCEL_XOUT_H);
321        accelStruct.accelY = MpuReadTwoByte(MPU6050_RA_ACCEL_YOUT_H);
322        accelStruct.accelZ = MpuReadTwoByte(MPU6050_RA_ACCEL_ZOUT_H);
323        gyroStruct.gyroX  = MpuReadTwoByte(MPU6050_RA_GYRO_XOUT_H);
324        gyroStruct.gyroY  = MpuReadTwoByte(MPU6050_RA_GYRO_YOUT_H);
325        gyroStruct.gyroZ  = MpuReadTwoByte(MPU6050_RA_GYRO_ZOUT_H);
326        temp = MpuReadTwoByte(MPU6050_RA_TEMP_OUT_H);
327  □     #ifdef MPU_DEBUG
328
329        printf("accel  x = %d  ,y = %d  ,z = %d  \r\n",accelStruct.accelX,accelStruct.accelY,accelStruct.accelZ);
330        printf("gyro  x = %d  ,y = %d  ,z = %d  \r\n",gyroStruct.gyroX,gyroStruct.gyroY,gyroStruct.gyroZ);
331        printf("temp is %0.3f \r\n",(((float)temp)/340.0 + 36.53));
332        #endif
333
334  │ }
335
```

该函数用于读取 MPU6050 各个传感器的数据，并保存在全局变量中。可以看到，打开 MPU_DEBUG 宏时（设置为非 0），该函数会一一打印传感器数值。

我们看 main()函数：

```
98     MpuInit();                          //初始化
99
100    printf("sys_init_ok\r\n");    //打印初始化成功标志
101    /* USER CODE BEGIN 2 */
102
103    /* USER CODE END 2 */
104
105    /* Infinite loop */
106    /* USER CODE BEGIN WHILE */
107    while (1)
108  □ {
109    /* USER CODE END WHILE */
110      MpuGetData();    //读取数值
111      delay_ms(100);   //延时
112    /* USER CODE BEGIN 3 */
113
114  ┤ }
115    /* USER CODE END 3 */
116
```

可以看到，main()函数十分简单，除了初始化，主要是定期执行 MpuGetData()函数。

4.6.4　实验步骤

（1）正确连接主机箱，打开主板上的电源，用 USB 线连接 Jlink。

（2）将模块插到主板上的模块接口 5 上。

（3）打开实验例程，在文件夹"\实验例程\d_扩展传感器模块实验\ MPU6050\Project"下双击打开工程，单击 ▦ 重新编译工程。

（4）将连接好的硬件平台上电（务必按下开关上电），然后单击 ⫘ 将程序下载到 STM32F103 单片机里。

（5）下载完后可以单击 ⊕ → ▥，使程序全速运行；也可以将机箱重新上电，让刚才下载的程序重新运行。

（6）程序运行后，可以看到串口调试助手收到来自 MPU6050 的角速度（陀螺仪）、加速度、温度信息。试着移动或旋转开发板，可以看到串口调试助手显示的数值有明显的变化，达到实验目的（图 4-6-3）。

```
sys_init_ok
accel  x = 31  ,y =  158  ,z = 4274
gyro  x = -38  ,y =  2   ,z = -25
temp is 27.368
accel  x = 29  ,y =  148  ,z = 4281
gyro  x = -21  ,y =  0   ,z = -24
temp is 27.374
accel  x = 43  ,y =  143  ,z = 4262
gyro  x = -21  ,y =  0   ,z = -22
temp is 27.380
accel  x = 35  ,y =  149  ,z = 4298
gyro  x = -20  ,y =  0   ,z = -25
temp is 27.433
accel  x = 37  ,y =  148  ,z = 4284
gyro  x = -21  ,y =  0   ,z = -22
temp is 27.433
```

图 4-6-3　实验结果

第5章

扩展项目实验

5.1　模拟电梯实验

5.1.1　实验目的

- 了解电梯控制逻辑思想。
- 掌握基于 STM32 芯片编写模拟电梯控制程序的方法。

5.1.2　实验环境

硬件：装有 STM32 核心板的实验箱、模拟电梯扩展模块、PC、USB 线。

软件：Windows 10/Windows 7/Windows XP、KEIL5 集成开发环境、STM32F10x_StdPeriph_Lib_V3.5.0 固件库与 HAL 库。

学时：12 学时（10 学时编程+2 学时总结）。

5.1.3　实验原理

模拟电梯电路原理图如图 5-1-1 所示。

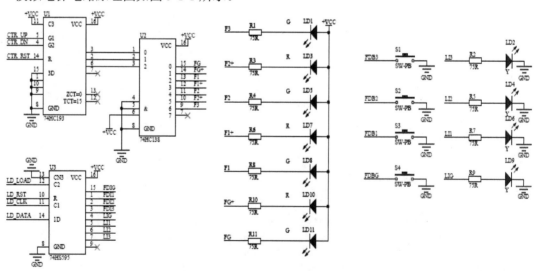

图 5-1-1　模拟电梯电路原理图

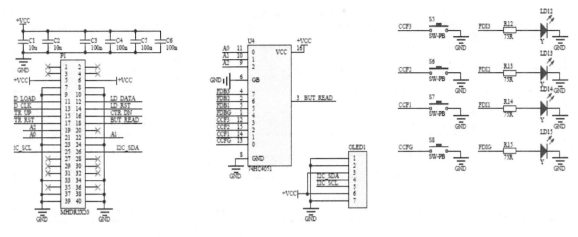

图 5-1-1　模拟电梯电路原理图（续）

5.1.4　实验步骤

表 5-1-1 中是模拟电梯所有的驱动信号，HAL_GPIO_WritePin()和 HAL_GPIO_ReadPin() 函数中使用了表中的信号名称。

表 5-1-1　驱动信号

CPU GPIO	类　　型	信 号 名 称	注　　释
PA0	GPIO_Output	A0	4051 选通
PA1	GPIO_Output	A1	4051 选通
PA2	GPIO_Output	A2	4051 选通
PA5	GPIO_ Input	BUT_READ	按键输入信号
PA10	GPIO_Output	LD_LOAD	74HC595 装载信号
PA9	GPIO_Output	LD_RST	74HC595 复位信号
PA8	GPIO_Output	LD_CLK	74HC595 时钟信号
PA15	GPIO_Output	LD_DATA	74HC595 数据信号
PA6	GPIO_Output	CTR_UP	74HC193 向上计数脉冲输入
PA7	GPIO_Output	CTR_DN	74HC193 向下计数脉冲输入
PA4	GPIO_Output	CTR_RST	74HC193 计数器复位

根据表 5-1-2 编写代码，使按键和指示灯一一对应，用户在任何楼层都能够正常完成电梯 呼叫和乘坐。电梯根据各楼层的呼叫从高到低停靠。电梯打开的时间为 2s，电梯停靠的时间 为 1s。

表 5-1-2 按键功能表

序　　号	显　　示	功　　能
1	LD11	G 楼层
2	LD10	G 楼层与 1 楼层之间
3	LD8	1 楼层
4	LD7	1 楼层与 2 楼层之间
5	LD5	2 楼层
6	LD3	2 楼层与 3 楼层之间
7	LD1	3 楼层
8	S1	电梯内部 3 楼对应指示灯：LD2
9	S2	电梯内部 2 楼对应指示灯：LD4
10	S3	电梯内部 1 楼对应指示灯：LD6
11	S4	电梯内部 G 楼对应指示灯：LD9
12	S5	电梯外部 3 楼呼叫对应指示灯：LD12
13	S6	电梯外部 2 楼呼叫对应指示灯：LD13
14	S7	电梯外部 1 楼呼叫对应指示灯：LD14
15	A8	电梯外部 G 楼呼叫对应指示灯：LD15

根据表 5-1-3 编写相应代码，使电梯运行状态实时显示在 OLED 上。

表 5-1-3 OLED 显示功能表

序　　号	显　　示	功　　能
1	FLOOR:DOOR IS	显示当前楼层
2	DIR:->	使用字符表示电梯状态，分为静止（--）、下移（<-）、上移（->）
3	CLOSED	显示电梯门状态：OPEN 或 CLOSED
4	Analog_Elevator	模拟电梯名称显示

编写代码并下载到任务板上调试，根据图 5-1-2 进行按键操作并调试，结果如图 5-1-3 所示（以 1 楼停靠为例）。

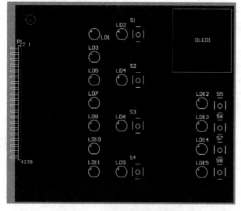

图 5-1-2 模拟电梯布局图

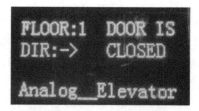

图 5-1-3 OLED 显示效果图

5.2 多功能时钟实验

5.2.1 实验目的

● 熟悉电子时钟的运行过程。

● 掌握基于 STM32 芯片编写通信程序的方法。

5.2.2 实验环境

硬件：装有 STM32 核心板的实验箱、多功能时钟扩展模块、PC、USB 线。

软件：Windows 10/Windows 7/Windows XP、KEIL5 集成开发环境、STM32F10x_StdPeriph_Lib_V3.5.0 固件库与 HAL 库。

学时：12 学时（10 学时编程+2 学时总结）。

5.2.3 实验原理

本实验将设计一个音乐时钟。时钟数码管显示时间和闹钟，菜单显示屏（点阵）显示设置信息，当闹钟到点时，音乐喇叭奏响音乐，可以使用按键设置。

本实验包含 4 个编程任务。

① 硬件驱动函数；

② 时间数码管显示；

③ 24 小时制时钟功能；

④ 设置闹钟功能。

编程设备如图 5-2-1 所示。

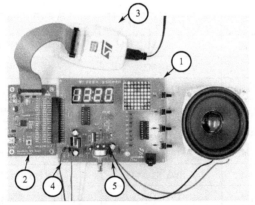

1	任务板
2	核心板
3	ST Link V2
4	12V 直流电源
5	音频接口

图 5-2-1　编程设备

音乐时钟任务板如图 5-2-2 所示。

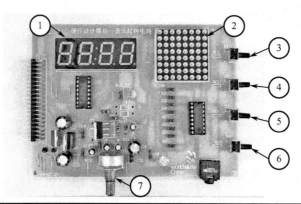

1	时钟/闹钟显示数码管	显示 24 小时制时钟或闹钟
2	点阵显示屏	共有 5 个页面：时钟页面、闹钟 1 页面、闹钟 2 页面、闹钟 3 页面和闹钟 4 页面
3	页面切换按钮	切换当前页面
4	设置选择按钮	切换要调整的项（时、分或其他调整项的切换）
5	设置按钮	对可调整项的值进行修改（当前值加 1）
6	确认返回按钮	取消音乐、取消可调整状态、返回时间页面
7	音量调整	音量调整

图 5-2-2　音乐时钟任务板

核心板与任务板信号接口表见表 5-2-1。

表 5-2-1　核心板与任务板信号接口表

CPU GPIO	类　型	信　号　名	注　释
PA6	GPIO_Output	SEG_M1	时钟数码管第一位控制
PA4	GPIO_Output	SEG_M2	时钟数码管第二位控制
PA2	GPIO_Output	SEG_M3	时钟数码管第三位控制
PA0	GPIO_Output	SEG_M4	时钟数码管第四位控制
PA15	GPIO_Output	SEG_DS	时钟数码管移位寄存器输入串行数据
PA10	GPIO_Output	SEG_SHCP	时钟数码管移位寄存器输入串行时钟
PA8	GPIO_Output	SEG_STCP	时钟数码管移位寄存器输出锁存时钟
PB3	GPIO_Output	DOT_OE	点阵移位寄存使能信号
PB0	GPIO_Output	DOT_DS	点阵移位寄存器输入串行数据
PC15	GPIO_Output	DOT_SHCP	点阵移位寄存器输入串行时钟
PB1	GPIO_Output	DOT_STCP	点阵移位寄存器输出锁存时钟
PB6	GPIO_Output	DOT_A	点阵译码器数据输入 0
PB7	GPIO_Output	DOT_B	点阵译码器数据输入 1
PB4	GPIO_Output	DOT_C	点阵译码器数据输入 2

CPU GPIO	类　　型	信　号　名	注　　释
PB5	GPIO_Output	DOT_D	点阵译码器使能信号
PA7	GPIO_Input	K1	设置按键1
PA5	GPIO_Input	K2	设置按键2
PA3	GPIO_Input	K3	设置按键3
PA1	GPIO_Input	K4	设置按键4
PC14	GPIO_Output	BEEP	音乐功放

5.2.4　实验步骤

数码管（共阳极）用于显示时间和闹钟设置，数码管的段选通引脚由一片 74HC595 控制，可以调用函数 void seg_write_serial(uint8_t data)来控制段选通引脚的状态。void seg_print()函数的参数列表可以自定义，该函数实现在时间数码管上显示指定的数值。

可以调用函数 HAL_GetTick()获得当前系统毫秒计数值（uint32_t），这个函数可以用于检测消耗的时间，工程中提供了如何使用这个函数的示例。

在时间数码管上显示 24 小时制的时钟，时间每分钟更新一次（只显示小时和分钟），本实验时钟开始于 23:59:55，复位后的时间数码管如图 5-2-3 所示。

时间数码管中间的冒号同步闪烁，频率为 1Hz，前 500ms 亮，后 500ms 灭（图 5-2-4）。

图 5-2-3　复位后的时间数码管

图 5-2-4　冒号闪烁

实现点阵屏页面切换功能。音乐时钟在点阵显示屏上共有 5 个页面，依次为时钟页面、闹钟1页面、闹钟2页面、闹钟3页面、闹钟4页面。点阵显示屏可以通过函数 void dot_ctrl(uint8_t menu,uint8_t dot_flag)控制，第一个参数是页面下标（0~4），第二个参数输入 0 时心形为空心，输入 1 时心形为实心。页面切换按键（S1）每按下一次，立即切换到下一页面，闹钟 4 页面的下一页面为时钟页面。

点阵屏页面如图 5-2-5 所示。

当切换到时钟页面时，时间数码管显示当前时间，点阵上的"C"形图案同步秒表进行闪烁（前 500ms 灭，后 500ms 亮）。

当按 S1 键切换到闹钟页面时，时间数码管显示闹钟设置时间，点阵上的心形图案空心表示闹钟不启用，实心则表示闹钟启用，如图 5-2-6、图 5-2-7 所示，闹钟 1 预设时间为 00:00:00 并启用，闹钟 2 预设时间为 00:01:00 且不启用，其他闹钟设置参考表 5-2-2。

时钟页面	闹钟1页面	闹钟2页面	闹钟3页面	闹钟4页面
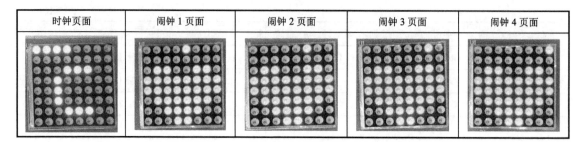				

图 5-2-5　点阵屏页面

图 5-2-6　闹钟 1 设置显示

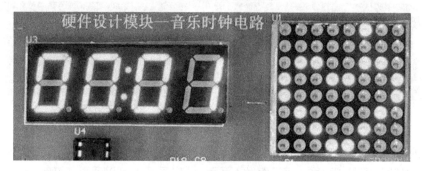

图 5-2-7　闹钟 2 设置显示

表 5-2-2　闹钟设置

闹　钟	预设时间	是否启用
闹钟 1	00:00:00	启用
闹钟 2	00:01:00	不启用
闹钟 3	12:00:00	启用
闹钟 4	08:33:00	不启用

　　实现闹钟功能。当到达启用闹钟的预设时间时，奏响音乐 5s，如果按下确认按键，则音乐提前关闭。BeepMusicPlay(1)表示启动音乐，BeepMusicPlay(0)表示关闭音乐。

通过按键对音乐时钟进行调整，其流程如图 5-2-8 所示。

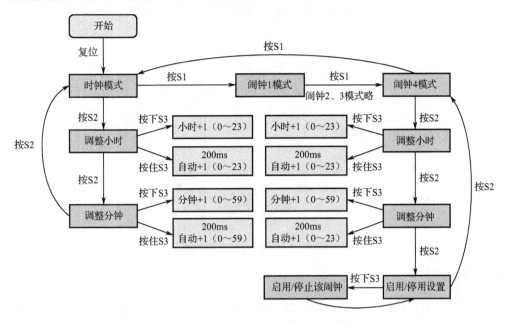

图 5-2-8 音乐时钟调整功能流程示意图

5.3 密码锁实验

5.3.1 实验目的

● 熟悉 NRF24L01 模块。

● 了解 2.4G 无线通信。

5.3.2 实验环境

硬件：装有 STM32F103ZE 核心板的实验箱、2.4G 无线通信模块、PC、USB 线。

软件：Windows 10/Windows 7/Windows XP、KEIL5 集成开发环境、STM32F10x_StdPeriph_Lib_V3.5.0 固件库、STM32CubeMX 和 HAL 库。

学时：12 学时（10 学时编程+2 学时总结）。

5.3.3 实验原理

本实验将设计一个密码锁。

本实验包含三个编程任务。

① 数码管驱动函数；

② 矩阵键盘驱动函数；

③ 密码锁设计。

本实验设计的是一个 6 位密码的密码锁，具有错误次数过多报警、重置密码等功能。数码管显示密码锁状态（关闭/打开）。

密码锁有 4 种状态，状态根据按键的输入切换，如图 5-3-1 所示。

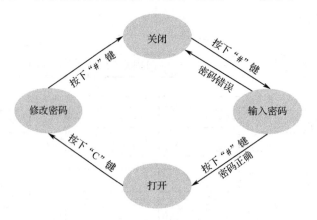

图 5-3-1　密码锁状态切换图

5.3.4　实验步骤

在密码锁关闭状态下，数码管显示"close"字样，当按下"#"键时切换到输入密码状态。在输入密码状态下，数码管首尾位的显示符号如图 5-3-2 所示。

图 5-3-2　输入密码状态下数码管首尾位的显示符号

密码（0～9）从左到右输入，已经输入密码位中间显示一横（即数码管的 g 段），下一位待输入的密码以 1Hz 的频率闪烁（500ms 灭，500ms 亮）。当密码锁从关闭状态切换到输入密码状态时，未有密码输入，左边第二位数码管闪烁。图 5-3-3 为输入 6 位密码后的数码管显示情况。

图 5-3-3　输入 6 位密码后的数码管显示情况

按下"D"键（delete）可以删除一位已输入的密码，按下"*"键显示已输入的密码，图 5-3-4 为输完密码按下"*"键的显示情况。

图 5-3-4　输完密码按下"*"键的显示情况

在输入密码状态下，当输入超过 6 位密码或按下"#"键但密码错误时，返回关闭状态；当按下"#"键且密码正确时，进入打开状态，请将默认密码设置为"201805"。

如果密码输入错误超过 3 次，则触发蜂鸣器报警，直到输入正确的密码，蜂鸣器才停止报警。打开状态的数码管显示如图 5-3-5 所示。

图 5-3-5　打开状态的数码管显示

在打开状态下，按下"C"键（change）可以修改密码。在修改密码状态下，数码管的显示与输入密码状态类似，初始显示如图 5-3-6 所示。

图 5-3-6　修改密码状态下的初始显示

5.4　迷宫游戏实验

5.4.1　实验目的

- 熟悉蓝牙通信原理。
- 掌握蓝牙与手机之间的通信方法。

5.4.2　实验环境

硬件：装有 STM32F103ZE 核心板的实验箱、蓝牙通信模块、安卓手机、PC、USB 线。

软件：Windows 10/Windows 7/Windows XP、KEIL5 集成开发环境、STM32F10x_StdPeriph_Lib_V3.5.0 固件库、串口调试助手、HC-PDA-ANDROID.apk。

学时：12 学时（10 学时编程+2 学时总结）。

5.4.3　实验原理

1．驱动信号

表 5-4-1 中是驱动信号，在 HAL_GPIO_WritePin()和 HAL_GPIO_ReadPin()函数中使用表中的信号名称。

使用 HAL_GPIO_WritePin()函数的案例：

```
HAL_GPIO_WritePin(CTR_DN_GPIO_Port, CTR_DN_Pin, GPIO_PIN_SET);
HAL_GPIO_WritePin(CTR_RST_GPIO_Port, CTR_RST_Pin, GPIO_PIN_RESET);
```

读取函数的案例：

```
but = HAL_GPIO_ReadPin(BUT_READ_GPIO_Port, BUT_READ_Pin);
```

表 5-4-1 驱动信号

Pin	CPU GPIO	类　型	信 号 名 称	注　释
11	PA10	Output	COL_LOAD	读取位移寄存器到输出
12	PA15	Output	COL_DATA	位移寄存器串行数据输入
13	PA8	Output	COL_RST	位移寄存器复位
14	PA9	Output	COL_CLK	位移寄存器时钟输入
15	PA6	Output	ROW_CLK	增量计数器的值（递增）
16	PA7	Output	ROW_RST	复位计数器
17	PA4	Input	SW5	按键"下"
18	PA5	Input	SW6	按键"上"
19	PA2	Input	SW3	按键"右"
20	PA3	Input	SW4	按键"后退"
21	PA0	Input	SW1	按键"前进"
22	PA1	Input	SW2	按键"左"
28	PB5	Output	PZ	蜂鸣器

2. 迷宫游戏说明

这个游戏是一个"蒙眼"3D迷宫游戏，操作者的界面由8×8 RGB点阵显示器、6个按键和一个蜂鸣器组成（图5-4-1）。游戏的思路是蒙眼找到从起点到终点的路径，就是游戏者不知道墙在哪里，游戏过程中游戏者必须去"感觉"路线。当游戏者撞到墙时，蜂鸣器会报警，

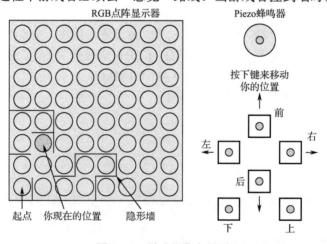

图 5-4-1　游戏操作者界面

告诉游戏者有墙挡在他行走的方向上，每次撞墙都会扣分，当游戏者到达终点后，游戏会显示所扣的分并开始新的一局。

通过"上""下"键来实现楼层之间的移动，每一层用不同颜色的 LED 来区分（表 5-4-2）。

表 5-4-2　楼层颜色

楼　　层	LED 颜色
1	红
2	绿
3	黄
4	蓝
5	紫
6	青
7	白

迷宫示意图如图 5-4-2 所示。

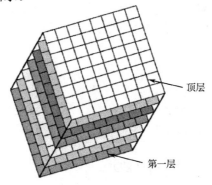

图 5-4-2　迷宫示意图

迷宫坐标如图 5-4-3 所示。

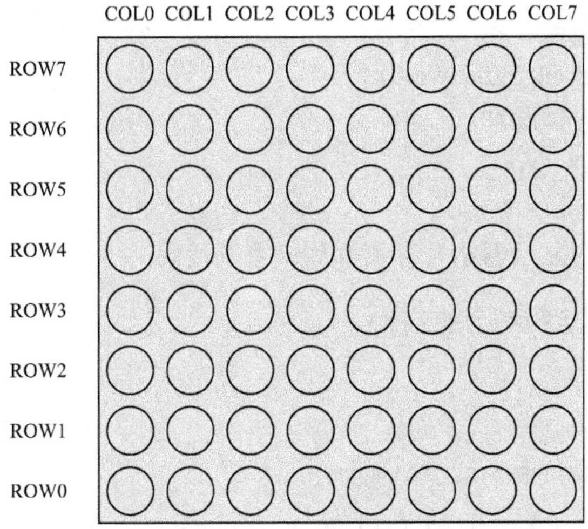

图 5-4-3　迷宫坐标

游戏从第 1 层的第 0 行第 0 列交点处开始，到达第 7 层的第 7 行第 7 列交点处结束。

5.4.4　实验步骤

1.　按键和蜂鸣器

需要编写一段代码，每当 SW6（上）按键被按下时蜂鸣器响两声，50ms 响、50ms 停顿。

2.　点亮显示器上的 LED

需要在程序中加入以下函数来控制 8×8 点阵显示器的"列"。

1）void shift_register_reset(void)

这个函数复位所有列驱动位移寄存器。

2）void shift_register_clk_pulse(void)

这个函数使用一个时钟脉冲。

3）void shift_register_load_pulse(void)

这个函数加载位移寄存器数据到它的存储寄存器输出端。

4）void shift_register_write(uint32_t data)

这个函数把 24 位数据移到列位移寄存器中。

用 24 位数据测试函数：

```
shift_register_write(0xFFFFFE);        // 1111 1111 1111 1111 1111 1110
shift_register_write(0xFFFEFE);        // 1111 1111 1111 1110 1111 1111
shift_register_write(0xFEFFFF);        // 1111 1110 1111 1111 1111 1111
shift_register_write(0xFEFEFF);        // 1111 1110 1111 1110 1111 1111
```

3.　在显示器的指定行点亮任意一个 LED

需要在程序中加入以下函数来控制 8×8 点阵显示器的"行"。

1）void row_counter_reset(void)

这个函数复位行计数器。

2）void row_counter_clk_pulse(void)

这个函数使用一个时钟脉冲。

3）void set_row(uint8_t row)

这个函数可以指定行。

设置一个绿色的点在显示器第 0 行第 0 列来测试代码。

4.　点亮显示器上指定行和列的 LED

需要添加下列函数。

1）void clr_all_dots(void)

这个函数用于熄灭显示器上所有的 LED。

2）void set_dot(uint8_t row, uint8_t col, color_t color)

这个函数能够点亮显示器上指定行、列及颜色的 LED。

通过点亮第 3 行第 4 列的紫色 LED 来测试代码。

5. 移动 LED 光点位置并更改颜色

修改现有的程序，使 LED 光点通过按键的控制可以在显示器上移动，如果将 LED 光点移动到显示器边缘，程序应该让蜂鸣器响两次。必须使用开关去抖方法，也就是说，如果按下按键，LED 光点应立即移动；如果保持按下，LED 光点不会移动；当松开按键后 LED 光点也不会移动。

6. 位置显示

修改程序，让显示器显示游戏者在迷宫中的位置：楼层（1～7）、行（0～7）和列（0～7），如图 5-4-4 所示。

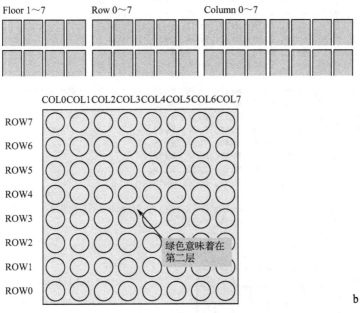

图 5-4-4 位置显示

7. 迷宫的墙

这个工程文件包含了 3 维数组，迷宫中的每一个位置在数组中都有自己的单元，这个单元的低 6 位定义了哪个方向不能通行，它们相当于单元中的墙、地板和天花板（图 5-4-5）。

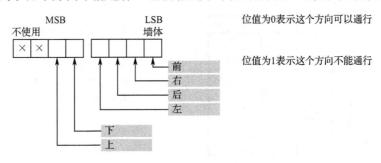

图 5-4-5 迷宫墙定义

案例：

①如果单元的值是 00111101=0x3D，说明仅能够从右侧通行。

②如果单元的值是 00110001=0x31，说明可以从左侧、后方和右侧通行。

③如果单元的值是 00101110=0x2E，说明可以从下方和前方通行。

以下代码展示了迷宫楼层数组的组织：

```
//                    F  R  C                    F = floor, R = row, C = colum
const uint8_t labyrinth[7][8][8] = {

// col 0 col1  col2  col3  col4  col5  col6  col 7    row 0 of array is
//                                                    row 7 of labyrinth!

    0x39, 0x31, 0x37, 0x39, 0x35, 0x37, 0x39, 0x17, // row 7  FLOOR 1 (RED)
    0x3A, 0x3E, 0x39, 0x34, 0x33, 0x3B, 0x3C, 0x33, // row 6
    0x38, 0x31, 0x32, 0x1B, 0x38, 0x32, 0x3B, 0x3A, // row 5
    0x3A, 0x3A, 0x3A, 0x3A, 0x3A, 0x3E, 0x3C, 0x32, // row 4
    0x3E, 0x3E, 0x38, 0x32, 0x3A, 0x39, 0x31, 0x36, // row 3
    0x39, 0x31, 0x36, 0x3E, 0x3A, 0x3E, 0x3A, 0x3B, // row 2
    0x3A, 0x3A, 0x39, 0x33, 0x38, 0x35, 0x32, 0x3A, // row 1
    0x3E, 0x3C, 0x36, 0x3E, 0x3C, 0x37, 0x3C, 0x36, // row 0

    0x39, 0x31, 0x37, 0x39, 0x35, 0x37, 0x39, 0x27, // row 7  FLOOR 2 (GREEN)
    0x3A, 0x3E, 0x39, 0x34, 0x33, 0x3B, 0x3A, 0x3B,
    0x38, 0x31, 0x32, 0x2B, 0x38, 0x32, 0x3A, 0x3A,
    0x3A, 0x3A, 0x3A, 0x3A, 0x3A, 0x3E, 0x3C, 0x32,
    0x3E, 0x3E, 0x3A, 0x3A, 0x3A, 0x39, 0x31, 0x36,
    0x39, 0x31, 0x36, 0x3E, 0x3A, 0x3E, 0x3A, 0x3B,
    0x3E, 0x3A, 0x39, 0x33, 0x38, 0x35, 0x32, 0x3A,
    0x1D, 0x34, 0x36, 0x3E, 0x3C, 0x37, 0x3C, 0x36,

    0x1D, 0x33, 0x39, 0x35, 0x35, 0x35, 0x35, 0x33, // row 7  FLOOR 3 (YELLOW)
    0x3B, 0x3A, 0x3A, 0x39, 0x31, 0x35, 0x33, 0x3A,
```

设计好的迷宫如图 5-4-6 所示。

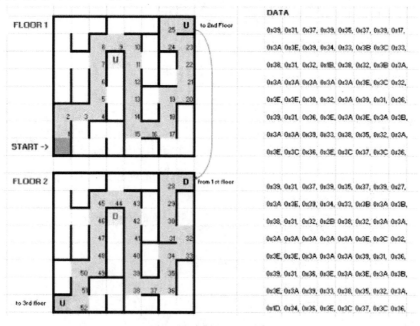

图 5-4-6 设计好的迷宫

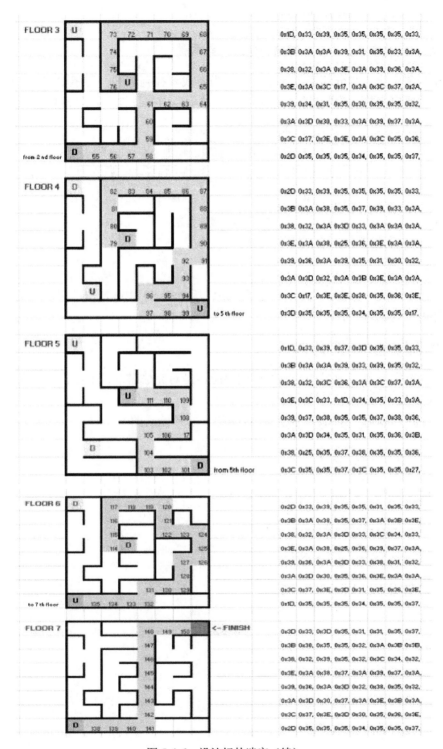

图 5-4-6　设计好的迷宫（续）

修改现有的程序来实现每次按下方向按键，程序都要检查是否可以移动。

① 如果可以移动，则将 LED 光点移动到新的位置。

② 如果不能移动，则蜂鸣器响两下。

8. 创建扣分计数器、步数计数器和单元值显示器

需要在程序中添加扣分和步数计数器，每当游戏者撞到墙时，程序就要使扣分计数器累加，每次移动要使步数计数器累加。此外，还要显示当前的位置，如图 5-4-7 所示。

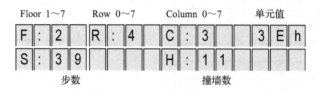

图 5-4-7　显示信息

9. 走捷径上楼

给程序添加去第 7 层的捷径，可以使用 CPU 板上的 S4 按键直接跳到第 7 层的任何一个位置。这是用来测试迷宫的。

10. 游戏结束和开始新的一局

给程序添加游戏结束效果，游戏结束效果应该是对完成游戏的奖励，可以在演示中使用蜂鸣器或 LCD 显示器。

完成这个展示以后，按 CPU 板上的 S3 按键，将开始新的一局。

第6章

世赛真题实验——交通信号灯

6.1 简介

（1）本实验模拟路口的交通信号灯控制。
（2）本实验完成时间为 3 小时。

6.2 任务描述

本实验包含两个编程任务。
（1）控制硬件的功能。
（2）交通信号灯定序、交通监控及行人信号灯的模拟。

6.3 实验说明

1. 编程环境（图 6-3-1）

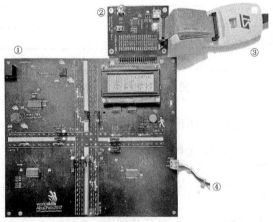

1	任务电路板
2	World Skills CPU 电路板
3	ST Link V2
4	12V 直流电源

图 6-3-1　编程环境

2. 交通模拟器概述

这是一个十字路口交通信号灯的模拟装置。

最右边的车道（A）包括车道 1 和车道 2，允许直行和右转。最左边的车道（B）只允许左转。车道 3 和车道 4 是独立的直行车道。

车辆用蓝色 LED 灯进行模拟，模拟车辆只有在交通信号灯运行时才能通过路口。车辆的模拟不是本实验的内容。本实验仅包括交通信号灯的运行、行人过街和交通流量监控。

3. 交通任务板（图 6-3-2）

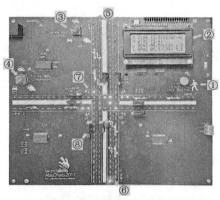

1	行人过街请求按钮
2	交通信息显示屏
3	车道 1 和 2 交通拥堵设置
4	车道 3 和 4 交通拥堵设置
5	车道 1
6	车道 2
7	行人过街信号灯
8	车道 1 交通信号灯

图 6-3-2　交通任务板

4. CPU 板与交通任务板之间的信号（表 6-3-1）

表 6-3-1　CPU 板与交通任务板之间的信号

CPU GPIO	类　　型	信 号 名 称	注　　释
PC14	GPIO_Output	LCD_E	LCD 使能信号
PC15	GPIO_Output	LCD_RS	LCD 选择信号
PA0	GPIO_EXTI0	LANE1_INT	车道 1 车辆通过 GPIO 边缘中断
PA1	GPIO_EXTI1	LANE2_INT	车道 2 车辆通过 GPIO 边缘中断
PA2	GPIO_EXTI2	LANE3_INT	车道 3 车辆通过 GPIO 边缘中断
PA3	GPIO_EXTI3	LANE4_INT	车道 4 车辆通过 GPIO 边缘中断

续表

CPU GPIO	类　　型	信 号 名 称	注　　释
PA4	GPIO_Output	SER_DATA	移位寄存器串行数据
PA5	GPIO_Output	SER_CLK	移位寄存器串行时钟
PA6	GPIO_Output	SER_CLR	移位寄存器清除
PA7	GPIO_Output	SER_LOAD	移位寄存器加载
PA8	GPIO_Input with Pull Up	PED_CALL_BUTTON	行人过街请求按钮
PA9	GPIO_Output	PED_CALL_LED	行人过街请求按钮 LED 指示灯
PA10	GPIO_Output	LCD_RW	LCD 读写信号
PA15	GPIO_Output	LCD_D0	LCD 数据 0
PB0	GPIO_Output	LCD_D1	LCD 数据 1
PB1	GPIO_Output	LCD_D2	LCD 数据 2
PB3	GPIO_Output	LCD_D3	LCD 数据 3
PB4	GPIO_Output	LCD_D4	LCD 数据 4
PB5	GPIO_Output	LCD_D5	LCD 数据 5
PB6	GPIO_Output	LCD_D6	LCD 数据 6
PB7	GPIO_Output	LCD_D7	LCD 数据 7

6.4　编程任务

本编程任务分为两个阶段。在开始之前，参赛者能够看到一个已完成的任务演示。

参赛者将获得一个项目文件模板。在该文件中，所有 CPU 硬件抽象层（HAL）和 GPIO 的初始化均已完成。此外还有部分代码，可以从这些代码中找到关于如何使用某些库函数的例子。

第一阶段为硬件相关阶段。一旦完成该阶段，参赛者可呼叫评判员检查函数是否按要求执行。在评判通过之前，参赛者不要开始第二阶段。

在第二阶段，参赛者将获得一个新的项目文件，其中已完成第一阶段的硬件任务。

在这两个阶段，参赛者还将收到演示文件和项目。参赛者可以使用 ST-Link Utility 加载.hex 格式的演示文件。

1. 第一阶段

在第一阶段，参赛者需要设置（到高级别）和复位（到低级别）任务板信号。在设置或复位信号之后，不要忘记设置延时（5μs），因为在下一次信号设置或复位之前，还有一些任务板 IC 信号需要稳定下来。

在 KEIL5 中加载第一阶段的项目。

① 阶段 1.1。

参考数据表和图表，完成函数 write_serial(uint16_t num)，该函数将 16 位数据（74HC594 8 位串行数据的串联对）写入并联变换器。加载 74HC594 数据可以根据串行数据值来控制

ULN2803 复合晶体管驱动器，并点亮交通信号灯/行人 LED 灯。

函数 write_serial()在主循环中被持续调用。在函数参数调用中插入正确的值，以便在表 6-4-1 所列的状态中点亮交通信号灯。

表 6-4-1　信号灯状态 1

车道 1 信号灯	车道 2 信号灯	车道 3 信号灯	车道 4 信号灯	行人过街信号灯
				熄灭

② **阶段 1.2。**

在主循环中添加一个测试，使得在 PEDESTRIAN_CALL_BUTTON 被按下时，交通信号灯变成表 6-4-2 中所列状态。

表 6-4-2　信号灯状态 2

车道 1 信号灯	车道 2 信号灯	车道 3 信号灯	车道 4 信号灯	行人过街信号灯
				熄灭

2. 第二阶段

通过加载第二阶段的测试定稿，参赛者可以看到已完成的程序演示文件。参赛者可以在任何时间查看它，但是必须使用该任务第二阶段的正确项目。

1）程序要求

交通信号灯必须按定时序列规划，同时要处理行人过街请求。交通信号灯的状态和交通监控信息将显示在 LCD 显示屏上（图 6-4-1）。

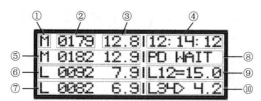

1	显示车道 1 的拥堵状况—根据每分钟通过路口的平均车辆数，该值可能是 L（低）、M（中）或 H（高）	
	L——每分钟不多于 12 辆车	
	M——每分钟 12～20 辆车（含 20 辆车）	
	H——每分钟多于 20 辆车	
2	显示从车道 1 通过路口的车辆数，显示 4 位数字	
3	显示车道 1 重置后每分钟通过路口的平均车辆数	
4	24 小时时钟显示，显示时、分、秒。每秒钟更新一次，必须以 hh:mm:ss 格式显示，必要时前面加零	
5	车道 2 信息，格式与车道 1 一样	

图 6-4-1　LCD 显示屏显示信息

6	车道3信息，格式与车道1一样
7	车道4信息，格式与车道1一样
8	行人过街信息 值：PD WAIT（PD 等待）——行人按下过街请求按钮后 　　PD CROSS（PD 通过）——行人过街序列 　　PD FLASH（PD 闪烁）——行人过街闪烁序列
9	显示车道1和2的绿灯通过总时间，以秒为单位，小数点后1位
10	显示车道3、4绿灯通过时间，以秒为单位，小数点后1位

图 6-4-1　LCD 显示屏显示信息（续）

2）交通信号灯序列（表 6-4-3）

表 6-4-3　交通信号灯序列

序　列	车道1	车道2	车道3和4	时间（ms）
0				1500
1				1500
2				3000，4000，5000
3				1500
4				3000，4000，5000
5				1500
6				3000，4000，5000
7				1500
8				1500
9				1500

续表

序　列	车道 1	车道 2	车道 3 和 4	时间（ms）
10				5000，6000，7000
11				1500
12			熄灭	1500
13			点亮	5000
14			以 2Hz 的频率闪烁 点亮：250ms 熄灭：250ms	4000

3）LCD 显示屏 DDRAM 地址（表 6-4-4）

表 6-4-4　LCD 显示屏 DDRAM 地址

显 示 位 置	1-1	1-2	1-3	1-4	1-5	1-6	1-7	1-8	1-9	1-10
DDRAM 地址	00	01	02	03	04	05	06	07	08	09
显 示 位 置	1-11	1-12	1-13	1-14	1-15	1-16	1-17	1-18	1-19	1-20
DDRAM 地址	0A	0B	0C	0D	0E	0F	10	11	12	13
显 示 位 置	3-1	3-2	3-3	3-4	3-5	3-6	3-7	3-8	3-9	3-10
DDRAM 地址	14	15	16	17	18	19	1A	1B	1C	1D
显 示 位 置	3-11	3-12	3-13	3-14	3-15	3-16	3-17	3-18	3-19	3-20
DDRAM 地址	1E	1F	20	21	22	23	24	25	26	27
显 示 位 置	2-1	2-2	2-3	2-4	2-5	2-6	2-7	2-8	2-9	2-10
DDRAM 地址	40	41	42	43	44	45	46	47	48	49
显 示 位 置	2-11	2-12	2-13	2-14	2-15	2-16	2-17	2-18	2-19	2-20
DDRAM 地址	4A	4B	4C	4D	4E	4F	50	51	52	53
显 示 位 置	4-1	4-2	4-3	4-4	4-5	4-6	4-7	4-8	4-9	4-10
DDRAM 地址	54	55	56	57	58	59	5A	5B	5C	5D
显 示 位 置	4-11	4-12	4-13	4-14	4-15	4-16	4-17	4-18	4-19	4-20
DDRAM 地址	5E	5F	60	61	62	63	64	65	66	67

注：1-1 代表车道 1 的第 1 个字符。

加载第二阶段项目。

可以使用现有函数写入 LCD：

```
WRITE_STR ("*** Test Mode ON ***", 20);
```

其中，第一个参数是要写入的字符串，第二个参数是要写入的 LCD 显示屏 RAM 开始地址。

① **阶段 2.1。**

在主循环中有用于更新 LCD 显示屏上第二计数器的代码。

例行程序使用函数 HAL_GetTick()，返回毫秒系统定时计数器的当前值（uint64_t）。此方法可用于确定后续阶段的经过时间。

更新第二例程，以实现一个完整的 24 小时时钟。时钟应开始于 12:00:00。

② **阶段 2.2。**

主循环中有一个基本的状态引擎，它会使交通信号灯闪烁。扩展该引擎，以便实现低拥堵度下正确计时的完整交通信号灯序列，例如，序列 2 应持续 3000ms。

③ **阶段 2.3。**

实现行人过街功能。当行人过街按钮被按下时，LCD 显示器应被更新，并且行人过街按钮的 LED 灯应亮起，表示已发出请求。

在序列 11 结束时，应进行测试，并为增加的序列 12～14 编码。

当序列 13 启动时，应关闭行人过街请求按钮的 LED 灯。当 LED 灯关闭时，可随时发起一个新的行人过街请求，进入下一个循环。

行人过街信号灯应该在序列 14 中闪烁，代表安全通过期即将结束。确保过街信号灯以亮 250ms、灭 250ms 的周期闪烁。

④ **阶段 2.4。**

项目中包括一个中断，以检测从车道 1 到车道 4 通过交通信号灯十字路口的车辆。当车辆通过车道上第 16 个 LED 灯时，交通模拟装置发出一个中断信号。

在 main.c 底部的例程 void HAL_GPIO_EXTI_Callback(uint16_t GPIO_Pin) 中更新每一车道的计数器。

⑤ **阶段 2.5。**

设置 LCD 显示屏上所有 4 个车道的拥堵信息。

为了缓解拥堵，在较高的拥堵度下延长"绿灯"时间。

在序列 0 开始时，基于车道 1 和 2 中的最高拥堵度确定"绿灯"时间的长度。例如，如果车道 1 拥堵度是 L，车道 2 拥堵度是 M，则以最高的拥堵度 M 将每个车道的时间都设置为 4000ms。

与上面相似，在序列 0 开始时，基于车道 3 和 4 中的最高拥堵度确定"绿灯"时间的长度（序列 10）。

可以通过调整任务板上的拥堵度控制装置来改变拥堵度。

⑥ **阶段 2.6。**

以秒计数的车道 1 和 2 的"绿色"时间总长度（序列 2、3、4、5、6 的组合时间）应显示在 LCD 显示屏上。

以秒计数的车道 3 和 4 的"绿色"时间总长度（序列 10 的时间）应显示在 LCD 显示屏上。

⑦ 阶段 **2.7**。

在序列 2～6 中，车道 1 和 2 的"绿色"时间内，L12 的状态显示应以 100ms 的时间间隔倒计时，以显示"绿灯"结束前的时间长度。格式变为"L12=xx.x"，其中 xx.x 是剩余时间。到序列 7 时，应恢复显示阶段 2.6 的总时间。

在序列 10 中，车道 3 和 4 的"绿灯"时间内，L34 的状态显示应以 100ms 的时间间隔倒计时，以显示"绿灯"结束前的时间长度。格式变为"L34=xx.x"，其中 xx.x 是剩余时间。到序列 11 时，应恢复显示阶段 2.6 的总时间。